SENGFELDER · FLUGZEUGFAHRWERKE

GÜNTER SENGFELDER

FLUGZEUGFAHRWERKE

Fahrwerke der Flugzeuge der ehemaligen deutschen Luftwaffe

MOTORBUCH VERLAG STUTTGART

Einband: Werner Simon

Der Umschlag vorne zeigt das Hauptfahrwerk der Fw 200 C
Rückseite: Zeichnung Bugfahrwerk der He 343

Bildquellen
Zeichnungen: Kenneth Bokelman, Eddi Creek, Fritz Jacobsen, Thomas Hitchcock, Karl Pawlas, Willi Radinger, Werner Reusche, Karl Ries, Hans Redemann, VFW.

Photos: Bundesarchiv Koblenz, Kenneth Bokelman, Eddi Creek, Hans Ebert, MBB, Bruno Lange, Theodor Mohr, A. Opel AG, Karl Pawlas, Willi Radinger, Hans Redemann, VFW.

ISBN 978-3-613-04704-4

2. Auflage 2024

Eine Abteilung des Buch- und Verlagshauses
Paul Pietsch GmbH & Co. KG

Satz und Druck: HUNTER Books GmbH, Kleyerstraße 3, 64295 Darmstadt
Bindung: HUNTER Books GmbH, Kleyerstraße 3, 64295 Darmstadt
Printed in Germany

Inhaltsverzeichnis

Vorwort

In den Jahren nach dem Zweiten Weltkrieg, vor allem aber in jüngster Zeit, entstand eine große Anzahl von Büchern, die sich mit der Geschichte und Technik der ehemaligen deutschen Fliegerei beschäftigen. Alle Sachgebiete wurden dabei mehr oder weniger ausführlich behandelt. Ein Thema jedoch fand bis heute in allen Publikationen nicht die ihm zustehende Beachtung: die Fahrwerke jener Flugzeuge und ihre Entwicklung. Kein Luftfahrzeug kann Starten oder Landen ohne eine entsprechende Einrichtung, die ihm den Anlauf oder Auslauf am Boden ermöglicht. Auch senkrecht startende oder landende Flugapparate benötigen eine solche Einrichtung.

Vor dem Zweiten Weltkrieg gab es einige Autoren, die sich speziell mit Flugzeugfahrwerken beschäftigten, auch in den verschiedensten Fachbüchern wurde das Thema Fahrwerk behandelt. Nach 1945 ist aber mit Ausnahme eines in einer Luftfahrtfachzeitschrift abgedruckten Vortrages von Ing. E. Schumacher nichts zu diesem Sachgebiet bekannt.

In den meisten neueren Veröffentlichungen über ehemalige deutsche Flugzeuge werden zwar oft sehr detaillierte Zeichnungen der entsprechenden Muster gezeigt, die Fahrwerke jedoch sind meist nur mit einigen Strichen angedeutet und in vielen Fällen dazu noch falsch dargestellt. Auch bei der fast unübersehbaren Zahl der Modellbausätzen dieser Flugzeuge sind die Fahrgestelle meist sehr stiefmütterlich ausgeführt.

Über Flugzeug-Tarnanstriche und -Bemalungen wurden zahlreiche Werke geschrieben, aber auch hierbei hat man die Fahrwerke und Räder in vielen Fällen übergangen oder falsch dargestellt. Selbst in Museen sind neben anderen Farbfehlern bei restaurierten Flugzeugen die Fahrwerke und Räder oft falsch oder unvollständig bemalt und beschriftet.

All diese Gründe haben mich dazu bewogen, mit den Arbeiten an diesem Buch zu beginnen. Dies liegt einige Jahre zurück und war nicht immer einfach. Über 30 Jahre sind seit dem Ende des Zweiten Weltkrieges vergangen, die meisten Unterlagen waren verschollen oder schienen zu Anfang unzugänglich. Doch im Laufe der Recherchen tauchte immer mehr und immer neues Material für dieses Buch auf. Schien es zu Beginn schwierig, genügend Abbildungen aufzustöbern, so fiel es zum Schluß schwer, die richtigen und besten Bilder auszuwählen. Wenn auch nicht in allen Fällen einwandfreie Abbildungen vorhanden waren, so bemühte ich mich doch, zu allen Typen die entsprechenden Bilder zusammenzustellen. Verschiedene Zeichnungen mußten neu gefertigt werden, da die Originale nicht mehr reproduzierbar waren, jedoch war dies nicht bei allen möglich.

Wenn es gelingt, mit diesem Buch eine Lücke in der Geschichte der Luftfahrttechnik zu schließen und jedem verständlich die Entwicklung, aber auch die Problematik der Flugzeugfahrwerke aufzuzeigen, so ist sein Zweck erfüllt.

Dies soll nicht ein Lehrbuch für den technisch Vorgebildeten sein, vielmehr ein Luftfahrttechnisches Bildbuch für jeden Interessierten an dem weiten Gebiet der Fliegerei. Wenn sich dieses Buch hauptsächlich auf die Zeit bis 1945 beschränkt, so deshalb, weil in diesem Abschnitt unter schwierigsten Bedingungen und in kürzester Zeit von den Technikern der Fahrwerksentwicklung Hervorragendes geleistet wurde. Damals entstanden auch im Fahrwerksbau grundlegende Konstruktionen, die die moderne Luftfahrt auch heute noch beeinflussen.

Dieses Buch hätte nicht entstehen können ohne die tatkräftige Mithilfe und Beratung verschiedener Experten, die zum Teil auch die Unterlagen zur Verfügung stellten. Alle können hier nicht erwähnt werden, stellvertretend sei an dieser Stelle gedankt Herrn Willy Radinger/Augsburg, Herrn Karl R. Pawlas/Nürnberg, Herrn Hans Redemann/Stuttgart, den Herren H. J. Meier, Hollendieck und Roosenboom/VFW Bremen, Herrn Bruno Lange/Überlingen, Herrn Karl Ries/Mainz Finthen, Herrn Theodor Mohr/München, Herrn Fritz Jacobsen/Nürnberg, Herrn Fritz Fend/Regensburg, Herrn Wilhelm Binz/Augsburg, Herrn Hans Ebert/MBB, Mr. Ken Bokelman/USA, Mr. Thomas H. Hitchcock/USA, Mr. Eddi Creek/England, dem Bundes-Archiv Koblenz, dem Deutschen Museum München, sowie den Firmen Continental, Dunlop, Mahle und Opel.

Altenberg/Nürnberg Günter Sengfelder

Erste Fahrwerksentwicklungen

Als mit Otto Lilienthal der alte Menschheitstraum vom Fliegen Wirklichkeit wurde, war es nur wichtig, den Vögeln gleich über dem Boden zu schweben. Niemand dachte damals (1891) an Zusatzeinrichtungen wie ein Fahrwerk. Wie sein Vorbild, der Vogel, startete und landete Otto Lilienthal mit den eigenen Beinen.

Als dann nach der Jahrhundertwende, mit Beginn der Motorfliegerei, die Flugapparate schwerer wur-

Eine Aufnahme aus den Anfangsjahren der Fliegerei. Karl Jatho mit seinem Doppeldecker Jatho IV. 1908 bereits mit Bugfahrwerk, aber noch Blattfedern für die Hauptradachse.

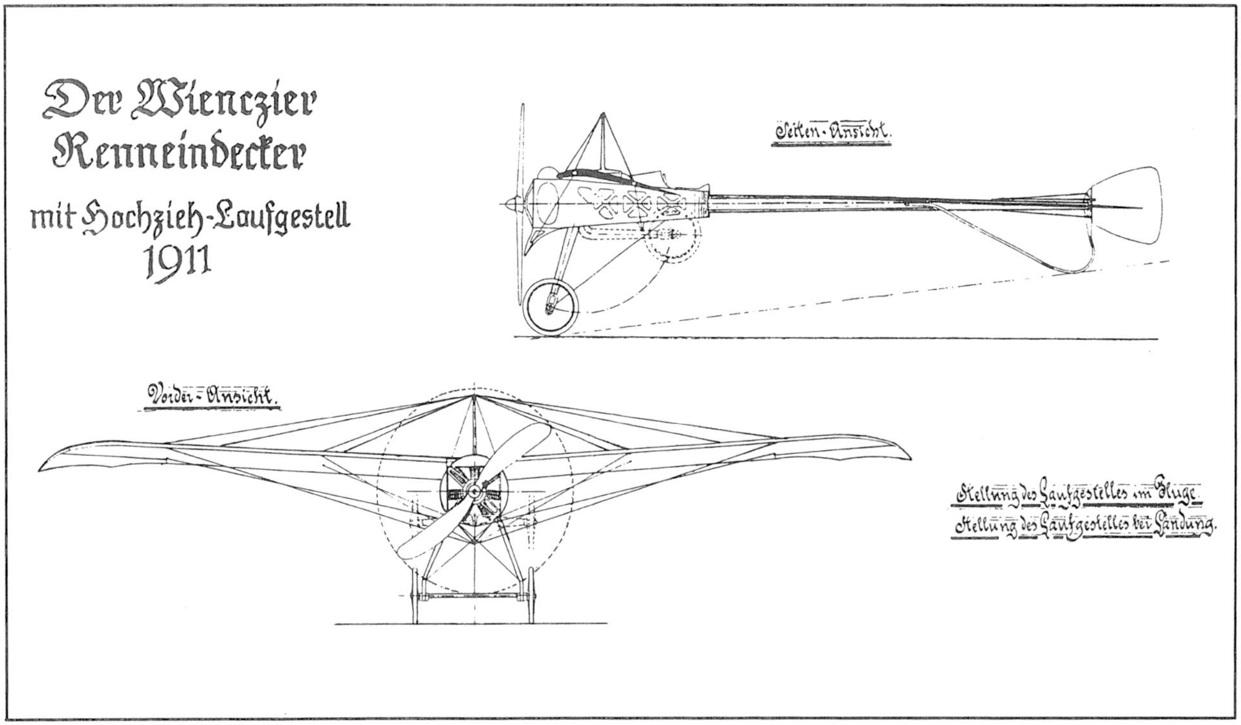

den, war ein Fahrgestell unumgänglich. Radfahrwerke setzten sich schnell gegen die reinen Kufenausführungen durch. Verschiedentlich wurden jedoch zu den Rädern eine oder zwei Kufen nach vorn verwendet, um einen Überschlag bei der Landung zu vermeiden.

Sehr bald erkannte man, daß das Fahrwerk eine zwar notwendige, aber störende Einrichtung war. Es bedeutete zusätzliches Gewicht, das man nur zum Rollen am Boden benötigte, und es bildete einen großen Wiederstand im Luftstrom.

Bereits 1911 gelang dem Münchner Flieger und Konstrukteur Eugen Wiencziers der Bau eines »Hochzieh-Laufgestells« an einem Renneindecker. Die »Deutsche Zeitschrift für Luftschiffahrt« schrieb in ihrer Ausgabe vom Mai 1911 über das Fahrwerk: »Als hintere Unterstützung dient ein ebenso einfacher wie leichter und dabei doch fester Bügel aus spanischem Rohr. Die vordere Unterstützung besteht bei dieser Type aus zwei gespreizten, konisch zulaufenden Rohrbeinen, die, in sich verspannt, unten zwei Schlitze haben zur vertikalen Bewegung der an Gummiringen aufgehängten Räderachse. Um den Luftwiderstand auf ein Minimum zu reduzieren, ist das Fahrgestell nach hinten zu aufklappbar eingerichtet. Eine nicht leichte, aber doch glücklich durchgeführte, im Inneren des vorderen Maschinenkörpers verborgene Nabenkonstruktion ermöglicht dies. Das Laufgestell wird während des Fluges vom Führersitz aus hochgezogen und erst vor beabsichtigter Landung wieder heruntergelassen. Durch eine sinnreiche Arretier- und Kontrollvorrichtung wird verhindert, daß ein etwaiges unfreiwilliges Einklappen des Gestelles möglich ist«.

Etrich Eindecker 1914. Schwinghebelfahrwerk mit Gummibändern für die Abfederung.

Fahrwerk der Albatros CV. Gummischnüre halten die durchgehende Achse, die in Schlitzen geführt ist.

In den Jahren vor dem Ersten Weltkrieg tauchten die unterschiedlichsten Fahrwerksausführungen auf. Ab 1915 setzte sich dann jedoch mehr und mehr eine einheitliche Ausführungsform durch: Eine durchgehende Achse, die in einem linken und rechten Dreiecksrohrverband über Gummischnüre gefedert war. Als Sporn wurde fast nur der gummigefederte Schleifsporn verwendet.

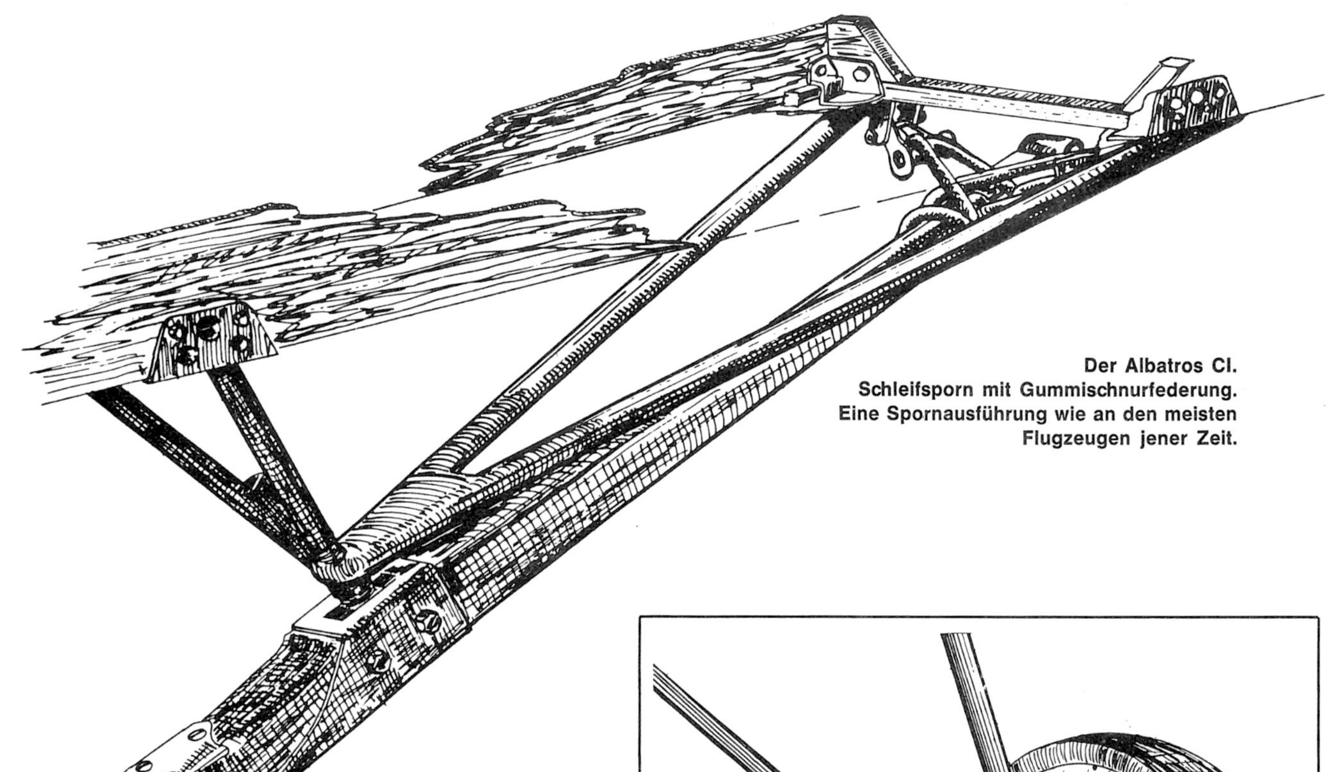

Der Albatros CI. Schleifsporn mit Gummischnurfederung. Eine Spornausführung wie an den meisten Flugzeugen jener Zeit.

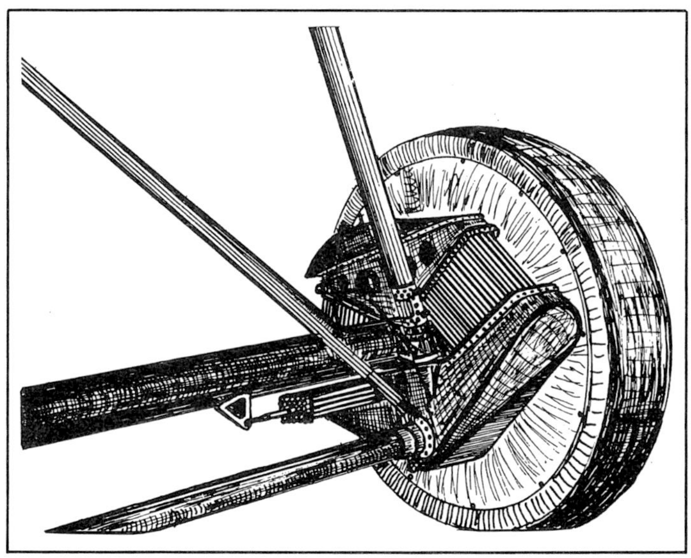

Radabfederung Linke-Hofmann 1917. Die durchgehende Achse stützte sich gegen A-förmig angeordnete Gummischnurpakete. Auch die Querkräfte werden durch Gummischnüre abgefangen.

Eine Entwicklung, die den Flugzeugfahrwerksbau bis heute entscheidend beeinflußte, entstand 1917 mit der Luftfederung von Hofmann. Anstelle von Stahlfedern oder Gummi kam nun erstmals Luft als Feder zur Anwendung. Die Luft wurde in einen Gummihohlkörper, der in einer Stahlbüchse eingeschlossen war, wie in einen Reifen gepumpt. Die Radachse stützte sich über Kolbenstange und Kolben gegen diesen Hohlkörper ab, in dem beim Einfedern die Luft komprimiert wurde. Diese Luftfederungselemente wurden in einfacher oder auch doppelter Ausführung eingebaut und auch zum Abfedern des Sporns verwendet.

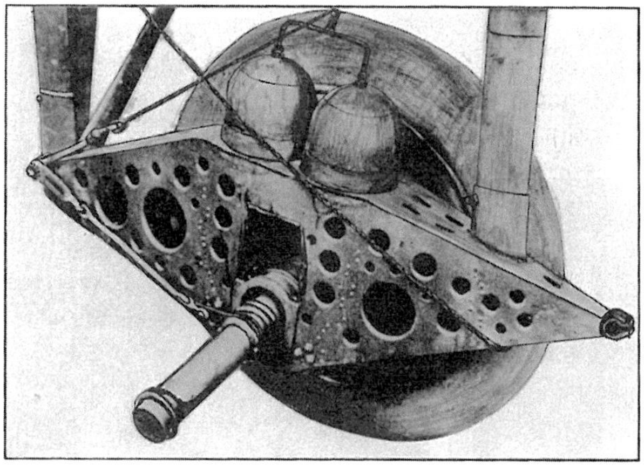

Luftfederung der Friedrichshafen G III mit zwei Luftzylindern. Äußeres Laufrad abgenommen.

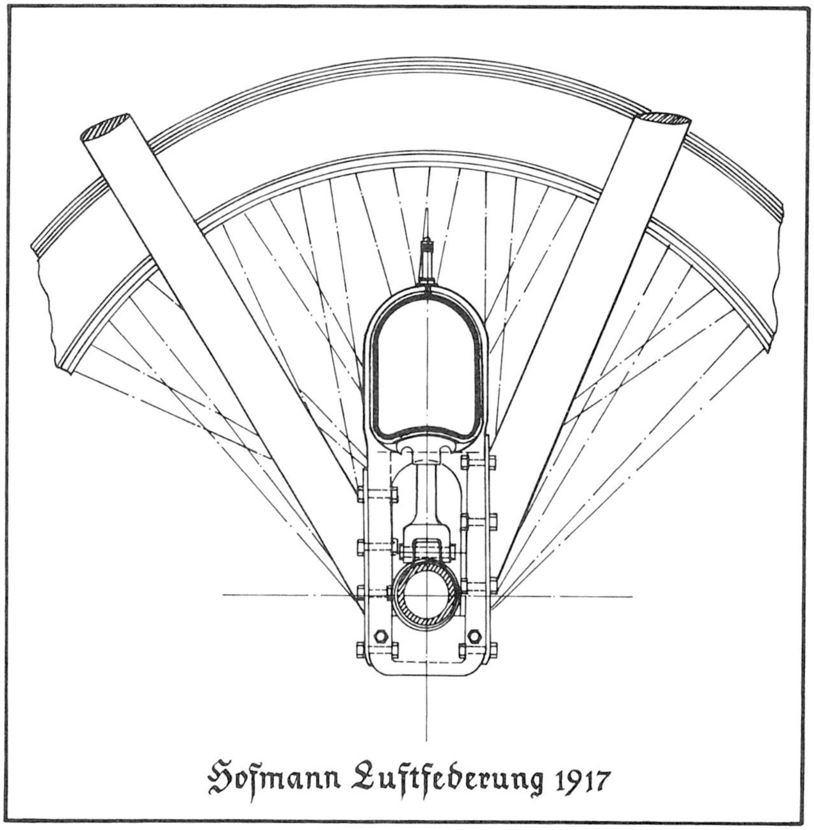

Erste Bremsvorrichtungen

Bereits von Anfang an war man bemüht, den Auslaufweg durch Bremsvorrichtungen zu verkürzen. Der Schleifsporn erzielte zwar eine gewisse Bremswirkung, jedoch war diese nicht immer ausreichend. So entstand der Bremssporn, der an der Fahrgestellachse gelagert war und vom Flugzeugführer über einen Seilzug und gegen eine Feder wie ein Pflug in den Boden gedrückt wurde.

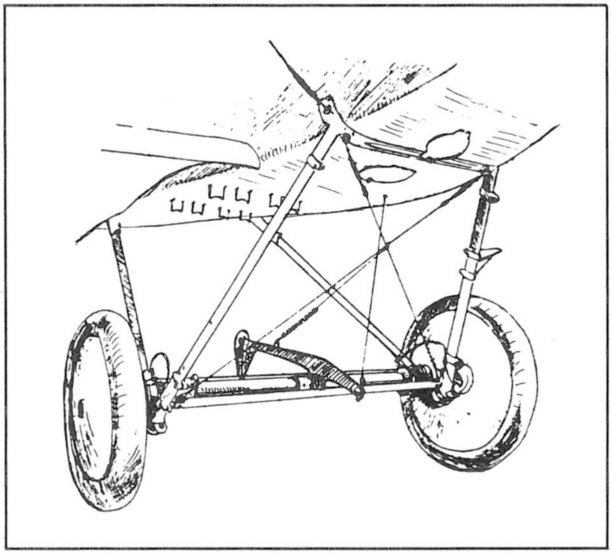

Der auf der Radnase gelagerte Bremssporn wurde über einen Bowdenzug bedient. Albatros CV 1918.

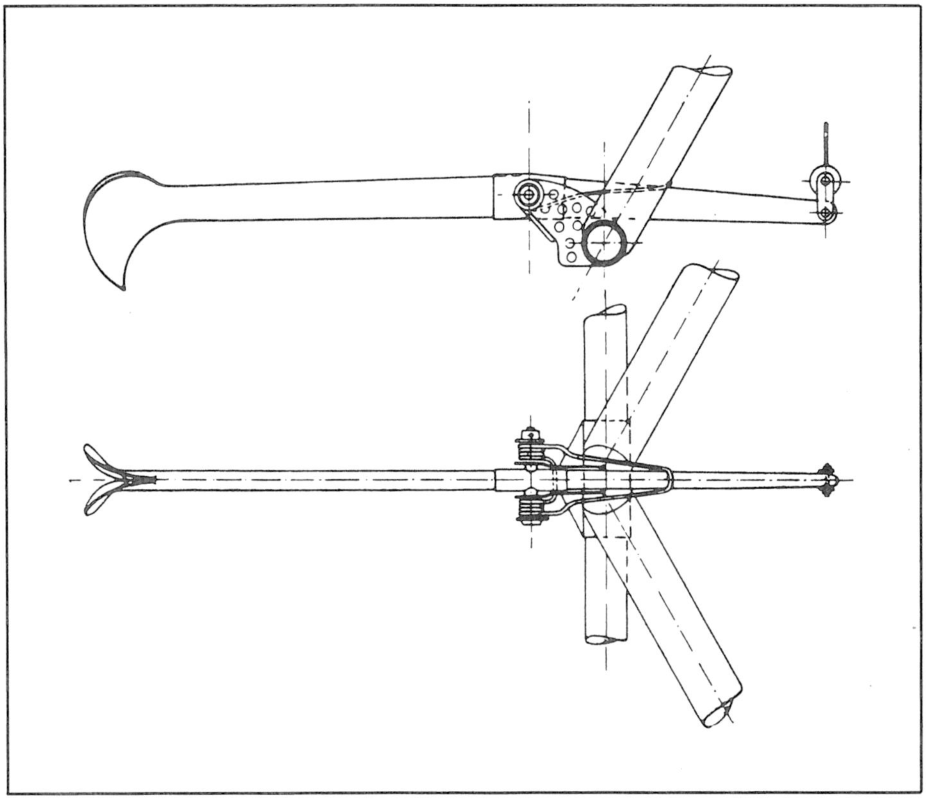

Bremseinrichtung eines DFW Flugzeuges.

Fahrwerkstechnik nach dem Ersten Weltkrieg

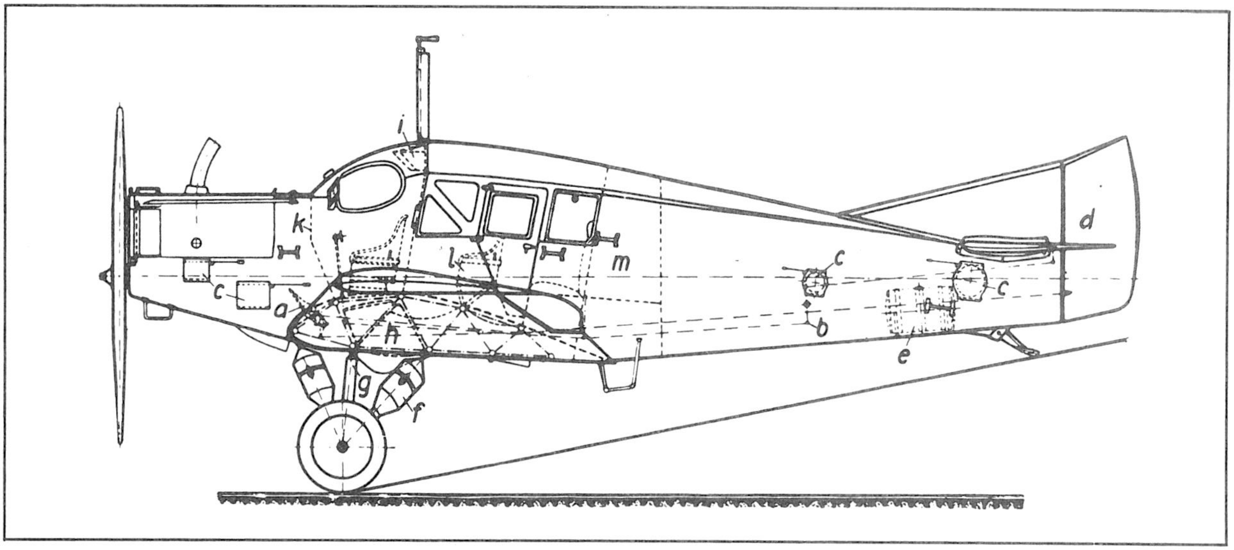

Junkers F-13. V-förmig angeordnete Gummischnurstreben (f) stützten die geteilte Achse. Der Schliefsporn war ebenfalls abgefedert.

Gummi blieb in den 20er Jahren das entscheidende Federungselement für Fahrwerke. Einmal in Form von Gummischnüren, wie schon in den Jahren vorher. Neu war nun aber die Verwendung von übereinandergelagerten Gummikörpern, die auf Druck beansprucht waren. Im Laufe der Entwicklung wurde die durchgehende Radachse verlassen und die Räder einzeln aufgehängt. 1931 schuf Professor Messerschmitt das Einbeinfahrwerk, welches nun zum Allgemeingut der Luftfahrttechnik wurde.

Das Fahrwerk der Junkers F 13

Das Fahrwerk der Messerschmitt M 18 mit Dreieckslagerung und gummigefdertem Stützbein. Die Verkleidung der Gummischnüre ist abgenommen.

Junkers A 50 »Junior«. An diesem Sportflugzeug von 1929 waren die Räder einzeln aufgehängt und über Gummischnurstützstreben abgefedert.

Ju 52. Die einzeln aufgehängten Bremsräder stützen sich bei dieser Verkehrsmaschine gegen E-C Luft-Ölfederbeine ab.

An dieser Arado SC II war das Pendelfahrwerk noch nach hinten abgestrebt und die Gummi-Federelemente unverkleidet.

Auch 1939 gab es noch Flugmuster mit Gummischnurabfederung wie diese Erla 5-d mit Zündapp-Motor.

An dieser Messerschmitt M 21 mit durchgehender Achse stützen sich die Räder gegen stromlinienförmige Gummi-Druckelemente.

Oben, links: Erstes Flugzeug mit Einbeinfahrwerk war die Messerschmitt M 29. Die langen Federstreben stützen sich im Rumpfgerüst ab.

Rechts: Das Einbeinfahrwerk der Me 29 war stromlinienförmig verkleidet.

Das Bild rechts zeigt die untere Hälfte des freitragenden Einbeinfahrwerks der M 29. Ein Teil der Verkleidung ist abgenommen und man erkennt sehr gut die Längsrippen auf dem unteren Gleitrohr, die in den Nuten des oberen Rohres geführt wurden und somit für die Geradeführung des Rades sorgten. Die mechanische Bremsbetätigung erfolgte über eine Welle die in der Achse gelagert war.

Das Sport- und Reiseflugzeug Siebel 202 mit Zündapp-Motor hatte ein Pendelfahrwerk, das über einen Dreiecksverband am Rumpf angelenkt war. E-C Federbeine mit Reibungsdämpfung kamen zum Einbau.

Lagerung des freitragenden VDM Luftfederbeines in der Tragfläche der Messerschmitt M 35.

Erste Einziehfahrwerke

Erstes deutsches Verkehrsflugzeug mit Einziehfahrwerk war die He 70. Die Räder hatten hydraulische Palmer-Schlauchbremsen.

Als in den Jahren 1930 für Verkehrsflugzeuge, bedingt auch durch die internationale Konkurenz, immer höhere Geschwindigkeiten gefordert wurden, ging man vor allem daran, den schädlichen Stirnwiderstand der Flugzeuge zu verringern. Die Überlegung, das Fahrwerk während des Fluges einzuziehen, war längst bekannt und vereinzelt immer wieder angewandt worden. Jetzt wurde es aber eine Notwendigkeit. Das stromlinienförmige Verkleiden der Federbeine und Räder allein brachte nicht den Geschwindigkeitszuwachs, der gefordert wurde. Die Fahrwerke mußten aus dem Stirnwiderstand verschwinden.

Heinkel schuf mit der He 70 das erste Schnellverkehrsflugzeug für die Lufthansa, welches mit einem Einziehfahrwerk versehen war. Bei Junkers entstand zur gleichen Zeit mit der Ju 60 ebenfalls ein Schnellverkehrsflugzeug, bei dem jedoch das Fahrwerk nicht vollkommen eingezogen werden konnte. Bei diesem Muster wurden die Räder nach vorn in die Tragflächen hochgezogen und ragten während des Fluges zur Hälfte aus dem Flächenprofil heraus. Aus der Ju 60 wurde die Ju 160 entwickelt, die nun das Fahrwerk voll einzog und auch restlos abdeckte. Bei Dornier flog 1932 das Amphibium »Libelle« mit einem Fahrwerk, das seitlich in den Rumpf eingeklappt

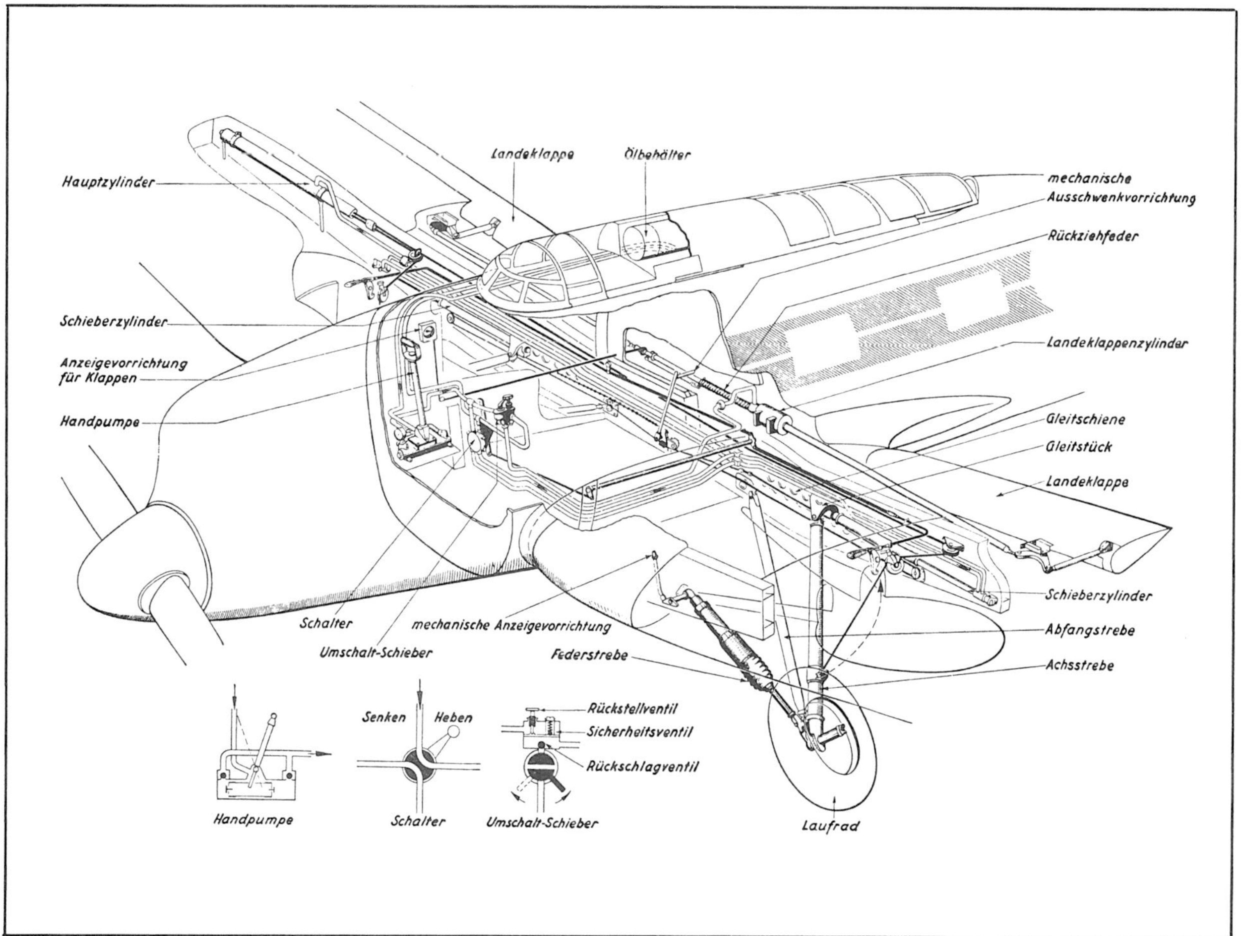

Einziehfahrwerk und Öldruckanlage der He 70.

wurde. 1932/33 entstand das zweimotorige Frachtflugzeug Do-F (später als Do-11 bezeichnet), ebenfalls mit Einziehfahrwerk. Aufgrund einer Ausschreibung für ein zweimotoriges Verkehrsflugzeug kam von Junkers die Ju 86 und von Heinkel die He 111, beide mit voll einziehbaren Fahrwerken. Erstes Muster von Messerschmitt mit Einziehfahrwerk war die Bf 108.

Einziehfahrwerk der He 70. Auf diesem Bild gut zu erkennen, die versteiften Abdeckbleche und die VDM Luftfederstrebe.

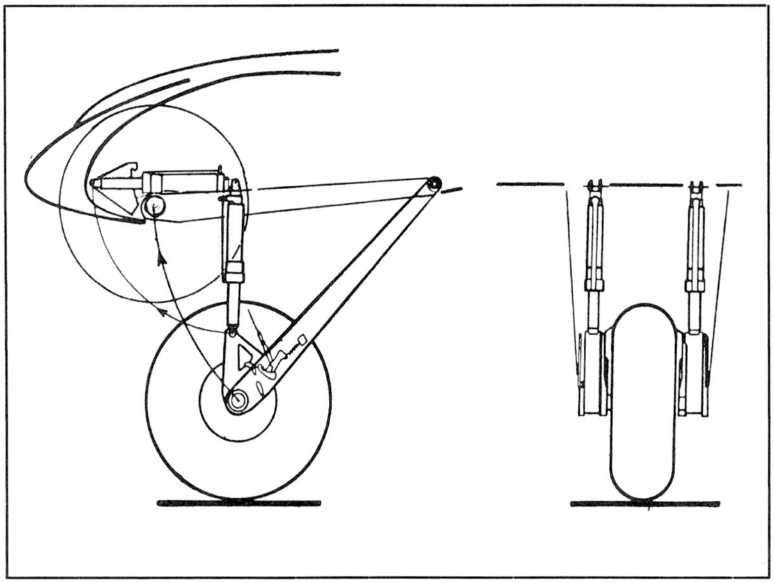

Fahrwerk der Ju 60. Im hochgezogenen Zustand ragte das Rad zur Hälfte aus der Fläche heraus.

Rechte Seite:
Oben: Bei der Ju 160 wurde das Gabelfahrwerk mit doppelten Luftfederstreben über eine Spindel hochgezogen.

Unten: An dieser Ju 160 ist das Fahrwerk gut zu erkennen. Beide Fahrgestellhälften wurden gemeinsam durch zwei miteinander gekuppelte Spindeln eingezogen. Der Antrieb erfolgte durch ein Handkurbelgetriebe. Die Spindeln waren selbstsperrend, sodaß sich ein Verriegeln in den Endstellungen erübrigte.

Die Fahrwerksabdeckung war an der Ju 60 gleichzeitig als Abstützung der Federstreben ausgeführt.

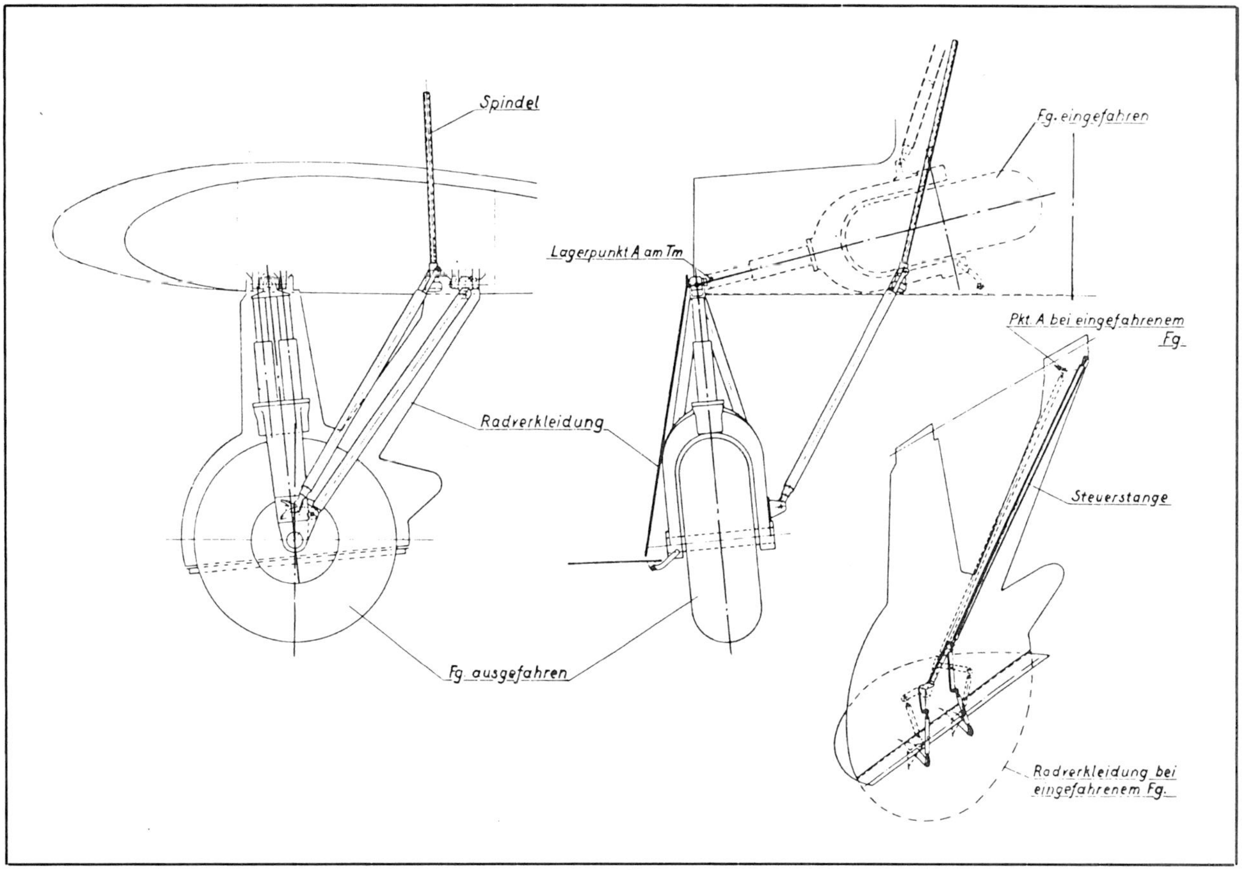

Spindel
Fg. eingefahren
Lagerpunkt A am Tm
Pkt. A bei eingefahrenem Fg.
Radverkleidung
Steuerstange
Fg ausgefahren
Radverkleidung bei eingefahrenem Fg.

LUFTHANSA
LUCHS

Federbeine

Mit Einführung der Einbeinfahrwerke wurde Gummi als Federelement in fast allen Fällen verlassen. Ab den 30er Jahren bis Ende des Krieges 1945 wurden dann hauptsächlich vier verschiedene Federbeinausführungen verwendet: 1. Das Luft-Ölfederbein mit Luft als Feder und Öl zur Dämpfung. 2. Das Luftfederbein mit Luft als Feder und zur Dämpfung. 3. Das gedämpfte Schraubenfederbein mit einer Schraubenfeder zur Abfederung und Öl, Fett oder einem Reibkonus zur Dämpfung. 4. Das Ringfederbein mit einer »Uerdinger«-Ringfeder zum Abfedern und Öl oder Fett zur Dämpfung.
Welche Forderungen wurden und werden auch heute noch an Flugzeugfederbeine gestellt?

1. Geringes Gewicht
2. Unbedingte Betriebssicherheit
3. Große Arbeitsaufnahme und hohe Dämpfungswerte
4. Einfachste Wartung
5. Lange Lebensdauer

Zum besseren Verständnis der einzelnen Ausführungsmuster nachstehend eine Zusammenstellung der Arbeitsaufgaben eines Federbeins.
Beim Rollen wird weiches Ansprechen auf alle Unebenheiten verlangt, dabei arbeitet das Federelement (Luft oder Stahl) ohne erhebliche Beeinflussung durch die Öl- oder Fettdämpfung. Die Reibung in den Führungen und Dichtungen soll möglichst gering sein. Beim Landestoß, der ersten Berührung der Räder mit der Landebahn, wird Schwerarbeit von den Federbeinen verlangt. Der Landestoß soll weich abgefangen werden, das Federbein federt also tief ein, ohne daß es dabei durchschlagen darf. Vor allem bei den Luft-Ölfederbeinen kann diese Arbeit von der Luft allein, die dabei komprimiert wird, nicht aufgenommen werden. Hier tritt die hydraulische Einfederungsdämpfung in Kraft. Diese wird durch Eintauchen eines Kolbens in den Ringspalt eines mit Flüssigkeit gefüllten Zylinders erreicht. Sehr wichtig bei allen Federbeinbauarten ist, daß nach diesem tiefen Einfedern das Federbein nicht zurückspringt. Das heißt, die Ausfederbewegung muß ebenfalls gedämpft sein. In den meisten Fällen erfolgt dies hydraulisch durch Ventile, die sich dem Rückstrom der Flüssigkeit entgegensetzen.
Alle Ausführungsformen haben Vor- und Nachteile. Das Luft-Ölfederbein hat geringes Gewicht, muß aber absolut dicht sein. Ölstand und Luftdruck müssen ständig überprüft werden. Dafür kann man an diesen Federbeinen durch unterschiedliche Fülldrücke unterschiedliche Abfluggewichte ausgleichen.
Ähnliches gilt für das reine Luftfederbein, hier wird nur eine geringe Ölmenge zur Schmierung verwendet.
Das gedämpfte Schraubenfederbein ist weitgehend wartungsfrei, bei den ölgedämpften Ausführungen muß nur der Ölstand überprüft werden.
Gleiches gilt für das Ringfederbein, das zwar schwerer als Luftbeine, jedoch wartungsfrei ist, vorallem bei Ausführung mit Fettdämpfung. Auch ist der Fertigungsaufwand für Stahlfederbeine geringer als für Luftfederbeine.
Abschließend ist dazu noch zu sagen, daß bei einzelnen Flugzeug-Baumustern unterschiedliche Federbeinausführungen zum Einbau kamen. So gab es zum Beispiel für die Ju 52, Luft-Ölfederbeine, reine Luftfederbeine und solche mit Ringfedern.

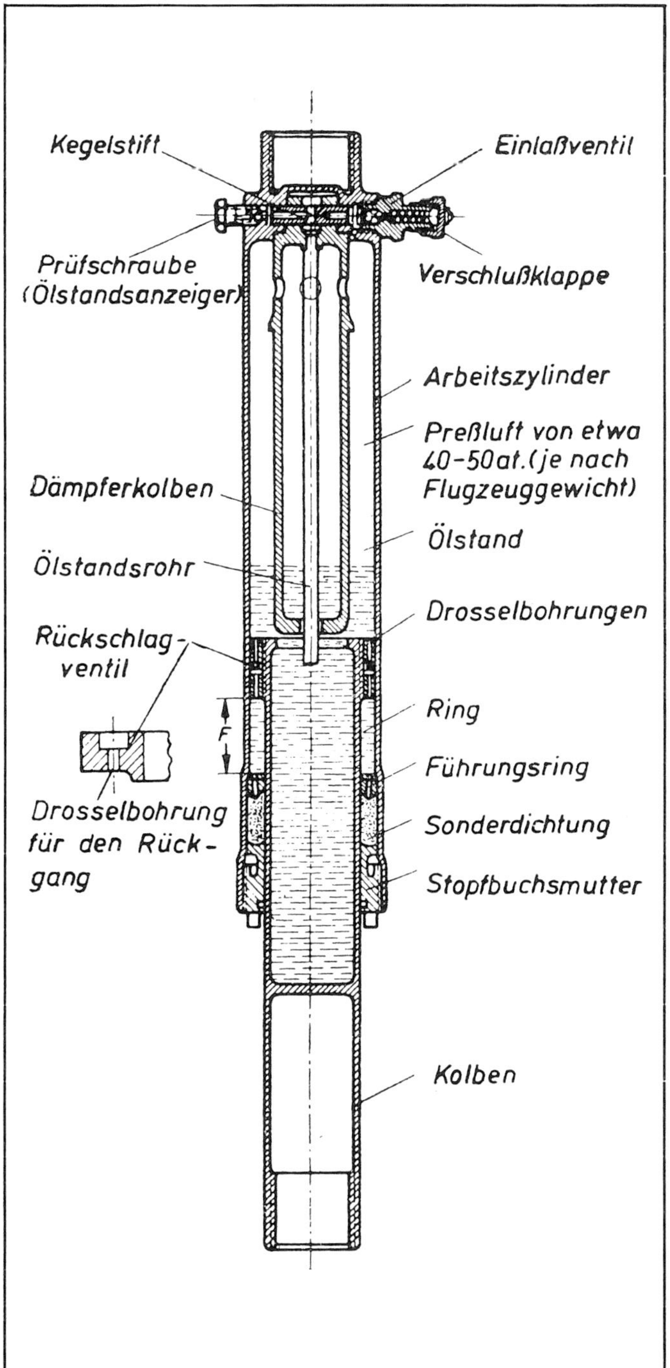

Das von der Firma Elektron-Co m.b.H. gebaute Luft-Ölfederbein war aus dem Vickers-Federbein weiterentwickelt. Es war das am meisten verwendete Federelement in fast allen deutschen Flugzeugen bis 1945.

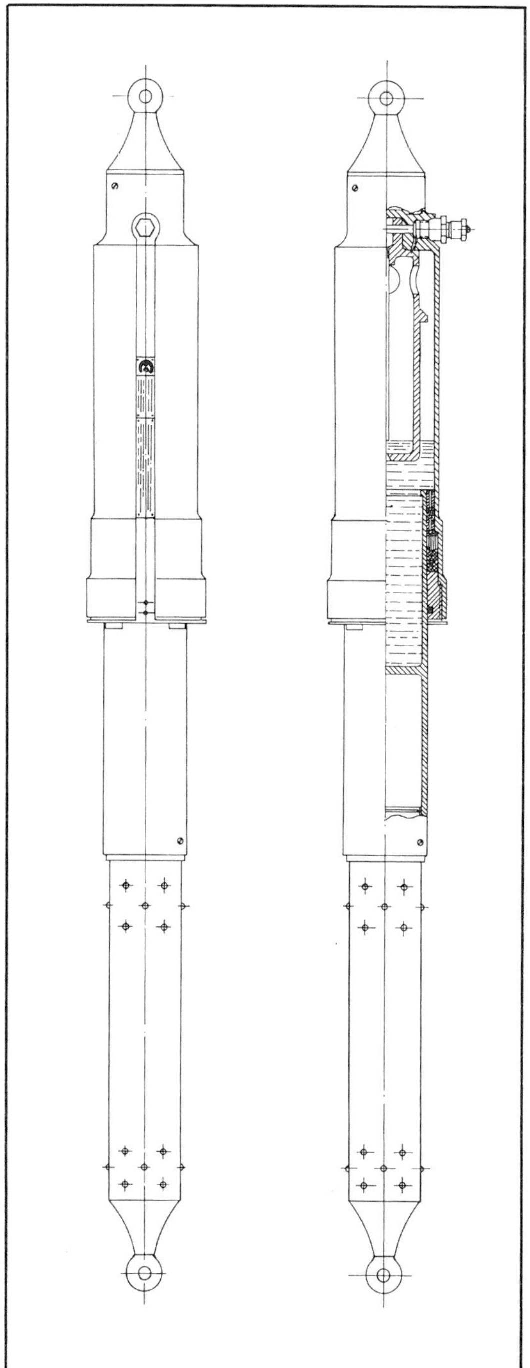

Das E-C-Luft-Ölfederbein der Ju 52

Diese Bauart wurde vor allem von der Firma VDM-Faudi entwickelt und gebaut. Im Laufe des Krieges wurden dann jedoch mehr und mehr Luft-Öl bzw. Ringfederbeine verwendet.

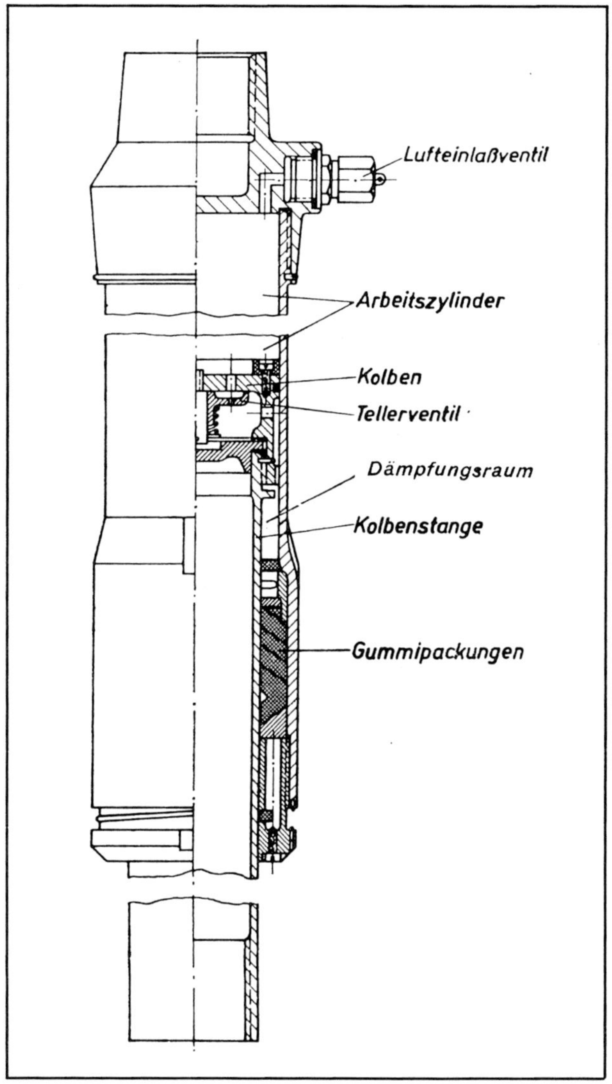

Unten: Schematische Darstellung des Luftfederbeins

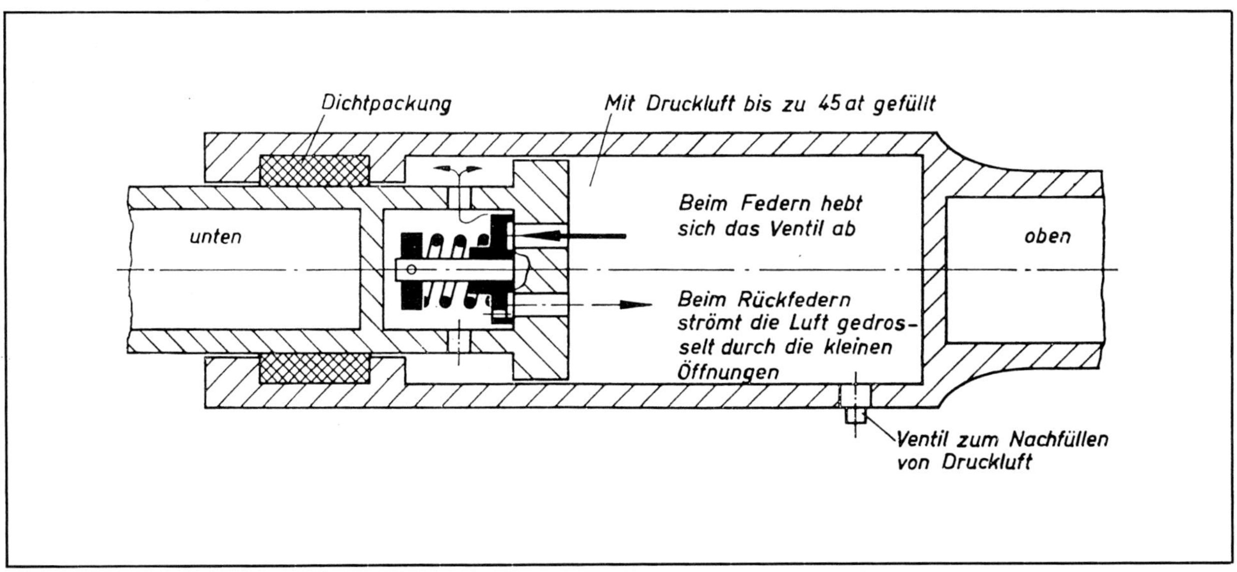

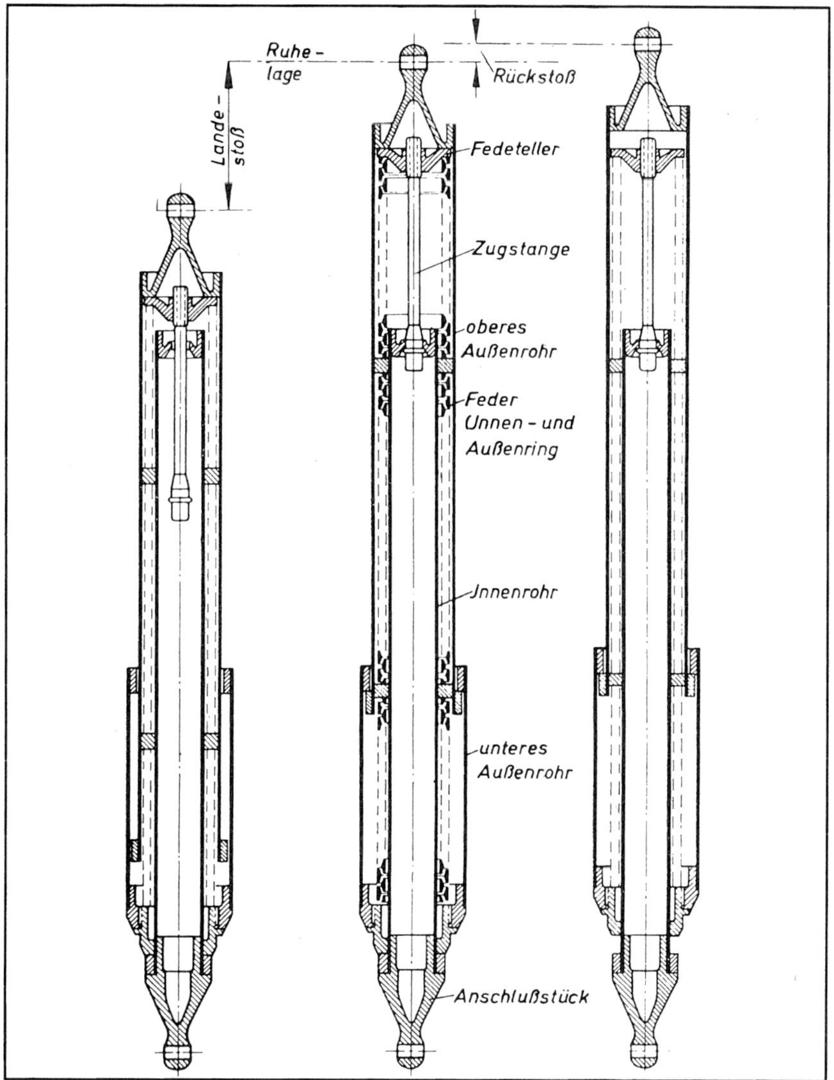

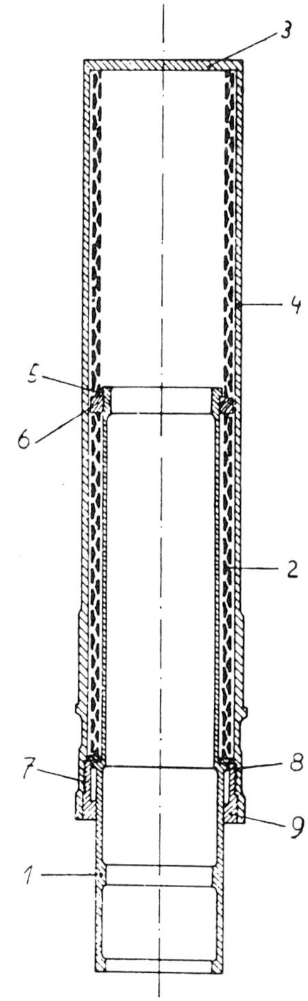

Schema eines KPZ-Ringfederbeins (Einbein)

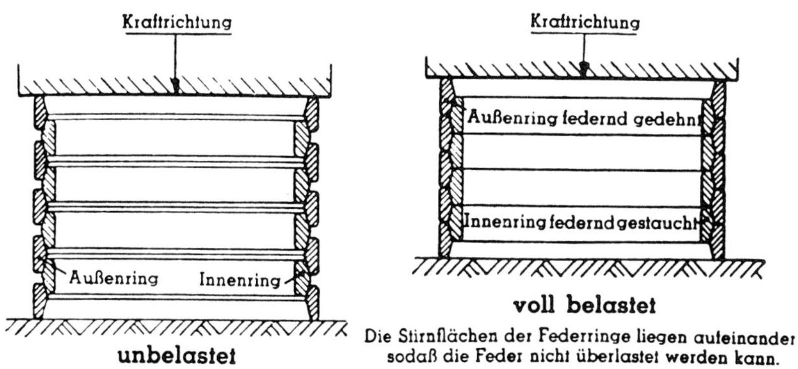

Wirkungsweise der Ringfeder

Das Kronprinzip Ringfederbein

Das Schraubenfederbein mit Öldämpfung

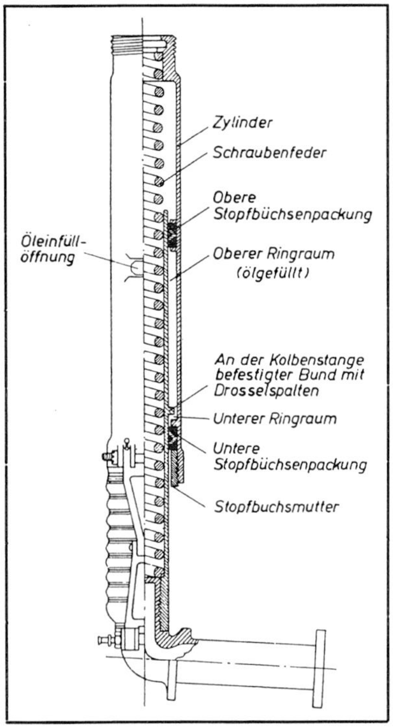

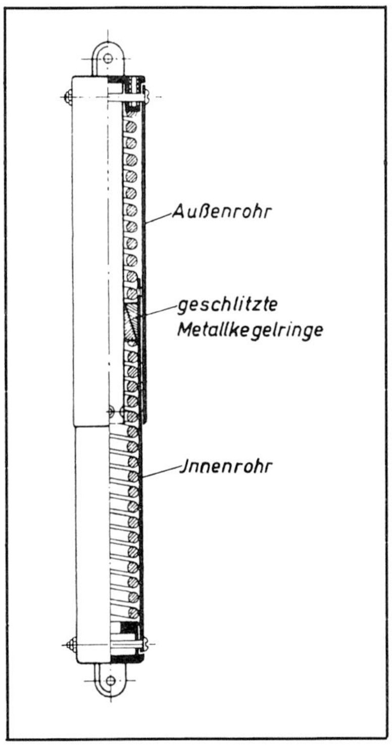

Schraubenfederbein mit Reibringdämpfung und Fettfüllung

Einzieheinrichtungen

Für die Einziehfahrwerke (oder Verschwindfahrwerke, wie die ursprüngliche Bezeichnung für diese Bauart war) gab es die unterschiedlichsten Ausführungen: Die einfachste Form – von Hand über eine Kurbel und ein Einziehgetriebe, elektrisch, dabei meist mit Knickstreben; hydraulisch, entweder durch direkten Anschluß des Hydraulikzylinders am Federbein oder ebenfalls über Knickstreben, sowie pneumatisch.
Die einzelnen Bauformen werden im Typenteil behandelt. Hier soll nur auf die Verriegelung der Hydraulikzylinder eingegangen werden.
Ein Teil der Fahrwerke wurde durch die Knickstreben oder an der Federbeinlagerung im ausgefahrenen Zustand verriegelt. Im eingefahrenen Zustand rasteten die Fahrwerke zum Teil in hydraulisch betätigte Rasthaken ein. Ohne diese Zusatzeinrichtung kamen die Fahrwerke aus, die Betätigungszylinder hatten, die in den Endstellungen mechanisch verriegelt wurden. Dabei war vor allem die Kugelverriegelung weit verbreitet. Die Strebe gestattet die Übertragung großer Längskräfte in beiden Verriegelungsstellungen. Für die Verriegelung war es gleichgültig, ob der Flüssigkeitsdruck im Zylinder erhalten blieb oder nicht. Der Verriegelungskolben »V« hielt die in Bohrungen des Hauptkolbens »K« liegenden, mit den Hauptkolben bewegten Kugeln in den Endstellungen des Kolbens in einer Rille fest, so daß der Hauptkolben durch äußere Kräfte nicht mehr bewegt werden konnte. Beim Entriegeln wurde durch den zwischen Haupt- und Verriegelungskolben eintretenden Flüssigkeitsdruck zuerst der Verriegelungskolben gegen den Federdruck zurückbewegt, wodurch die Kugeln aus der Rille der Zylinderwand frei wurden. Damit wurde der Hauptkolben entriegelt und durch den Flüssigkeitsdruck bewegt. Die Entriegelung konnte auch mechanisch durch Zurückziehen des Verriegelungskolben von außen her erfolgen. Den Verstellzylinder gab es mit einseitiger und doppelter Verriegelung, in verschiedenen Größen mit Zylinder-Innendurchmessern von 25 bis 125 mm entsprechend einer Hubkraft bei 100 atü, von etwa 315 bis 12000 kg. Die übertragbare Belastung des verriegelten Zylinders im eingefahrenen Zustand lag für die kleinste und größte Ausführung bei 1600 bzw. 36000 kg.

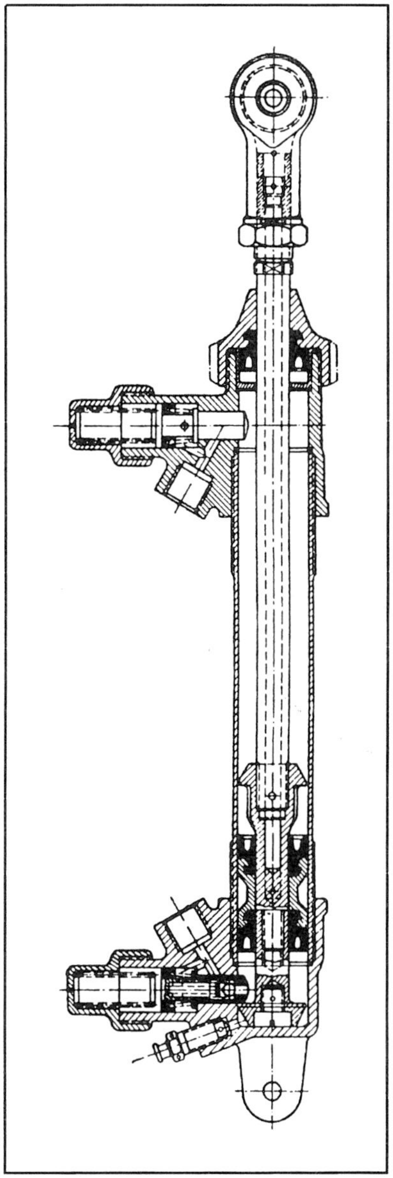

Hydraulischer Arbeitszylinder mit Zapfenverriegelung der Endstellungen

Rechts: Arbeitszylinder mit Zapfenverriegelung und elektrischer Stellungsanzeige. Bei dieser Ausführung wurde von innen nach außen verriegelt.

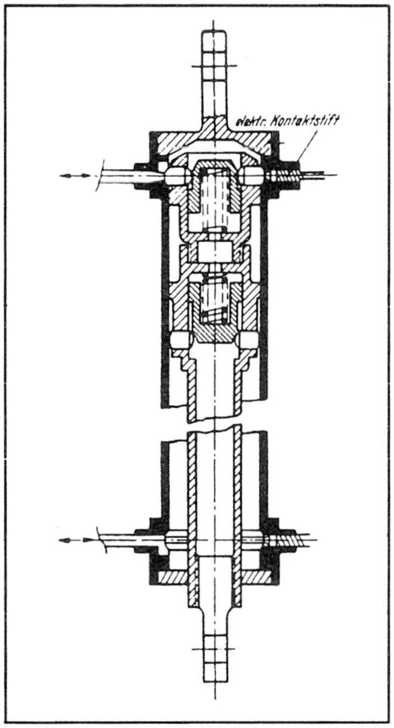

Rechts: Die am meisten verbreitete Ausführung mit Kugelverriegelung

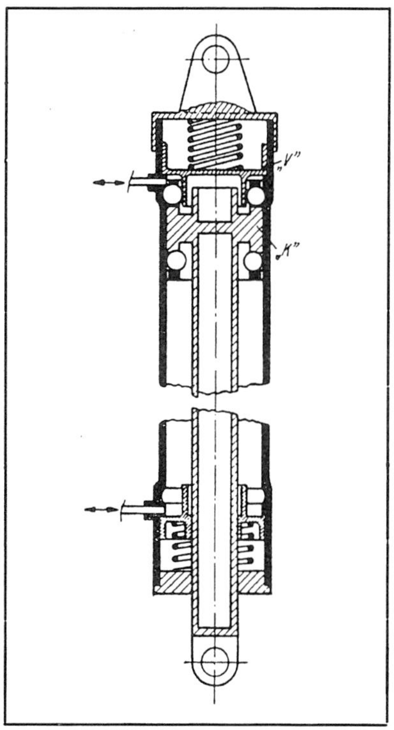

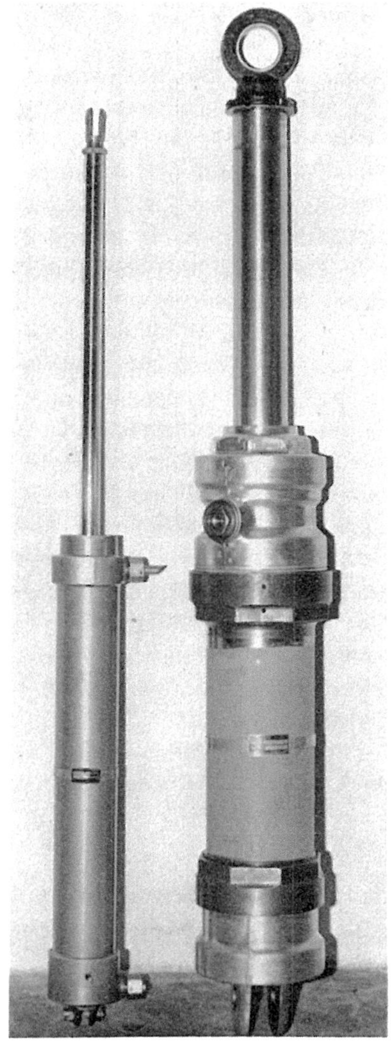

Dieses Bild zeigt einen Größenvergleich zwischen einem Hauptfahrwerks-Arbeitszylinder der Bf 109 und der Me 262. Der kleinere Zylinder der Bf 109 hatte keine Verriegelung und war nur für das Ein- und Ausfahren vorgesehen. Das Federbein verriegelte in den Endstellungen im besonderen Rasteinrichtungen, der gleiche Zylinder wurde auch bei der He 162 verwendet, auch hier nur zum Ein- und Ausfahren.

Der große Zylinder der Me 262 hatte Kugelverriegelung in beiden Endstellungen und mußte somit auch das ausgefahrene oder eingefahrene Federbein in der Endstellung halten.

Flugzeuglaufräder und Bremsen

In den Jahren bis 1926 wurden als Flugzeugräder fast ausschließlich Drahtspeichenräder verwendet. Diese Räder glichen, bis auf die nicht vorhandene Bremse, den Motorradrädern jener Jahre. 1926 entwickelte die Firma Elektron-Co das erste, noch nicht bremsbare Rad aus Elektronguß. 1929 entstand bei E-C das erste Bremsrad, ebenfalls aus Elektronguß. Radbremsen wurden nun in allen größeren Flugzeugen eingebaut. Ab Mitte der 30er Jahre zogen auch die kleineren Baumuster nach. In den meisten Fällen kamen Backenbremsen wie an Kraftfahrzeugen zum Einbau. Betätigt wurden diese Bremsen bei kleineren Flugzeugen mechanisch, bei größeren hydraulisch oder auch pneumatisch. Daneben gab es aber auch die Palmer-Schlauchbremse, die von E-C nach einem englischen Patent gefertigt wurde. Argus baute die erste serienmäßige Scheibenbremse. Mitte der 30er Jahre entstand diese Bremsart, die jedoch nicht mit den heutigen Scheibenbremsen, sondern eher mit der Kupplung eines Kraftfahrzeugs vergleichbar war.

Die Form der Reifen und Räder änderte sich im Laufe der Entwicklung, von den ursprünglich schmalen Rädern bis zu den sogenannten Breitfelgenrädern, die in den Jahren nach 1940 zur Verwendung kamen. Reifen wurden grundsätzlich in mm vermaßt, und zwar in Durchmesser D und Breite b. Daraus ergab sich ein Formverhältnis (D:b), das bei den Hochdruckreifen zwischen 5-8 lag, bei Hochleistungsreifen zwischen 3,5-4,5, bei Ballonreifen zwischen 2,5-3,5 und bei Breitfelgenreifen unter 3.

Mit Einführung der Breitfelgenräder kamen auch Doppelbremsen zum Einbau, das heißt eine Bremstrommel in jeder Felgenhälfte. Dies war notwendig, da mit zunehmenden Gewichten und Landegeschwindigkeiten sehr hohe Energien abgebremst werden mußten. Wenn zum Beispiel ein Flugzeug mit 9000 kg und einer Landegeschwindigkeit von 180 km/h aufsetzte, so ergab sich eine abzubremsende Energie von 280000 mkg, dabei entstand eine Wärmebelastung pro Rad von 660 kcal.

Die Lagerung der Räder erfolgte an den ersten Baumustern auf festen, später auf schwimmenden Buchsen. Abgelöst wurden diese von Federrollenlagern. Ab etwa 1940 kamen dann mehr und mehr kugelgelagerte Räder zum Einbau.

Über Seilzug betätigte Bendix-Bremse an einer Messerschmitt M 18d

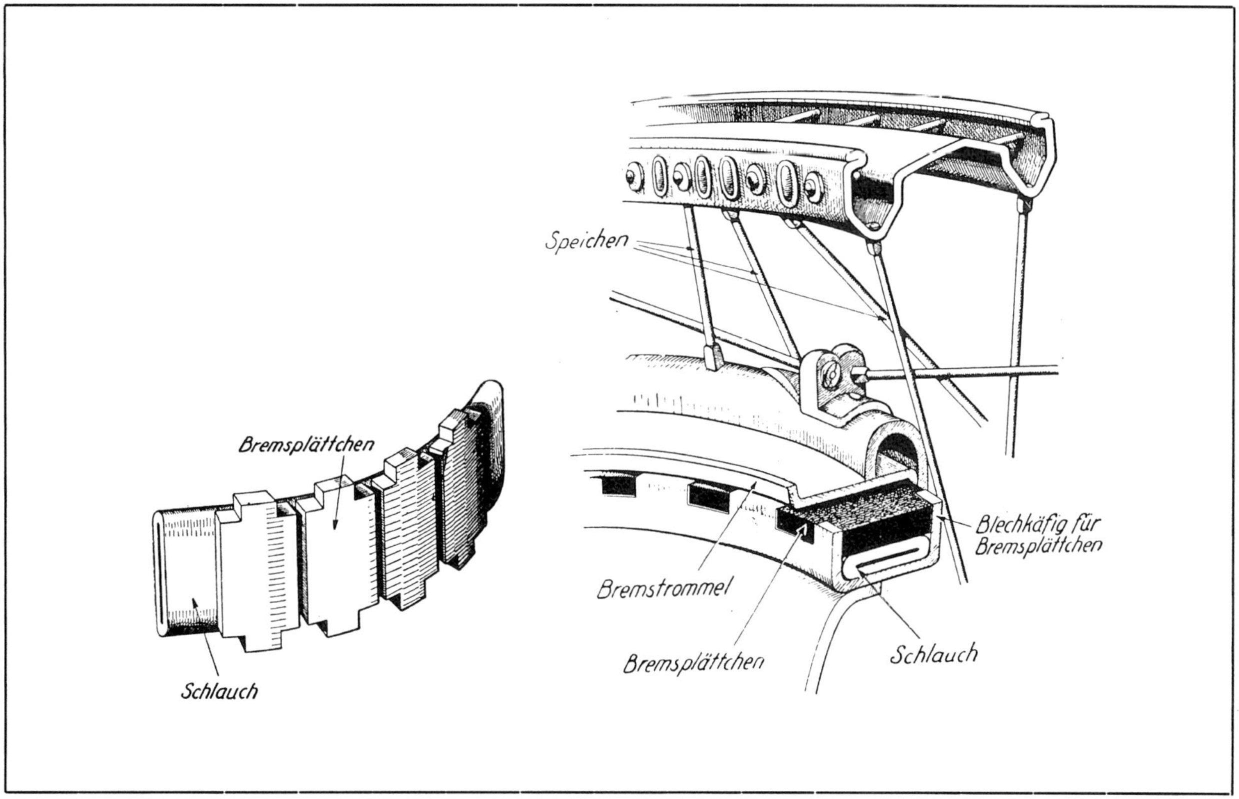

Der Aufbau der Schlauchbremse in einem Speichenrad

Druckölbetätigte Palmer-Schlauchbremse an einer Messerschmitt M 28. Das Speichenrad ist mit einer Windscheibe abgedeckt.

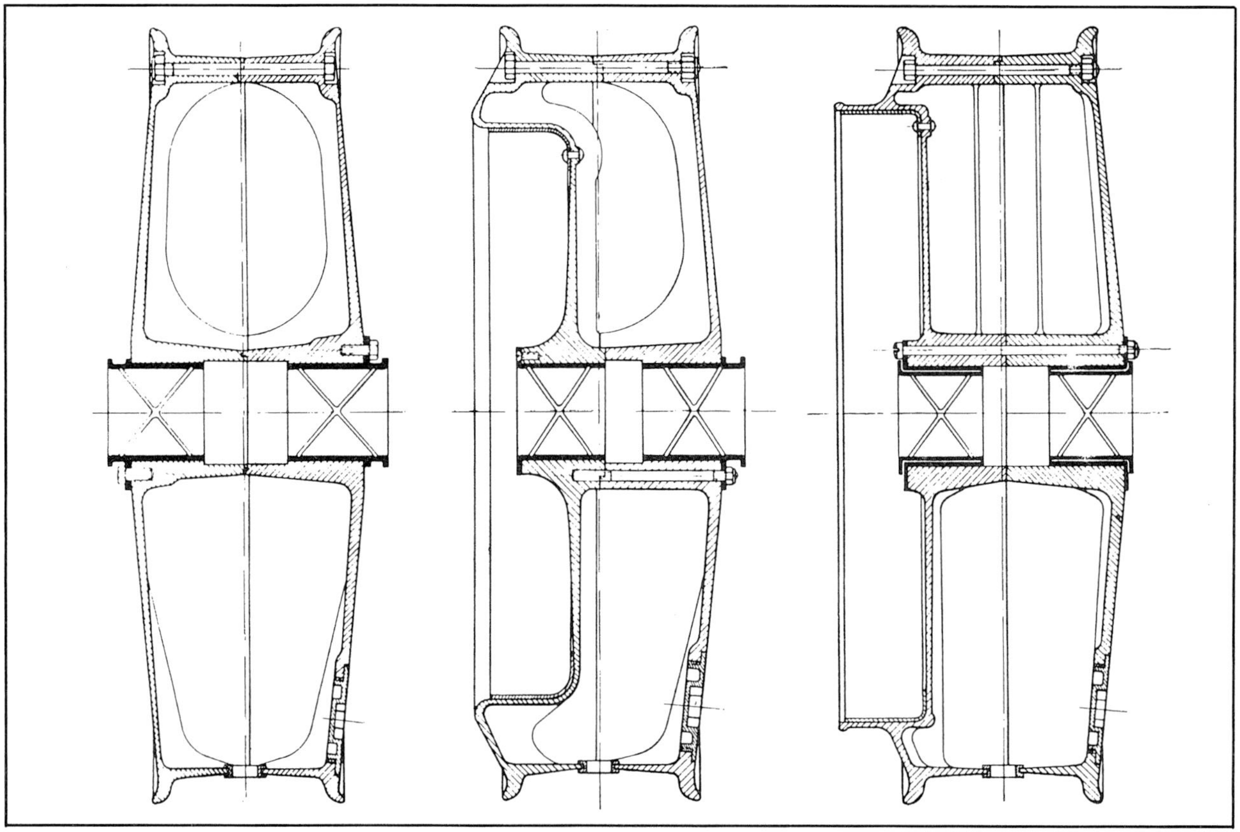

Die Entwicklung der Elektron Druckgußräder. Links erste Ausführung 1926. Mitte Einbau einer Bremse in eine Radhälfte 1929. Rechts das Rad der Ju 52 von 1935 mit schwimmenden Gleitbüchsen.

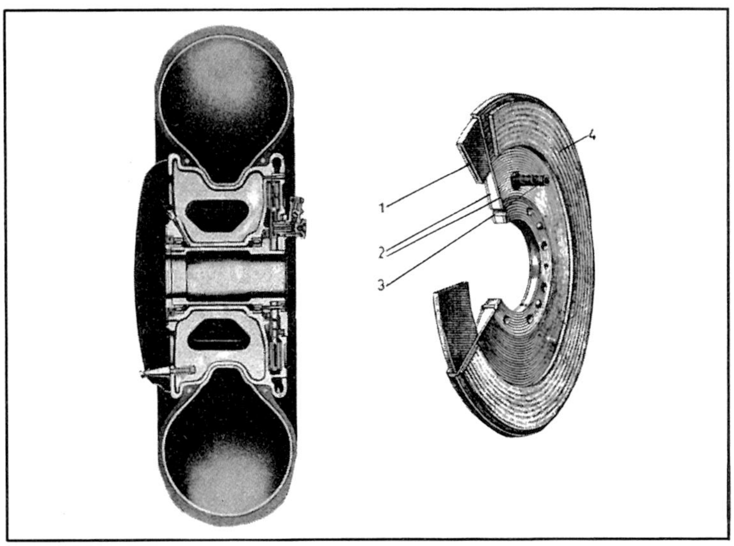

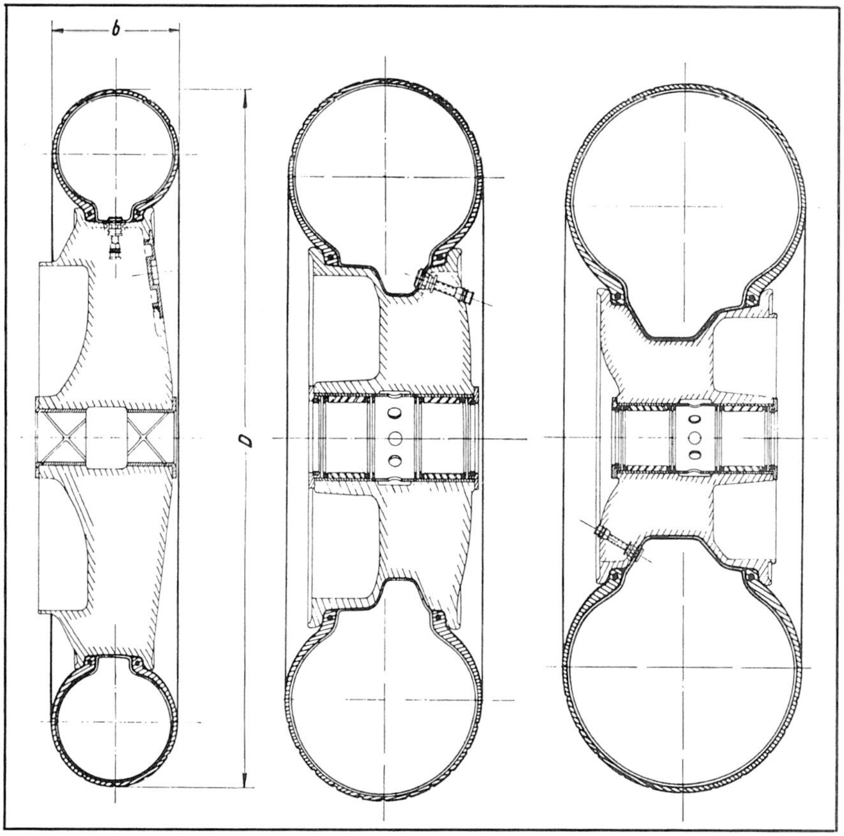

Die Entwicklung vom Hochdruckrad, links mit einem Formverhältnis (D zu b) von 5,4 über das Hochleistungsrad mitte, zum Ballonrad rechts.

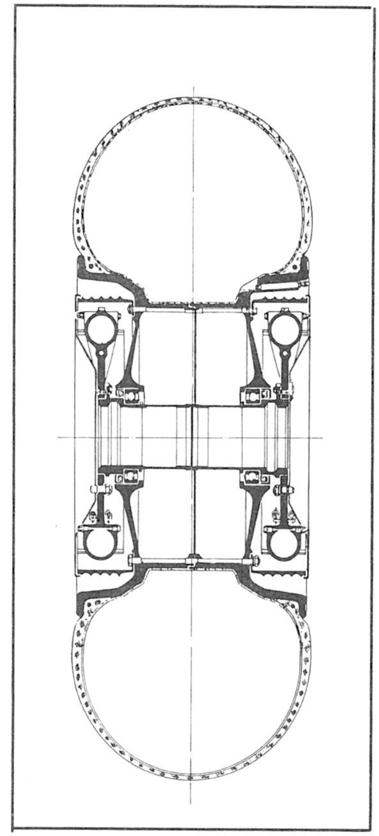

Das teilbare Breitfelgenrad mit Doppelbremse und Kugellagern, wie es ab 1940 entwickelt wurde.

Linke Seite unten: Die Scheibenbremse. 1 Elastischer Bremsschlauch. 2 Federnde Scheiben mit Reibbelägen. 3 Druckmittel-Anschluß. 4 Reibbelag. – Daneben: Ein Argus-Bremsrad mit Achse und Bremsflansch.

Die Fahrwerke der Flugzeuge der deutschen Luftwaffe bis 1945

Im Folgenden sollen nun Ausführungsbeispiele der ehemaligen Luftwaffenflugzeuge (Es werden in diesem Buch nur Landfahrwerke behandelt) gezeigt werden, und zwar in alphabetischer Reihenfolge nach Herstellerwerken und hier wieder nach RLM Typen-Nummern. An einigen Projektentwürfen soll auch der technische Entwicklungsstand bei Kriegsende gezeigt werden.

Arado

Ar 65

Das erste Jagdflugzeug, das die Luftwaffe 1933 einführte, war die Ar 65 F. Ausgerüstet mit hydraulisch bremsbaren Rädern, ölgedämpften Gummifederstreben und gummigefedertem Schleifsporn.

Das Fahrwerk der Ar 65 mit den Anschlußpunkten am Rumpfgerüst, geteilter Achse und verkleideten Gummifederstreben.

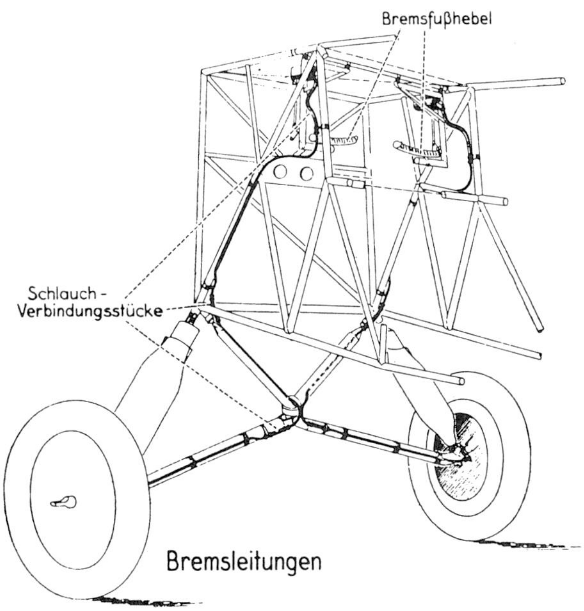

Federstrebe, mit oberen und unteren Anschlußpunkten, Gummidruckplatten und hydraulischem Dämpfer.

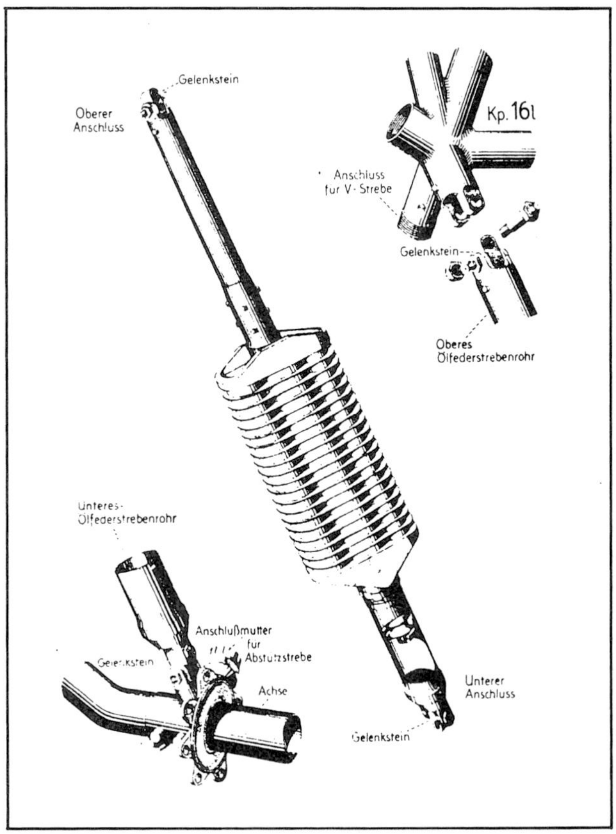

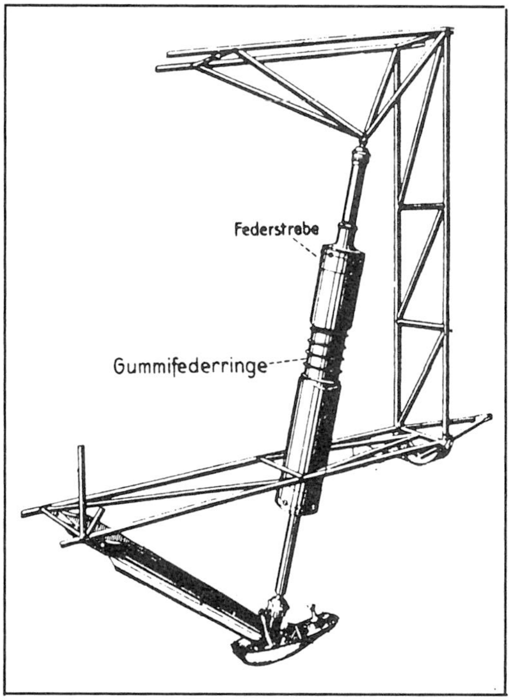

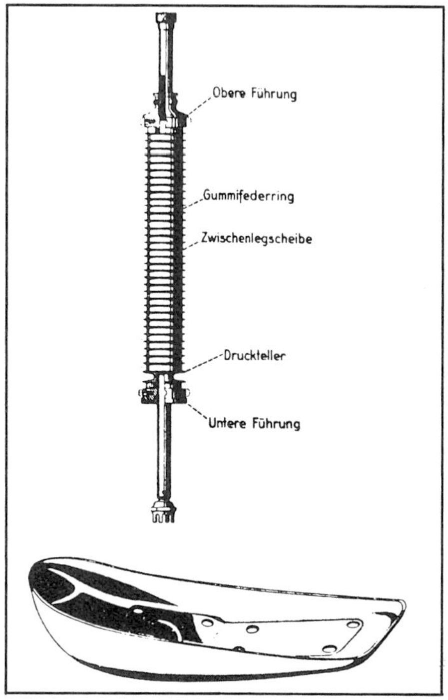

Links: Spornanlage der Ar 65

Rechts: Die Gummifederstrebe der Ar 65 war mit dem Spornschuh verschraubt.

Ar 68

Zusammen mit der He 51 war die Ar 68 der Standardjäger der Luftwaffe nach 1935.
Das nicht einziehbare Fahrgestell war verkleidet. Jedes Federbein hatte eine Federstrebe mit Gummiringen und Öldämpfung. Vor und hinter dem Tragbein lag eine teleskopische Führung mit dem Achsträger, gegen den sich die Gummi-Ölstrebe abstützte. Die Bremsleitung für das Rad 650 × 180 war durch die hinteren Teleskoprohre verlegt. Der ebenfalls gummigefederte Sporn hatte eingefedert eine Verbindung mit der Seitensteuerung, die von außen gelöst werden konnte, um beim Rollen den Sporn um 360° schwenken zu können. Als Spornrad kam zuerst die Größe 260 × 85, später 290 × 110 zum Einbau.

Fahrwerk der Ar 68, Verkleidungen abgenommen.

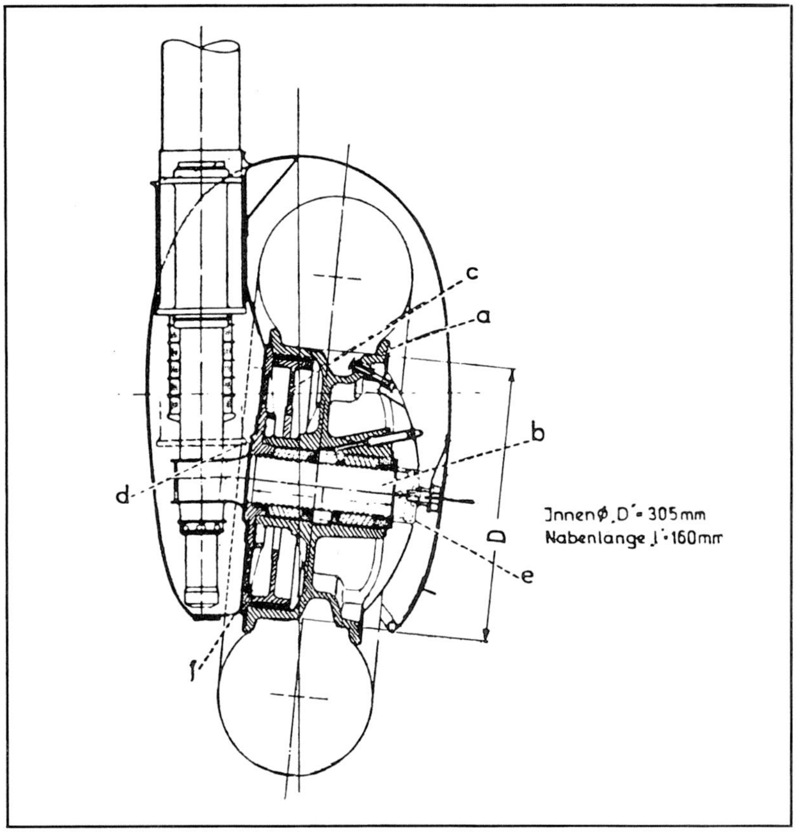

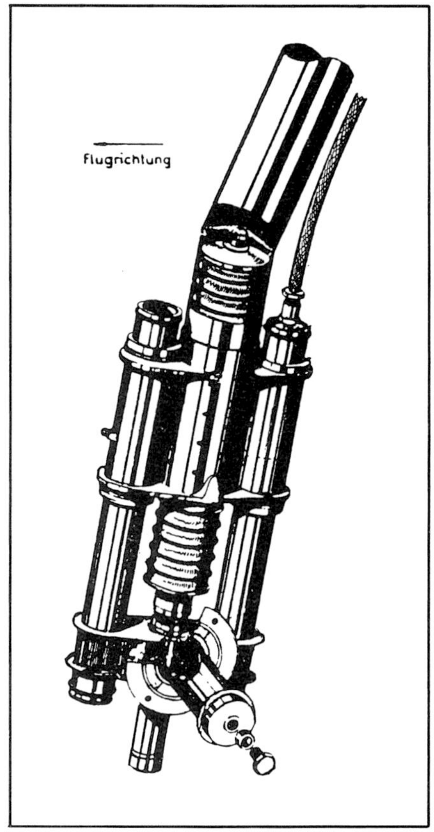

Oben links: Diese Schnittzeichnung zeigt den Anschlußpunkt zwischen Radachse und Federbein.

Rechts: Gummifederstrebe, mit hydraulischem Dämpfer und den beiden Teleskopführungen.

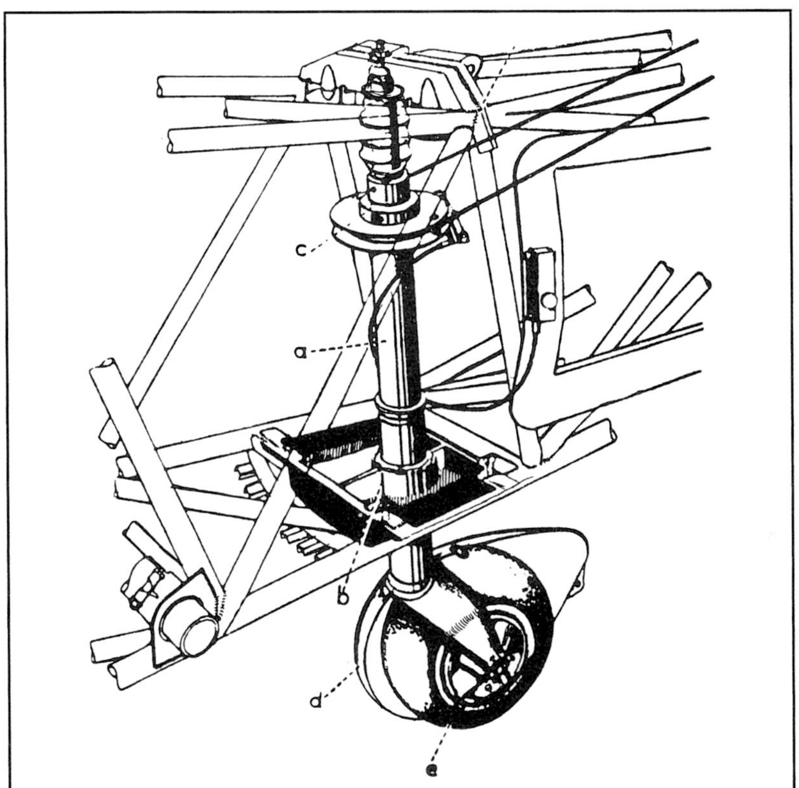

Spornfederbein mit Seilzügen der Seitensteuerung.

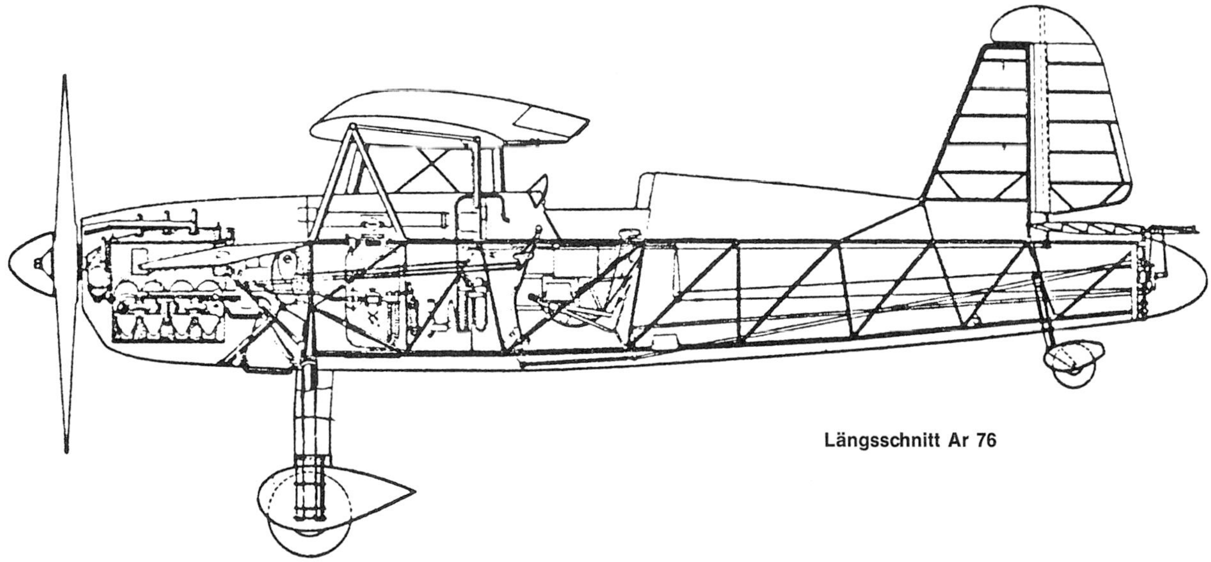

Längsschnitt Ar 76

Ar 76

Dieser leichte, als »Heimatschützer« bezeichnete Jäger, der später als Schulflugzeug verwendet wurde, hatte ein verkleidetes Einbeinfahrwerk. Die Hauptfahrwerksräder waren mit hydraulisch betätigten Palmer-Schlauchbremsen ausgerüstet. Ölgedämpfte Gummifederstreben sorgten für die Abfederung. Der Sporn mit einem Rad 260 × 85 hatte ebenfalls Gummifederung.

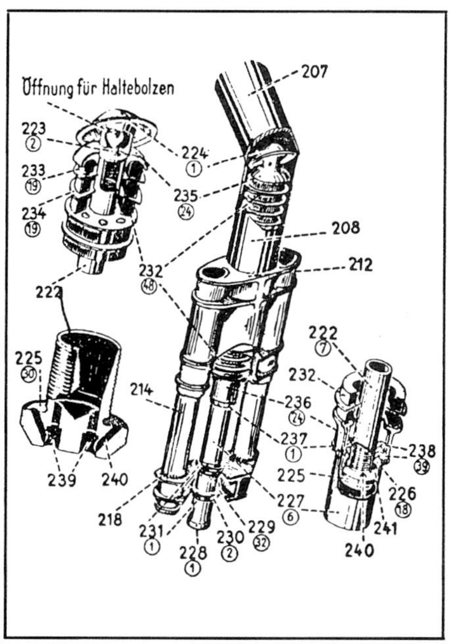

Federbeinaufbau der Ar 76

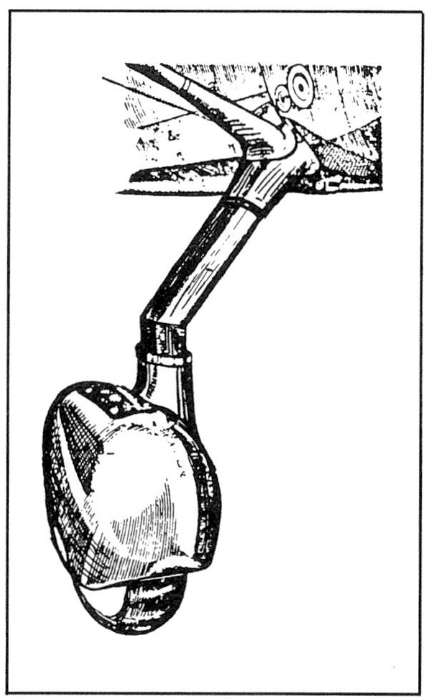

Rechtes Fahrgestell mit Verkleidung

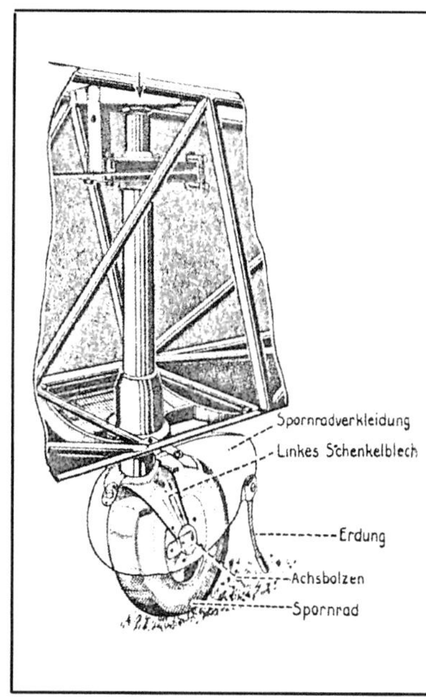

Spornanlage Ar 76

Ar 96

Das Standard-Ausbildungsflugzeug für Jagdflieger hatte in der ersten Versuchsausführung ein vom Rumpf nach außen in die Tragflächen einklappbares Fahrwerk, in dieser Ausführung auch noch mit zwei freiliegenden Gummifederstreben am abgeknickten Federbein und nach hintenlaufender Stützstrebe. Das Serienmuster hatte Einbein-Gummifederstreben mit Öldämpfung, die in den Flächen gelagert, nach innen einschwenkten. Argus-Scheibenbremsräder kamen zum Einbau.
Das nicht einziehbare gummigefederte Spornfederbein hatte ein Rad 290 × 110 und war mit der Seitensteuerung gekoppelt. Nach Rückstellung des Sporns in die Mittellage löste sich die Kupplung.

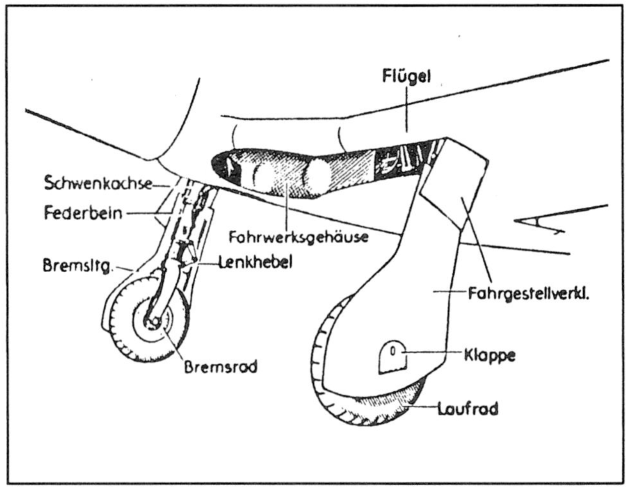

Hauptfahrwerk Ar 96

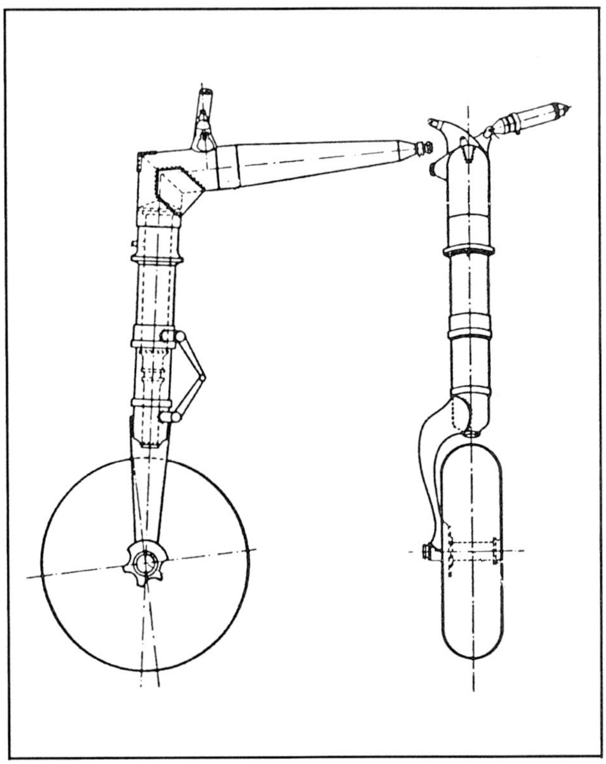

Das Federbein der Ar 96 hatte einen sehr kräftigen Lagerarm. Die Radachse wurde in einer Halbgabel aufgenommen.

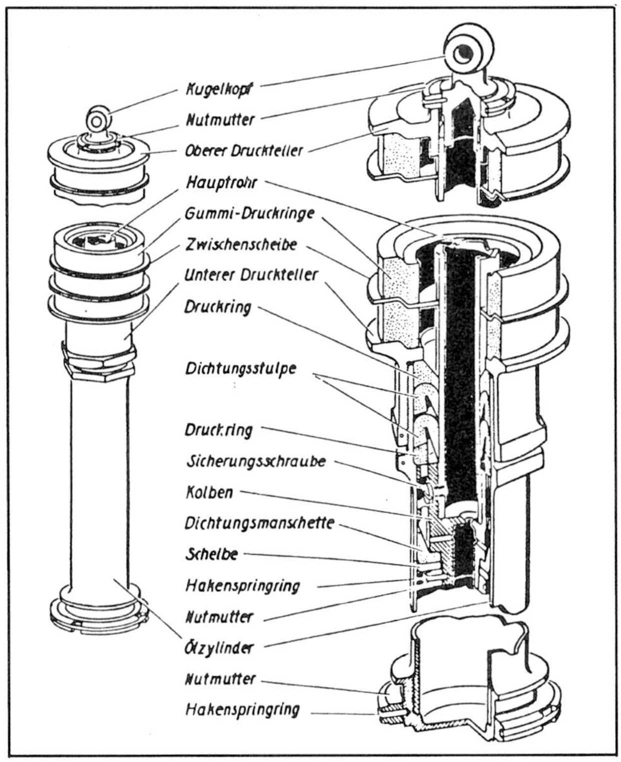

Aufbau der Ölfederstrebe mit Gummidruckringen.

Anlenkung des Arbeitszylinders an der Schwenkachse des Federbeines und am Halterohr der Tragfläche der Ar 96

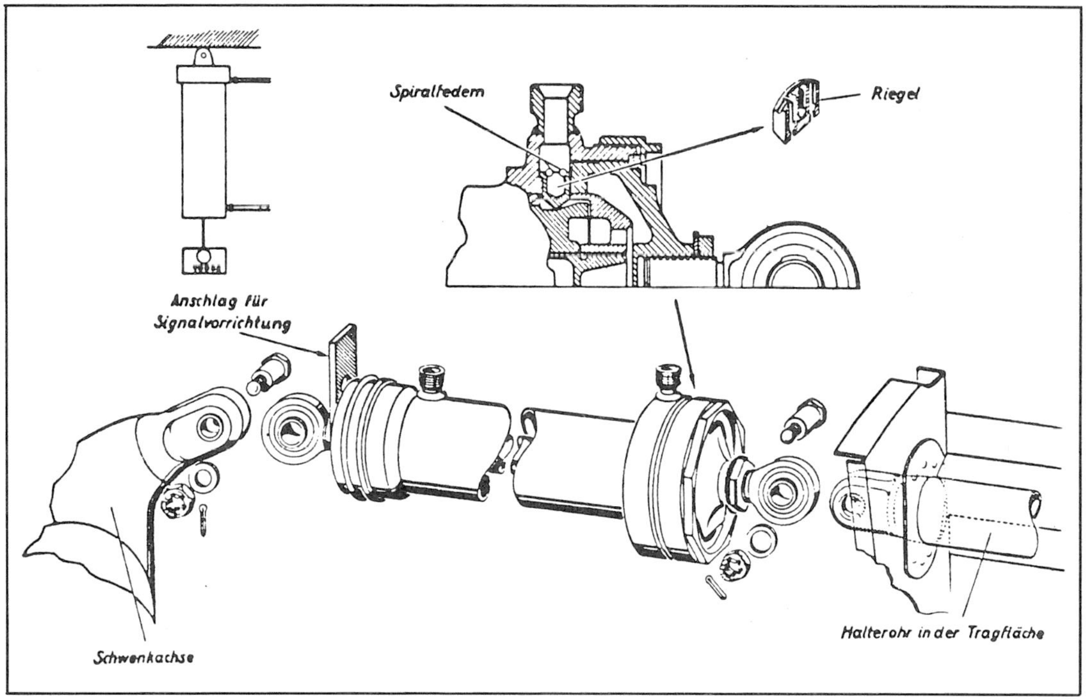

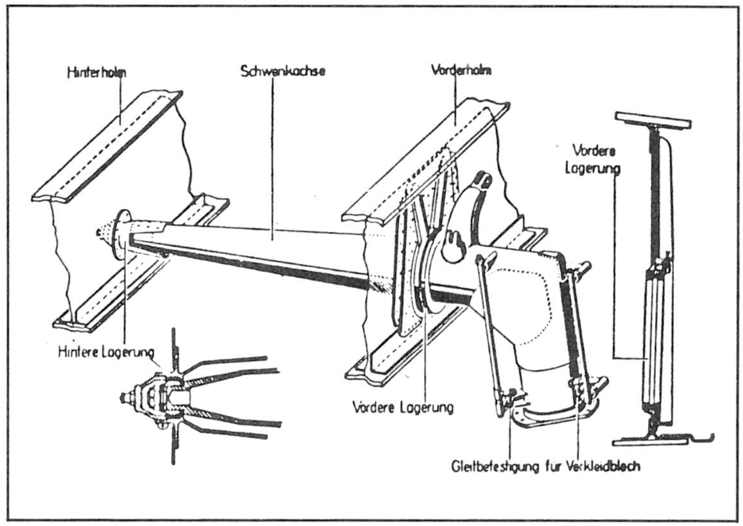

Das Federbein der Ar 96 wurde über eine konische Schwenkachse zwischen Vorder- und Hinterholm in der Tragfläche gelagert.

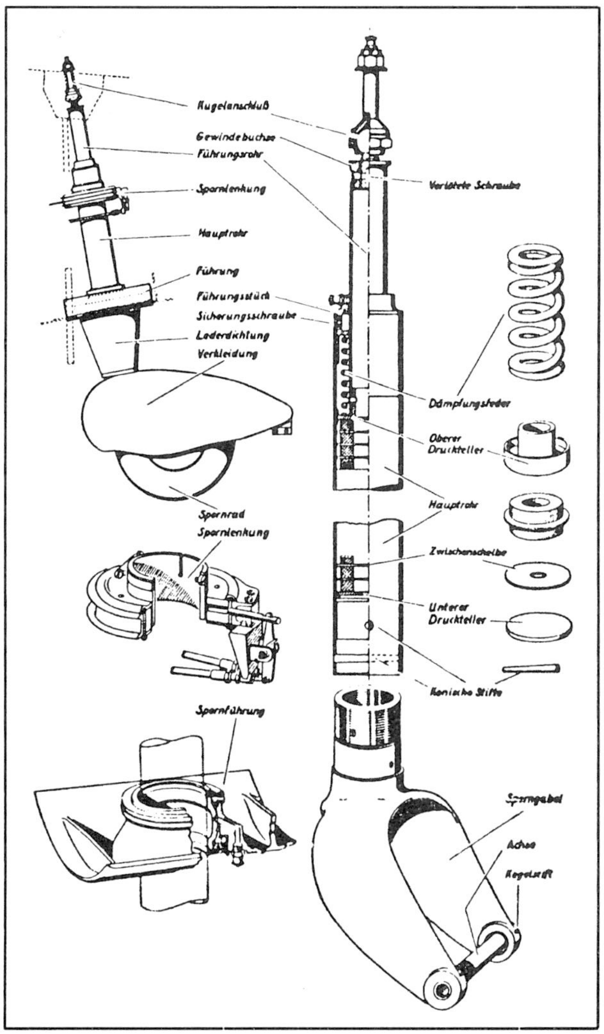

Radsporn der Ar 96, mit Gummidruckringen und Stahlfeder für die Stoßaufnahme.

Ar 232/432

Die Ar 232 entstand auf Grund einer Ausschreibung des RLM aus dem Jahre 1939. Die V1 flog erstmals im Sommer 1941. Dieser Transporter war die fortschrittlichste Lösung für die gestellten Aufgaben. Ein wesentlicher Vorteil dieses Flugzeugs war das geländegängige Fahrwerk. Die unter dem Rumpf an Schleppschwingen gelagerten elf Radpaare ergaben zusammen mit dem breit ausgelegten Hauptfahrwerk (8,40 m Spurweite) und dem ebenfalls an einer Schleppschwinge geführten Bugrad im abgesenkten Zustand hervorragende Rolleigenschaften, selbst auf unvorbereitetem Gelände.

Bezeichned für die fast unbegrenzten Möglichkeiten dieses Flugzeugs ist der Auszug aus einem Bericht über Vorführungen von verschiedenen Flugzeugmustern in Rechlin am 12. und 13. 6. 1944.

»Die Ar 232 B-010 wurde von H. Stabsing. Bader im Gelände vorgeführt. Das Gelände bestand aus vier Gräben bis zu 1,50 m Breite mit jeweils einem Wall vor und hinter dem Graben aus ca. 80 cm hohem losen Sand, dazwischen verstreut kleinere Bombentrichter. Über diese Hindernisse wurde gestartet und gelandet. Einmal wurde das Flugzeug direkt auf einem Graben aufgesetzt.«

Auf befestigten Plätzen startete und landete die Ar 232 nur mit dem Dreirad-Fahrwerk. Dieses konnte aber hydraulisch in zwei Stellungen ausgefahren werden und wurde der Fahrwerksschalter auf die Stufe »Sonderlandung« gebracht, so senkte sich das Fahrwerk um 70 cm ab und war somit mit den 22 Hilfsrädern auf gleicher Höhe. Beim Einziehen schwenkte das Hauptfahrwerk nach innen in die Tragfläche ein. Das Bugfahrwerk arretierte in der gleichen Stellung wie bei »Sonderlandung«. Für den Wintereinsatz war der Anbau einer großen Kufenplatte unter den 22 Hilfsrädern geplant.

Die Ar 232 V1 mit vollausgefahrenen Haupträdern für das Rollen auf befestigten Plätzen.

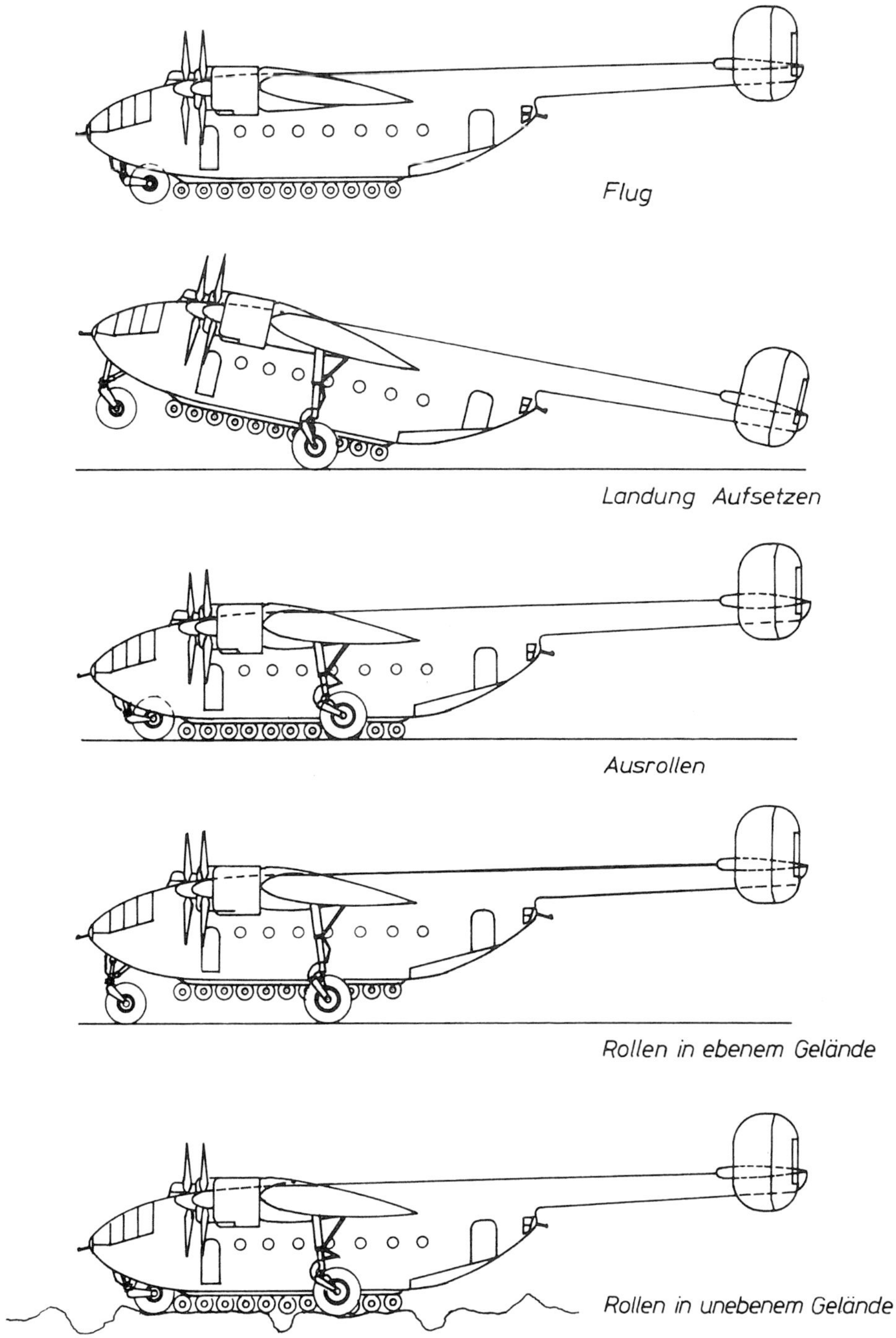

Die verschiedenen Flug- und Rollzustände der Ar 232.

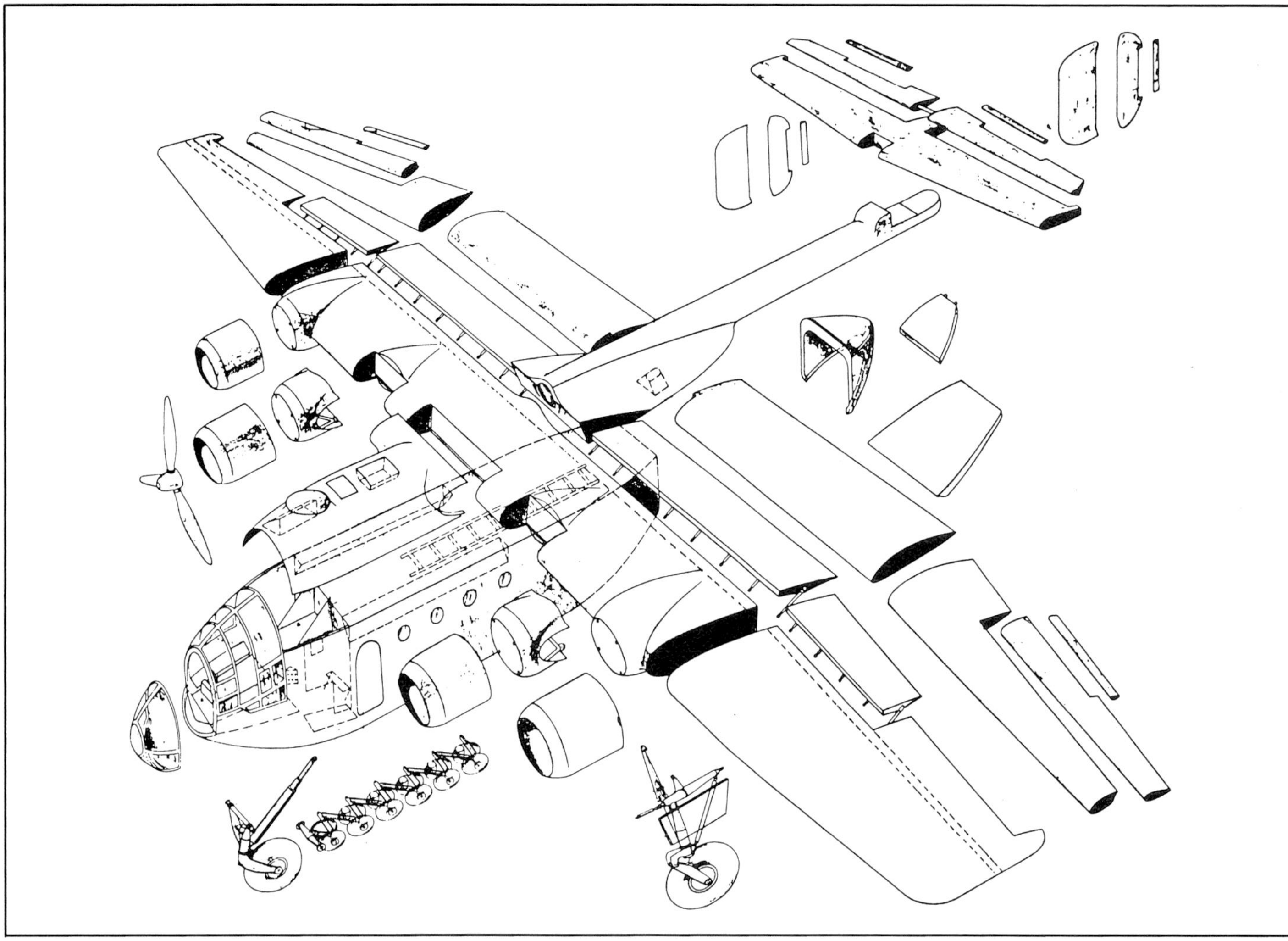

Baugruppenübersicht der Ar 432. Von den auch hier geplanten 11 Radpaaren sind nur 6 dargestellt.

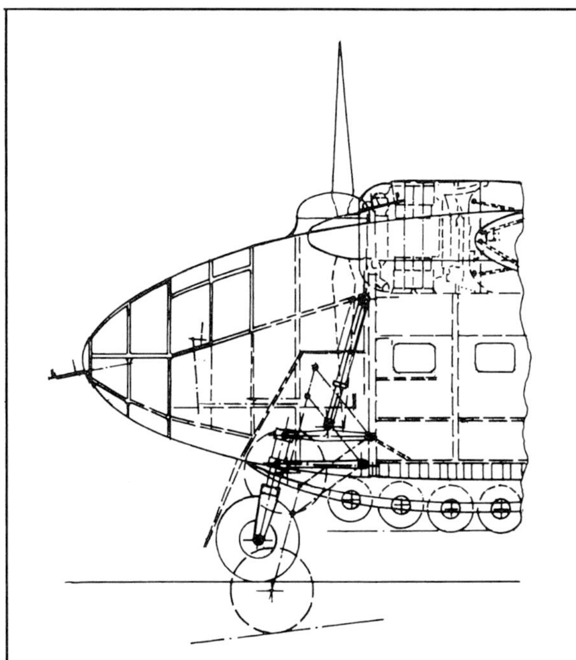

Abgeändertes Bugfahrwerk an einem Projektentwurf der Ar 232.

Neben der Me 262 war die Ar 234 das einzige Strahlflugzeug der ehemaligen deutschen Luftwaffe, welches noch zum Einsatz kam. Verschiedene Fahrwerksentwürfe und Versuche wurden durchkonstruiert und zum Teil auch erprobt, bis an der V9 die endgültige Fahrwerksausführung zum Einbau kam.

Der Projektentwurf zu dieser Maschine, als E 370 bezeichnet, hatte eine sehr eigenwillige Fahrwerkslösung. In der Entwurfsbeschreibung vom 10. 2. 42 ist unter dem Abschnitt Fahrwerk zu lesen:

»Einerseits beansprucht der große Kraftstoffbedarf des Sondertriebwerks beinahe das ganze Rumpfvolumen des Flugzeugs, andererseits erfordert die hohe Geschwindigkeit sehr dünne Flügelschnitte, so daß für ein normales Einziehfahrwerk kein Raum zur Verfügung steht. Da jedoch aus Einsatzgründen ein Eigenstart sehr erwünscht ist, wurde durch Anordnung eines neuartigen Fahrwerks eine Lösung gefunden, die durch geeigneten Raumbedarf ein Einziehen ermöglicht.

Dieses Fahrwerk besteht aus einem Kastenträger in welchem neun Rollen aus Festholz gelagert sind. Der Träger ist mittels zweier ausfahrbarer Federbeine und einem Lenker am Rumpf befestigt. Das ganze Aggregat wird in den unteren Rumpfschacht eingefahren und durch Klappen abgedeckt. Alle Rollen sind am äußeren Umfang mit Servowirkung bremsbar.

Um seitliches Kippen bei fehlender Querruderwirkung und dadurch eine mögliche Beschädigung der Triebwerke zu verhindern, sind unter den Triebwerken noch ausfahrbare Stützkufen angeordnet, die sich im Flugzustand flach an die Triebwerksverkleidung anlegen«.

Zum Bau kam diese Ausführung jedoch nicht. Für die ersten Versuchsmuster wurde ein Startwagen mit festen Haupträdern und schwenkbarem Bugrad entwickelt. Das Flugzeug selbst hatte eine in den Rumpf einziehbare Hauptkufe mit zwei Stoßdämpfern und je eine ausklappbare Kufe unter jedem Triebwerk. Der Startwagen wurde beim ersten Start der V1 aus einer Höhe von 500 m abgeworfen. Bei späteren Versuchen klinkte der Startwagen bereits bei einer Höhe von 1,5 bis 2 m aus. Im Laufe der Weiterentwicklung löste der Flugzeugführer den Wagen beim Startvorgang nach Erreichen einer Geschwindigkeit von 170 bis 180 km/h, wobei der Startwagen am Boden blieb. Die Landung auf den Kufen war an sich unproblematisch, jedoch gab es während der Erprobung öfters Schwierigkeiten mit den Federstreben, die beim Landen einsackten. Das Hauptproblem war die Unbeweglichkeit der Maschine nach der Landung.

Arado untersuchte auch die Möglichkeit, schwenkbare Rollen an der Kufe anzubringen, um auf Betonbahnen unabhängig vom Startwagen zu sein. Die Landung sollte aber auf jeden Fall nur auf den Kufen erfolgen.

Im Januar 1943 wurde der erste Entwurf für ein Einziehfahrwerk vorgelegt. Das Bugfahrwerk sollte, wie dann auch ausgeführt, nach hinten eingefahren werden, während das Hauptfahrwerk in der Tragfläche hinter den Hauptholmen, zwischen Rumpf und Triebwerk gelagert und nach vorn, bei gleichzeitiger Drehung des Rades um 90°, eingefahren werden sollte. Dabei sollte das Federbein außerhalb der Fläche bleiben. 840 × 300 war als Radgröße vorgesehen.

Die endgültige Ausführung kam dann an der V9 zum Einbau. Obwohl das Fahrwerk nur eine Spurbreite von 2,05 m hatte, war die Rollstabilität ausreichend. Neben verschiedenen Problemen mit den Öl/Luft-Federstreben während der Erprobung waren es vor allem die Reifen der 234, die ständig Schwierigkeiten machten. Die verwendeten Räder 935 × 345 erlaubten nur ein Startgewicht von max. 10 t. Das Landegewicht mußte auf 6500 kg beschränkt werden, da die Bremsen hier eine Grenze setzten.

Eine Verwendung der nächsten Radgröße 1015 × 380 wurde untersucht, hätte jedoch eine Ausbeulung des Rumpfes im Bereich der Fahrwerksklappen erfordert. Für die vierstrahlige C-Ausführung war dann aber diese Änderung ab der V30 vorgesehen.

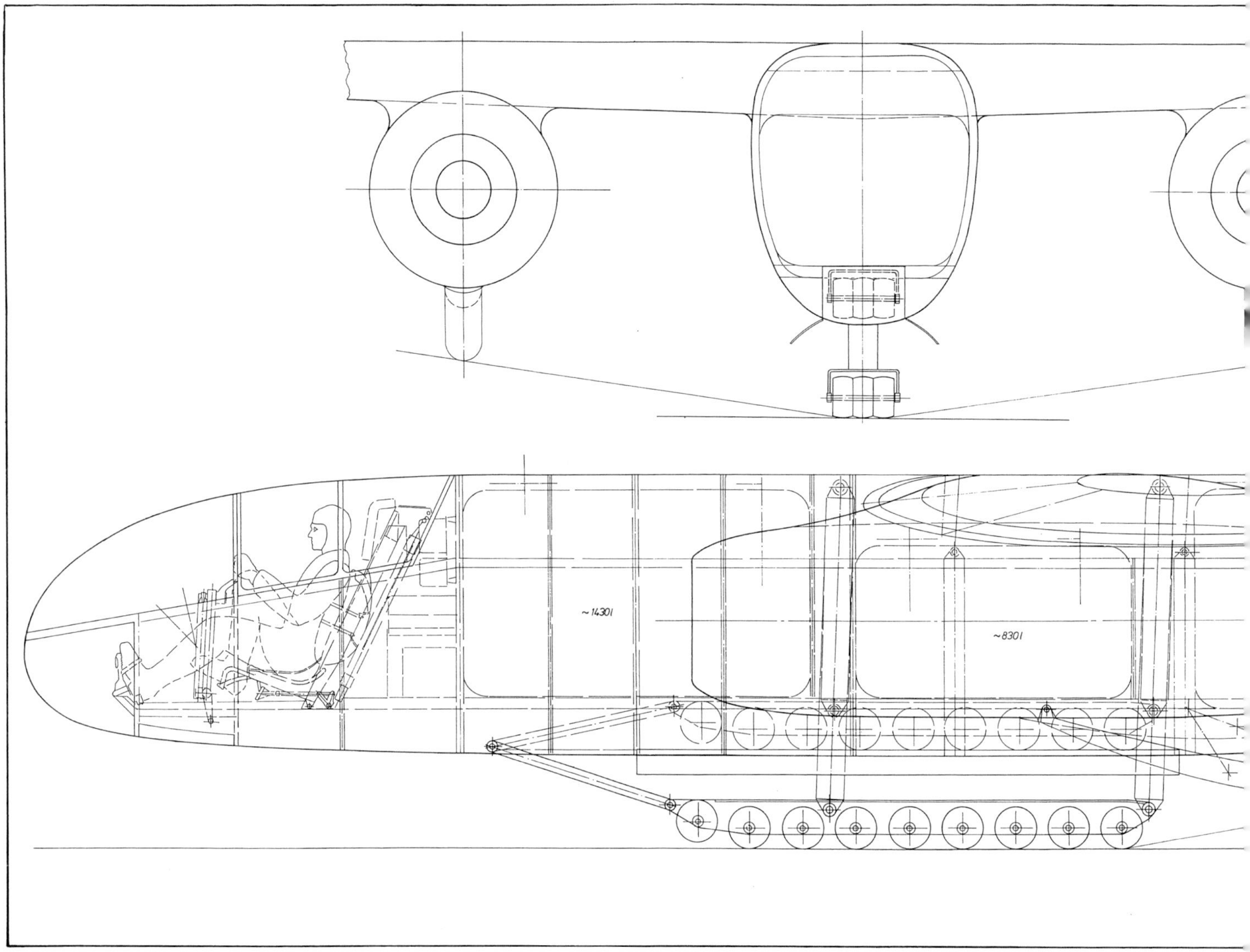

Der Vorentwurf für die Ar 234 hatte ein sehr eigenwilliges Fahrwerk.

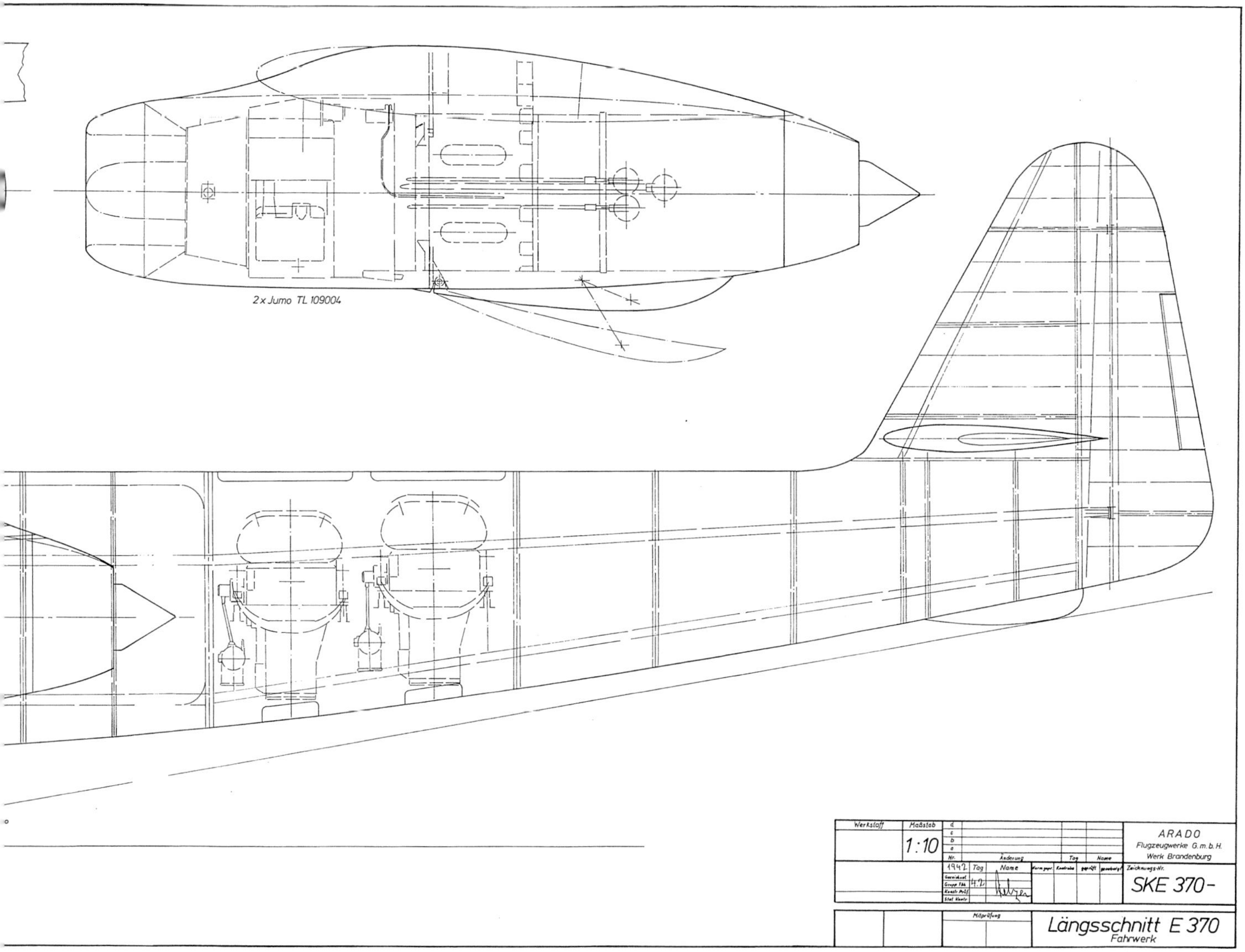
2 x Jumo TL 109004
Werkstoff
Maßstab
1:10
Änderung
Tag
Name
1942
ARADO
Flugzeugwerke G.m.b.H.
Werk Brandenburg
SKE 370-
Mitprüfung
Längsschnitt E 370
Fahrwerk

Die Ar 234 V1 mit dem dreirädrigem Startwagen, noch ohne Stützstreben zu den Triebwerksgondeln. Gut zu erkennen auf diesem Bild, die ausgefahrenen Landekufen.

Startwagen der V5. Die ausgefahrenen Stützkufen liegen auf Rohrauslegern. Die Hauptkufe ist ausgefahren und mit dem Startwagen verbunden. Auf diesem Bild sieht man die gegabelte Hydraulikleitung zum vorderen Doppel-Bremsrad.

Der Startwagen der V5 von hinten. In dem Kasten hinter der nach außen konisch zulaufenden Achse, ist der Bremsschirm untergebracht.

V6 auf dem Startwagen. Zusätzlich Stützkufen unter den äußeren BMW-Triebwerken.

Auf diesem Foto ist der Startwagen, sowie die Form der Landekufen gut zu erkennen.

Erstes V Muster mit Einziehfahrwerk war die V 9.

Hauptfahrwerk der V9. Die kleinen Fahrwerksklappen waren an den Federbeinen angelenkt und somit zwangsgesteuert. Die großen Klappen wurden mit eigenen Hydraulikzylindern betätigt und nur während des Ein- und Ausfahrens geöffnet.

Die V21 war der Prototyp für die 4-strahlige C-3, mit größerem gebremsten Bugrad. Auf diesem Bild sind auch die großen Fahrwerksklappen geöffnet.

Im Laufe der Erprobung traten verschiedentlich Reifenbrüche auf, die anfangs nicht zu klären waren. Nachdem sich Arado und die E-Stelle Rechlin dieses Problems gezielt angenommen hatten, kam man auf die Ursache dieser Schäden, die auch an der 262 vorkamen: Die hohe Landegeschwindigkeit dieser Strahlflugzeuge ergaben beim Aufsetzen auf Betonbahnen mit stehendem Rad ein sehr hohes Moment: das Federbein klemmte dadurch in seinen Führungen. Der Landestoß mußte allein vom Reifen aufgenommen werden, was zum Stoßplatzen führte. Berechnungen und Versuche ergaben, daß auch die Anordnung der Lenker für die Geradführung der Federbeine eine entscheidende Rolle spielte. Federbeine, die die Lenker in Flugrichtung vorn hatten, waren für das Federverhalten während des Landestoßes weit günstiger als hinten angeordnete Lenker. Dies führte dann dazu, daß für die 234 C die Lenker nach vorn gelegt wurden und alle vorhandenen Maschinen umgerüstet werden sollten, was jedoch nicht ohne weiteres möglich war. Denn dazu mußte auch der Spant 9C im Rumpf geändert werden, da die vorn liegenden Lenker bei eingefahrenem Federbein einen Ausschnitt in diesem Spant notwendig machten.

Eine weitere Überlegung führte zum Bau von Einrichtungen für den Antrieb der Räder. Versuche mit Windtüten an den Felgen brachten keine brauchbaren Ergebnisse. Elektrische und hydraulische Radantriebe waren Ende des Krieges in Entwicklung.

Gegenüberstellung der Bugfahrwerke der 234B und C. Die C hatte nicht nur ein größeres, bremsbares Rad, auch die Schwenkgabel war geändert und verlängert. Nur ein Arbeitszylinder, der von oben an der Schwenkgabel angriff, war vorgesehen. An der B Variante waren je ein links und ein rechts angeordneter Arbeitszylinder eingebaut.

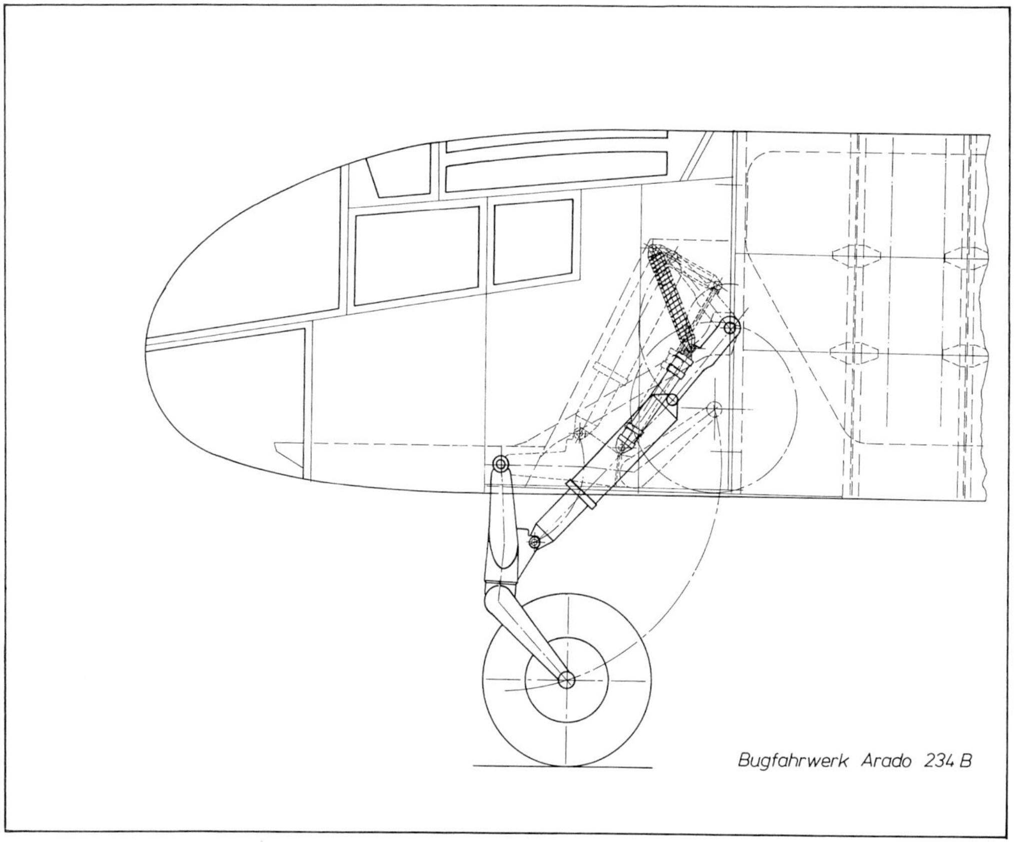

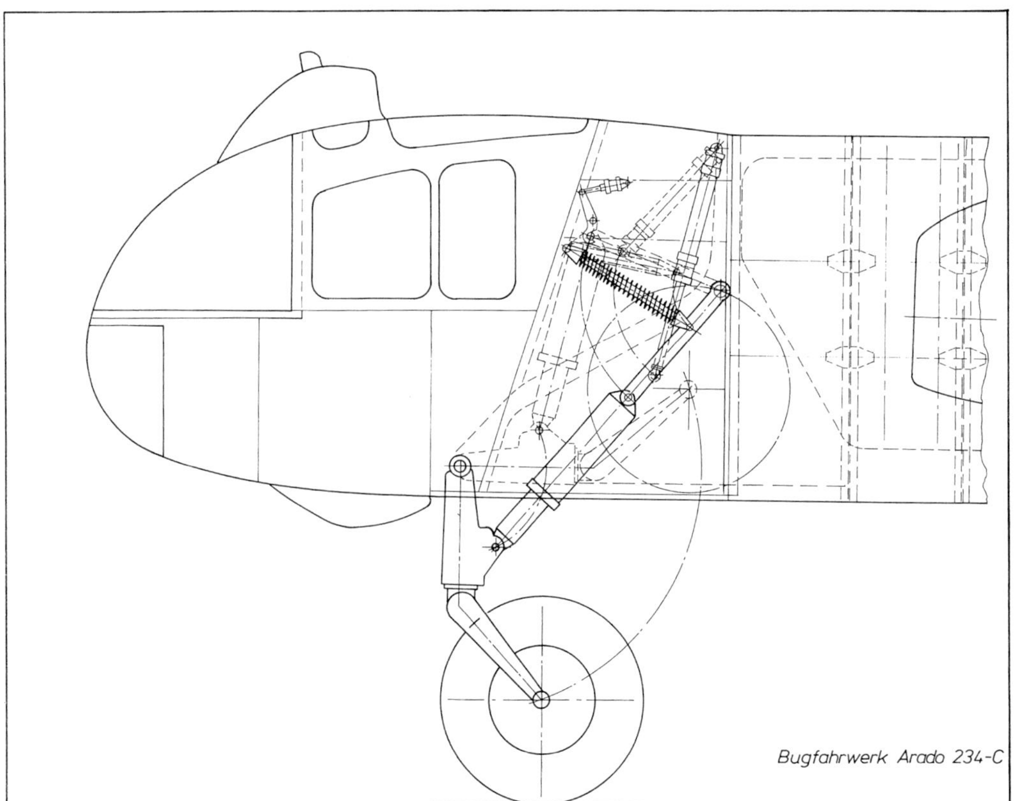

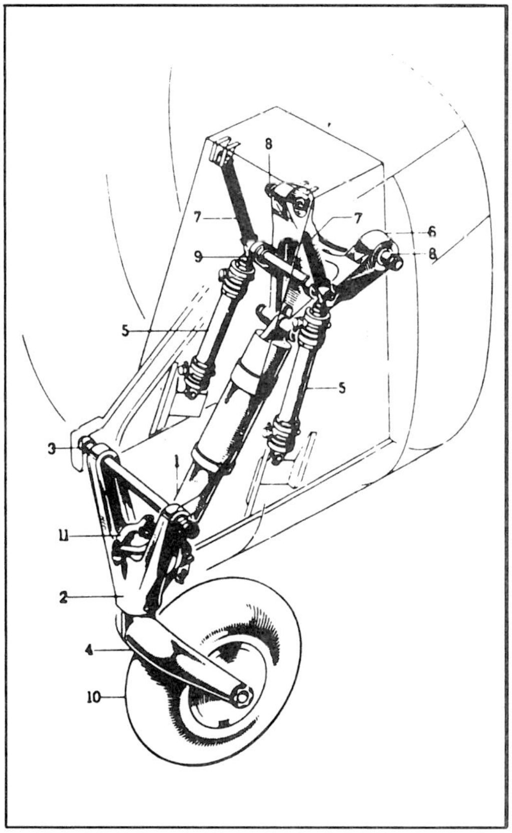

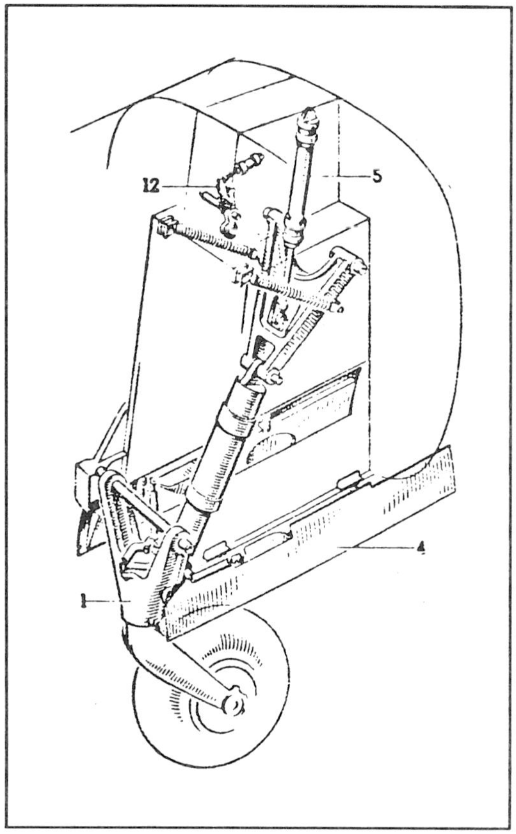

Nochmals die beiden Bugfahrwerke, links B, rechts C.

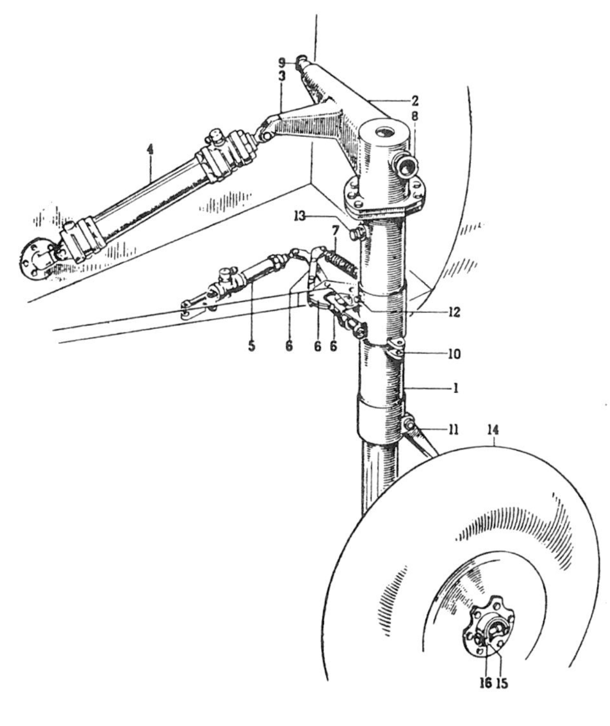

1 Federbein
2 Schwenkachse
3 Schwenkachsenhebel
4 Arbeitszylinder für Hauptfahrgestell
5 Verriegelungszylinder für Hauptfahrgestell
6 Verriegelungsvorrichtung
7 Druckfeder
8 Steckachse
9 Riegelbeschlag der Steckachse für Bajonettverriegelung
10 Anlenkstelle für Klappenbetätigung
11 Lenkhebel
12 Schmiernippel
13 Füllverschraubung
14 Laufrad
15 Laufradachse
16 Achskappe

Hauptfahrwerk Ar 234

Fahrwerkserprobung der Hecht B S4 (4. Serienmuster) Für das Rollen in unebenem Gelände wurde am Bugrad ein Kotflügel angebracht. Diese Versuche zeigten, daß der Federbeinfülldruck von 22atü bei angehängten Außenlasten nicht ausreichend war, um die einseitig eingefederte Maschine aufzurichten. Interessant auf diesem Bild auch die Windtüten für den Radantrieb.

Diese Zeichnung verdeutlicht welche Probleme der Fahrwerkskonstrukteur zu meistern hatte. Hier die Unterbringung eines Kleinstjägers im Schwenkbereich des Fahrgestells.

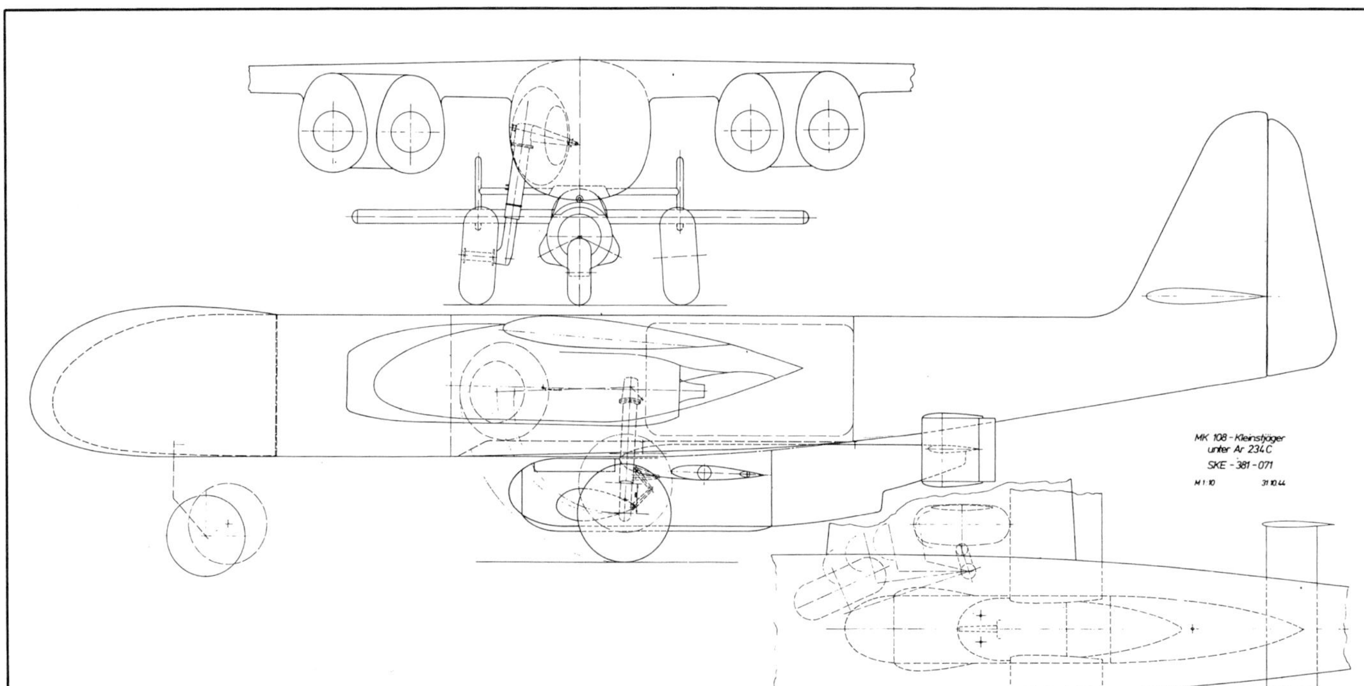

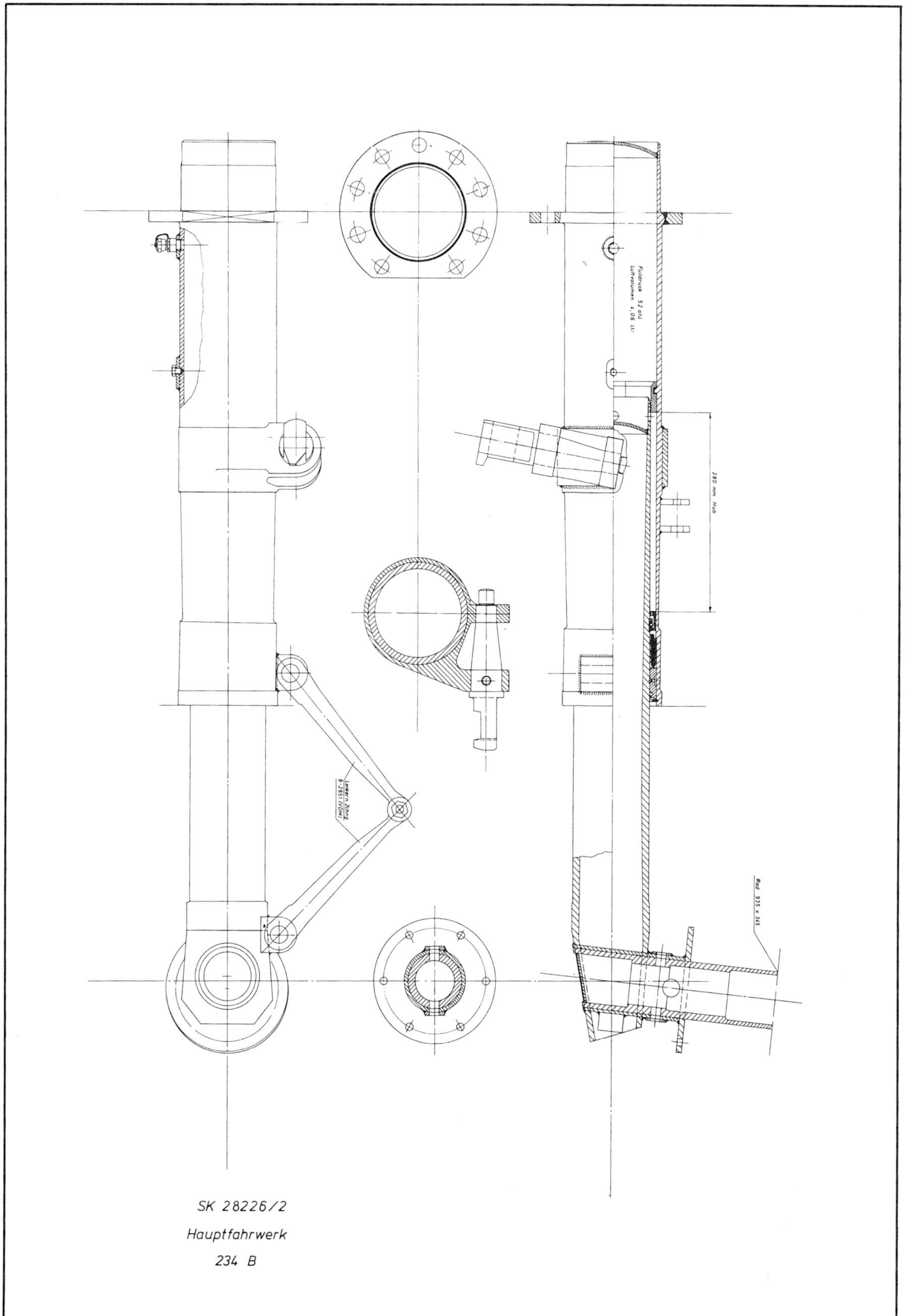

Das Luft-Ölfederbein der Ar 234 im Schnitt

Ar 240/440

Ähnlich wie das Konkurrenzmuster Me 210 brachte auch die Ar 240 während ihrer Erprobung keine befriedigenden Flugeigenschaften und kam nur in geringer Stückzahl zur Truppenerprobung. Das Fahrwerk bestand aus zwei ölgedämpften Ringfederbeinen mit Doppelrädern 840 × 300, mit nur einer innenliegenden Bremse pro Rad. Die Federbeine wurden durch Hydraulikzylinder, die an Knickstreben angriffen, eingezogen, auch das Spornfederbein wurde durch einen Hydraulikzylinder eingefahren.

Bauchlandung einer Ar 240 A durch Fahrwerksschaden. Bewegungsunfähige Flugzeuge wurden auf den Start- und Landebahnen durch 2 rote Fahnen gekennzeichnet.

Nochmals die gleiche Ar 240, nun jedoch aufgebockt, deutlich zu sehen die Beschädigungen durch die Bauchlandung an den Verkleidungsteilen. — Unten rechts: Das angeschnittene Ringfederbein der Ar 240.

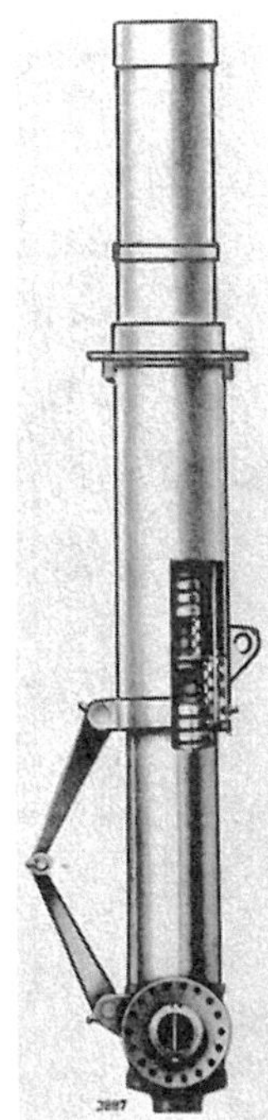

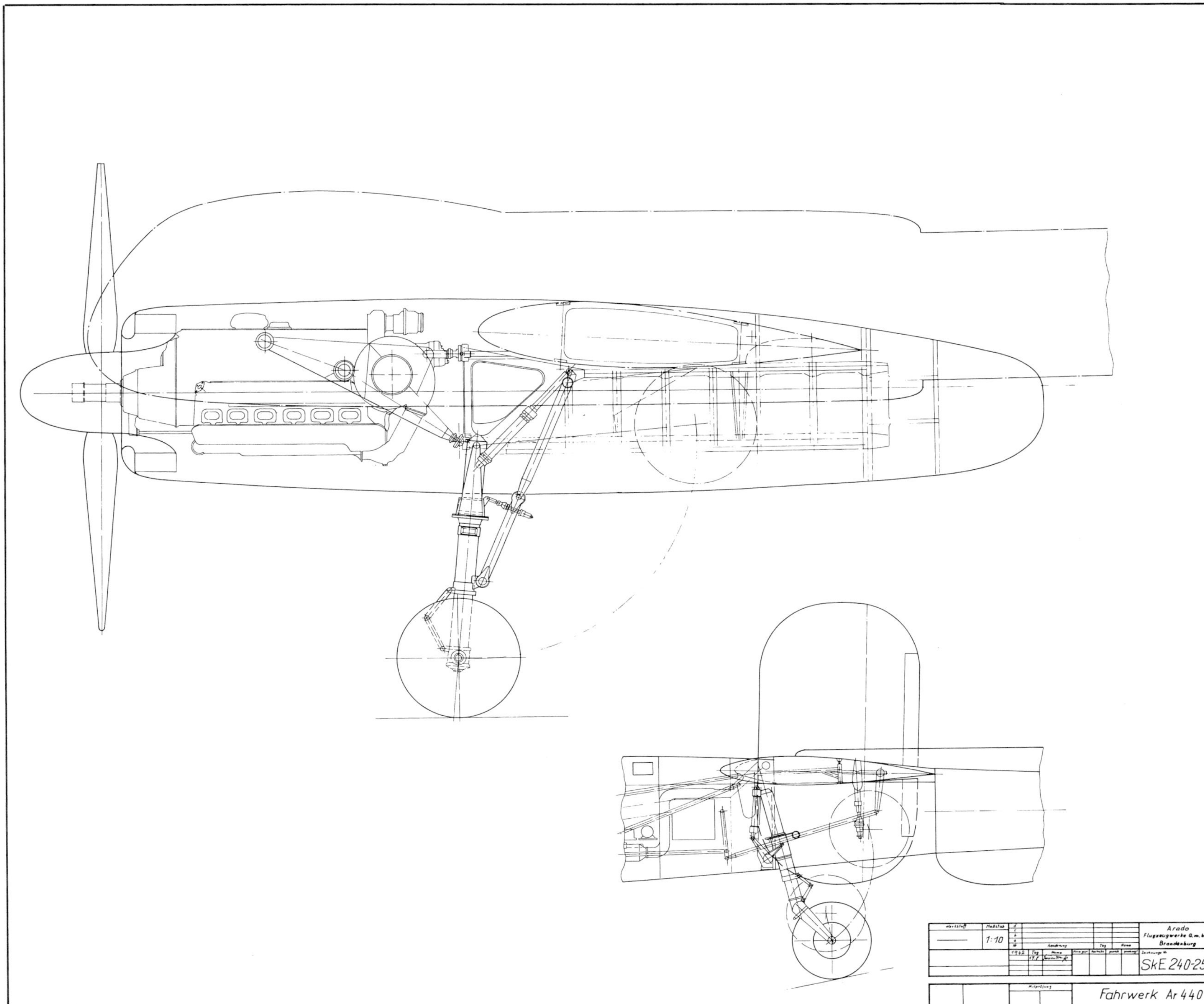
Werkstoff
Maßstab
1:10
1942
Arado
Flugzeugwerke G.m.b.H.
Brandenburg
SkE 240-255
Fahrwerk Ar 440

Ar 396

Die Weiterentwicklung der Ar 96 war mit einem nach hinten einziehbaren Hauptfahrwerk ausgerüstet. Die beiden Bremsräder 660 × 160 wurden von der Bf 109 G übernommen. Übernommen wurde auch der komplette, nicht einziehbare Sporn der 109 G. Das Einfahren des Hauptfahrwerks erfolgte durch Hydraulikzylinder und über Knickstreben.
Eine Bugfahrwerks-Ausführung war bei Arado-Paris gegen Ende des Krieges in Entwicklung.

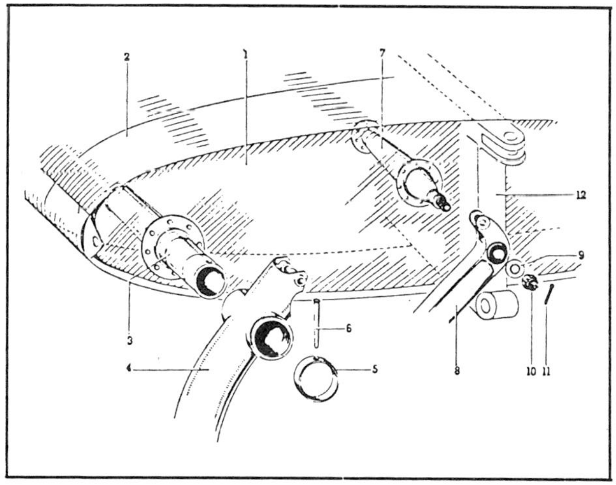

◀ **Fahrwerksübersichtzeichnung für die Ar 440.**

Lagerung des Federbeins 4 und der oberen Knickstrebe 8.

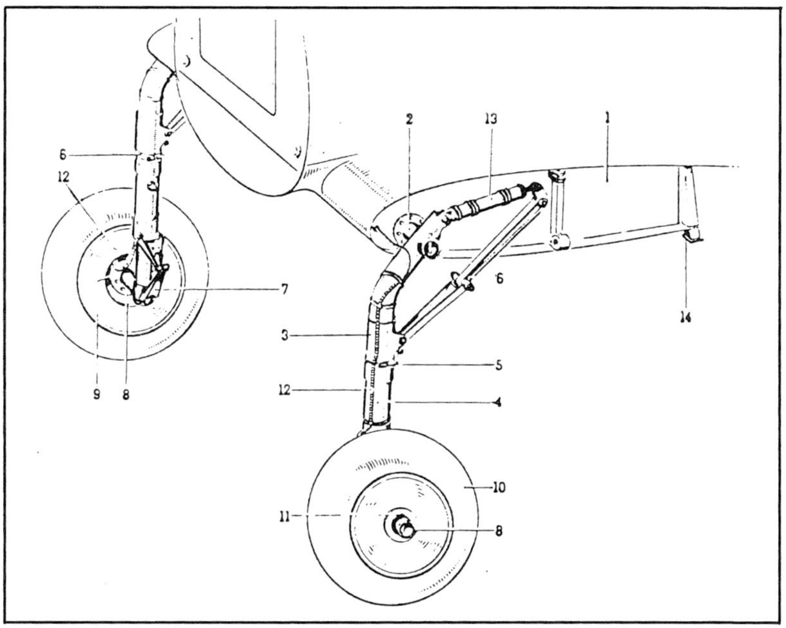

Hauptfahrwerk der Ar 396. Der Arbeitszylinder 13 wirkt gleichzeitig gegen das Federbein und die Knickstrebe.

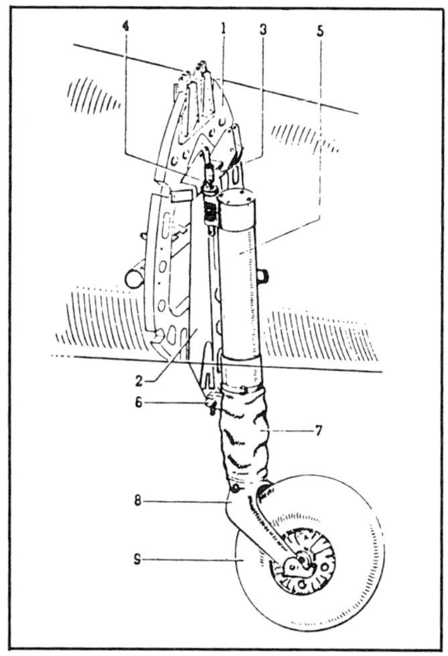

Spornanlage der Ar 396. Das komplette Federbein wurde aus der Bf 109 Fertigung übernommen.

Bücker

Bü 131

Das wohl bekannteste Schul- und Sportflugzeug jener Zeit war die Bü 131. ausgerüstet mit einem einfachen Fahrwerk, mechanischen Bremsen und ölgedämpften Schraubenfederbeinen.

Das Fahrwerk der Bü 131 und Bü 133 war aus den selben Bauteilen aufgebaut.

Lehrtafel für das Fahrwerk der Bü 131.

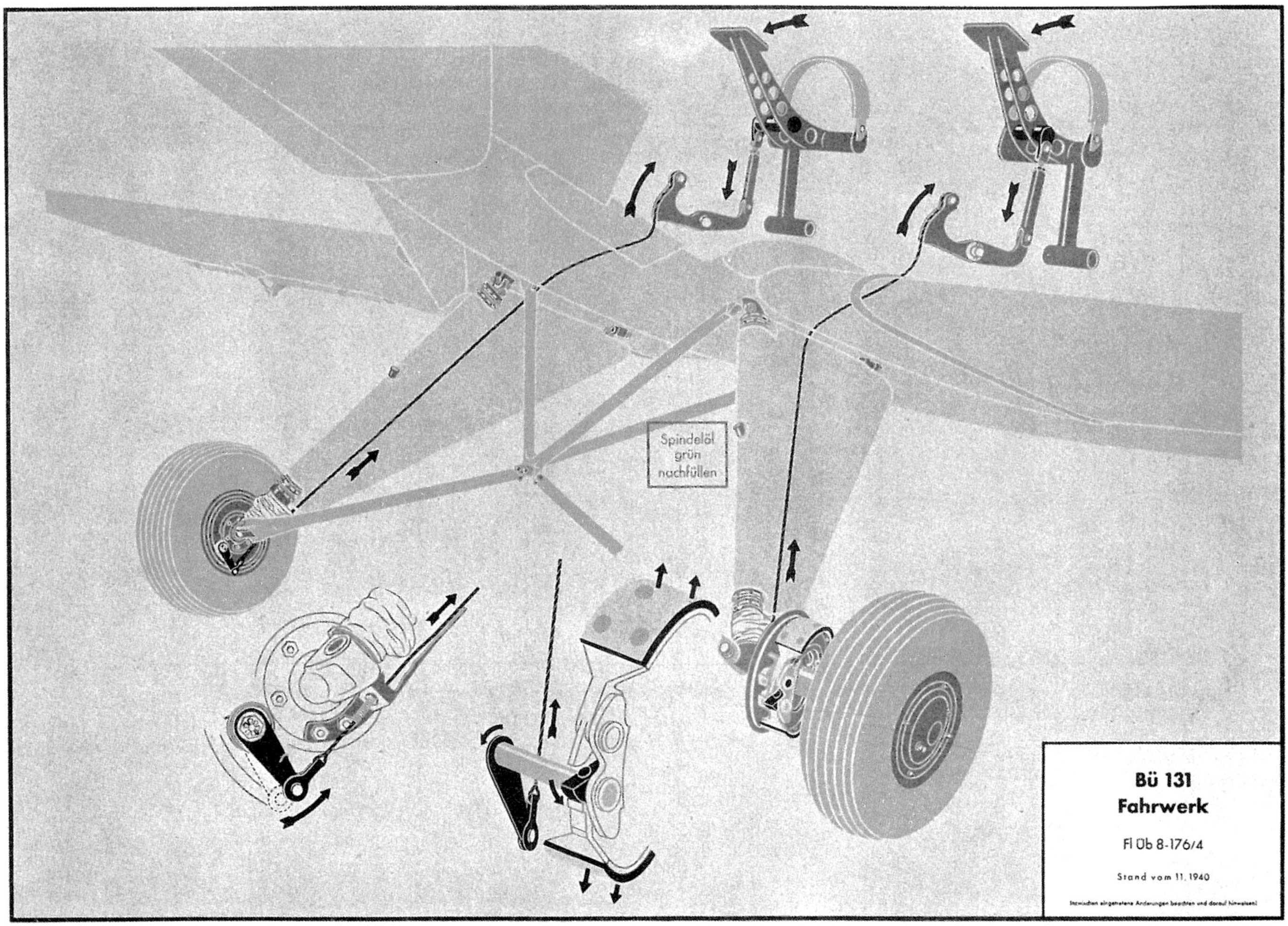

Nach dem Ausbau der Räder konnte der Schneekufen-Rüstsatz angebaut werden.

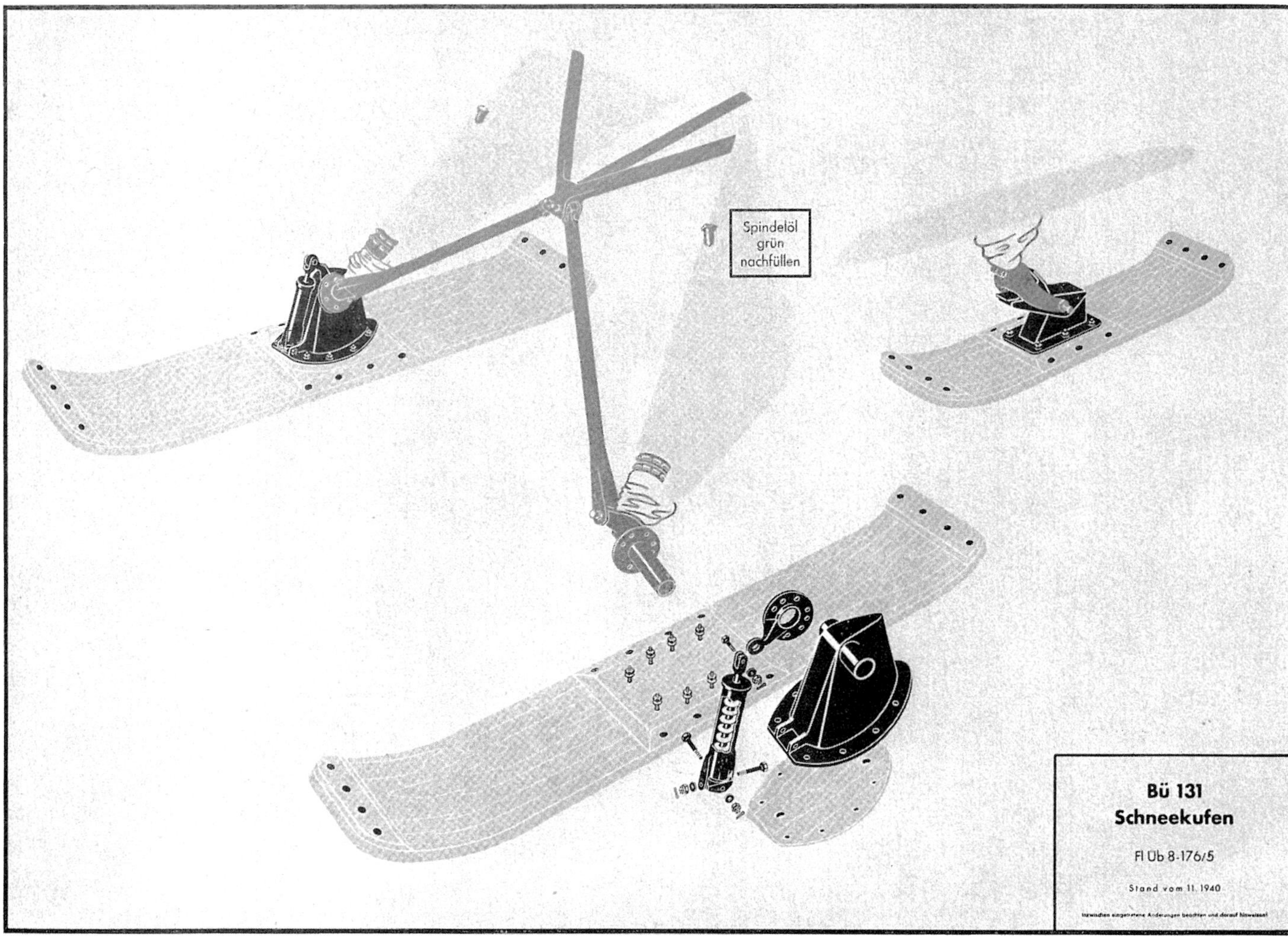

Bü 181

Dieses Kurier- und Ausbildungsflugzeug hatte ein nicht einziehbares Einbeinfahrwerk und Schraubenfederung mit Öldämpfung. Das Spornfederbein war ebenfalls ein ölgedämpftes Schraubenfederbein, das mit der Seitensteuerung gekoppelt werden konnte.

Aufbau der Hauptfahrwerksfederbeine der Bü 181. Die Schraubenfederbeine waren ölgedämpft. Die Radbremsen mechanisch über Seilzug betätigt.

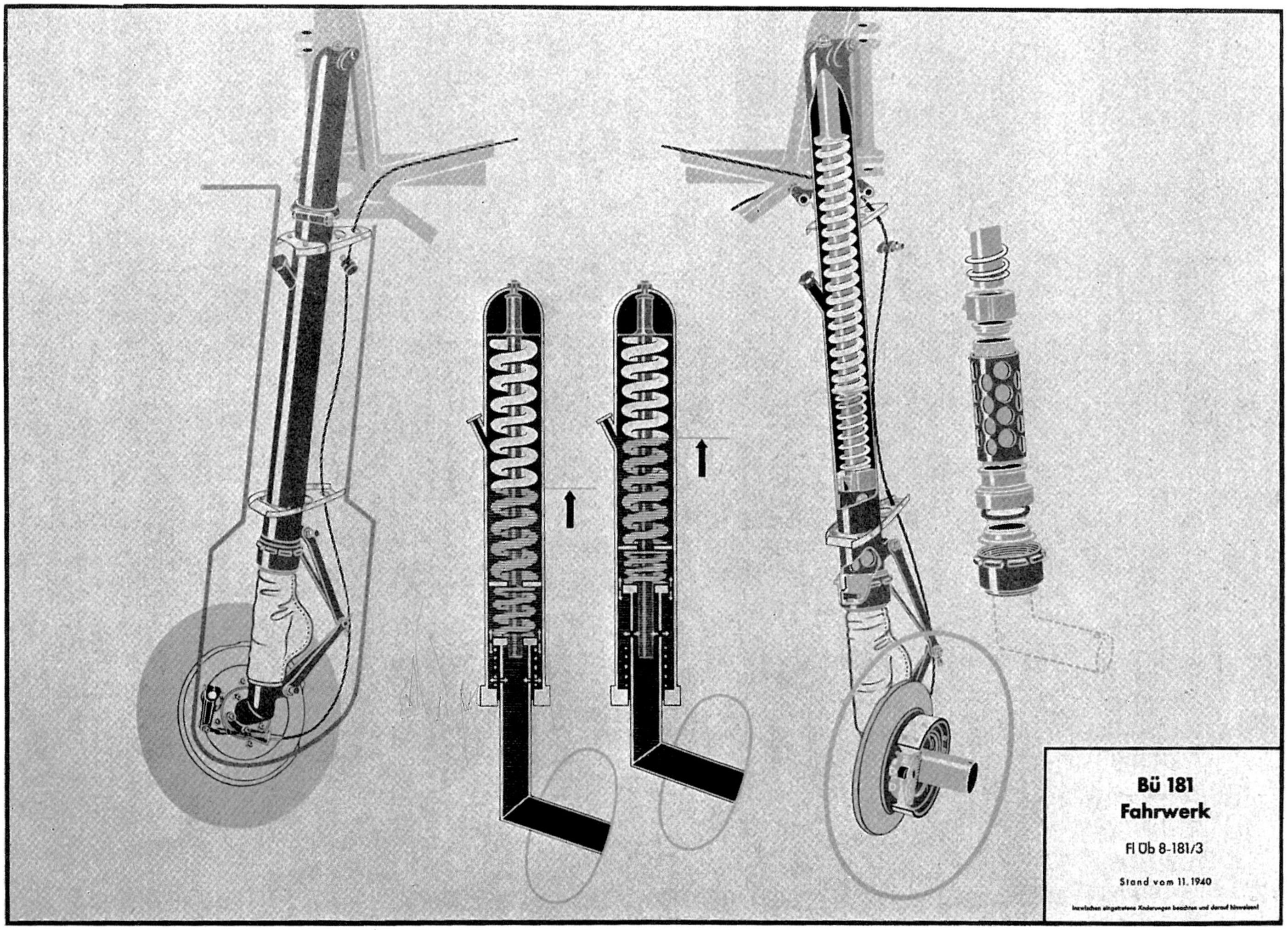

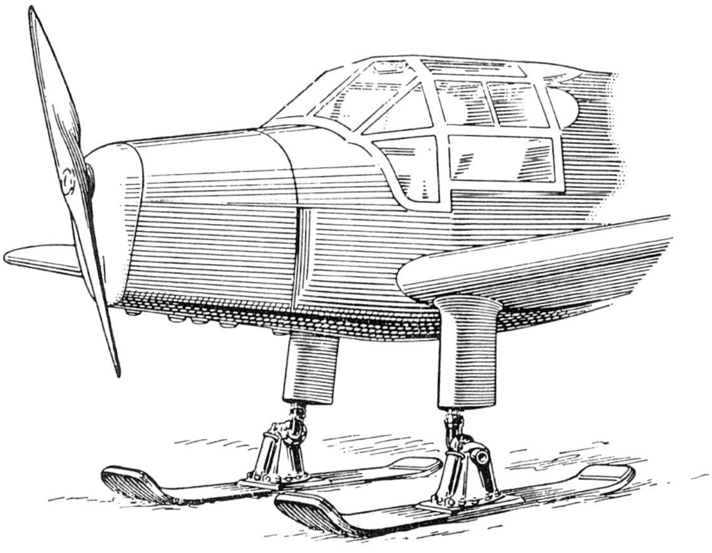

Auch die Bü 181 konnte mit Schneekufen ausgerüstet werden.

Spornanlage der Bü 181 mit ein- und auskuppelbarem Anschluß an die Seitensteuerung.

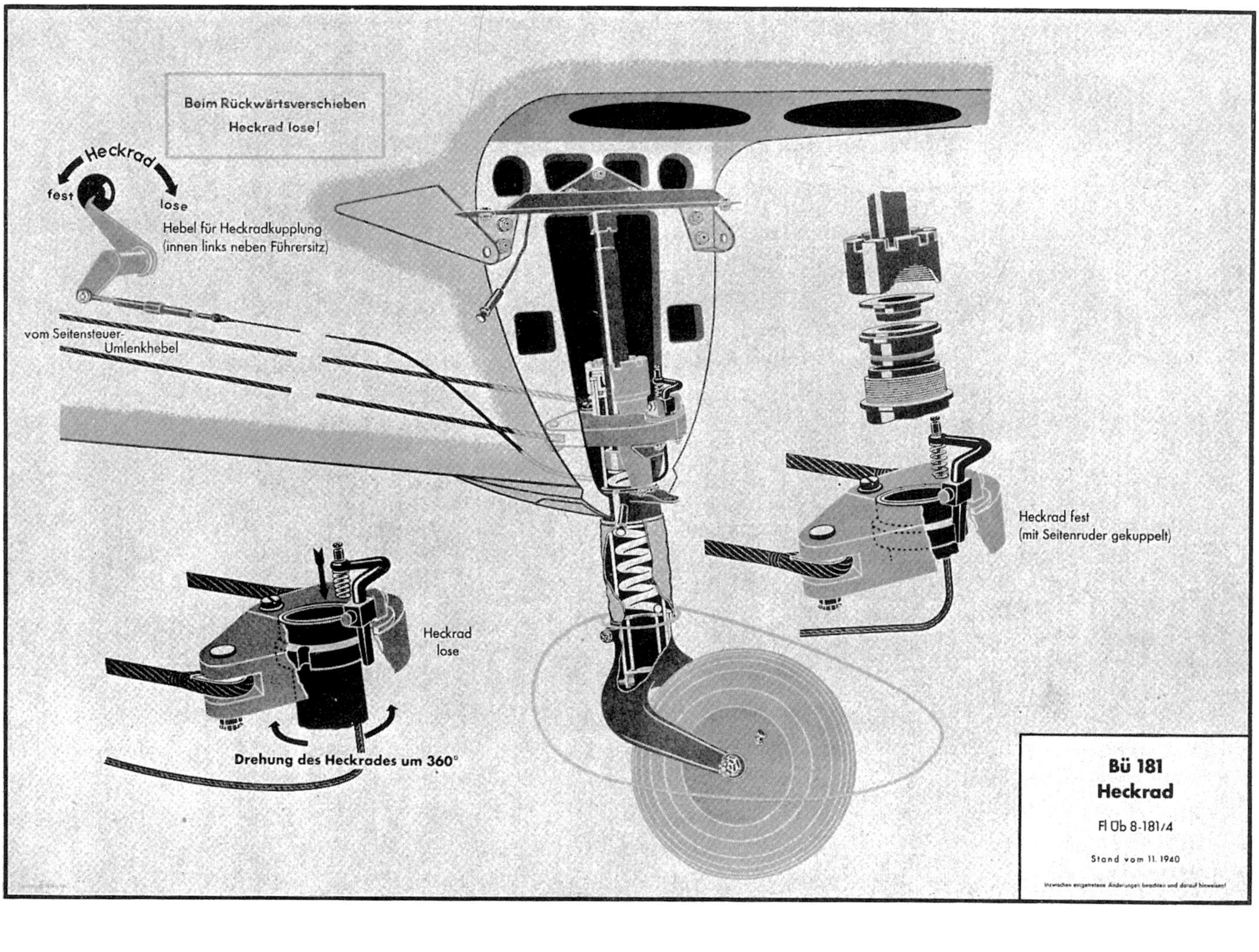

Blohm und Voss

BV 40

Für diesen triebwerkslosen Gleitjäger wurde ein starres Abwurffahrwerk mit zwei Spornrädern 350 × 135 verwendet. Die Landung erfolgte auf einer gefederten Gleitkufe. Am Heck war ein gefederter Schleifsporn angebracht.

Oben links: Das Abwurffahrwerk der BV 40 mit den Anschlußseilen. – Rechts: Das Fahrwerk wurde mit Spannseilen am Rumpf gehalten. – Unten: Auf diesem Bild der BV 40 ist der sehr schräg stehende Schleifsporn zu erkennen.

Die Ha 137 als Mitbewerber der Stuka-Ausschreibung hatte ein nicht einziehbares, verkleidetes Fahrwerk in Gabelausführung mit Luft/Luft/Federstreben. Auch der gefederte Sporn hatte ein verkleidetes Rad.

Oben: Das Fahrwerk der Ha 137 hatte sehr tief herabgezogene Verkleidungshosen. – Unten, links: Anschluß des Fahrwerkgabelträgers am Rohrholm der Ha 137. – Rechts: Gabelfahrwerk der Ha 137.

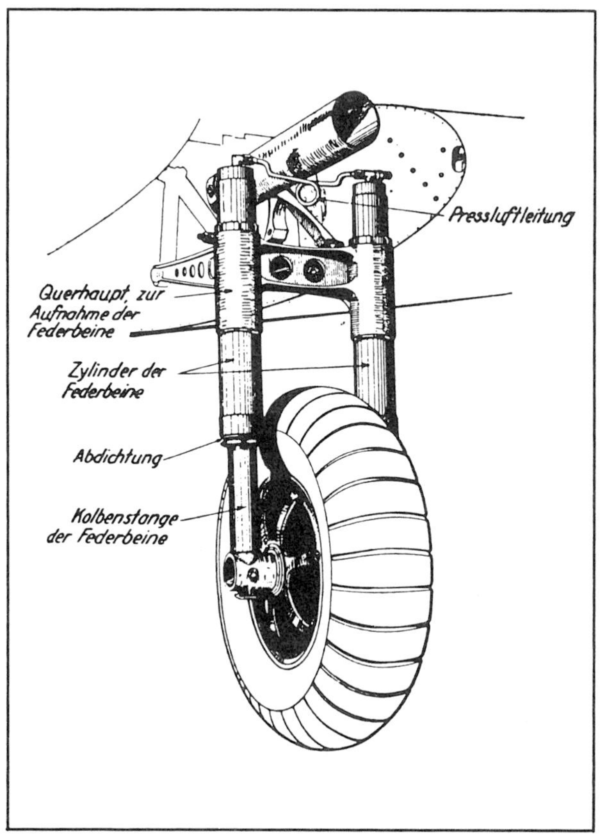

BV 141

Der unsymmetrische Aufklärer BV 141 hatte ein Einziehfahrwerk mit großer Spurbreite (5,230). Das Einziehen erfolgte über Knickstreben und Arbeitszylinder. Der Sporn wurde bei der B starr gelagert. Die V-Muster sowie die A-Ausführung hatten Einfachbremsräder, die B-Ausführung Doppelbremsräder 875 × 320.

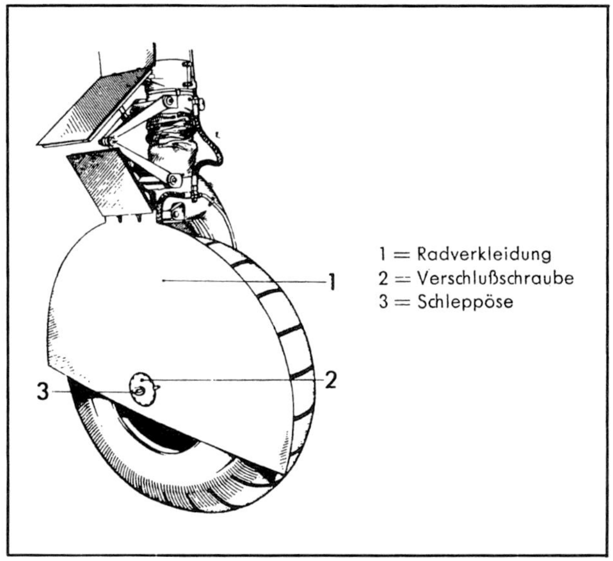

Radverkleidung mit Schleppöse.

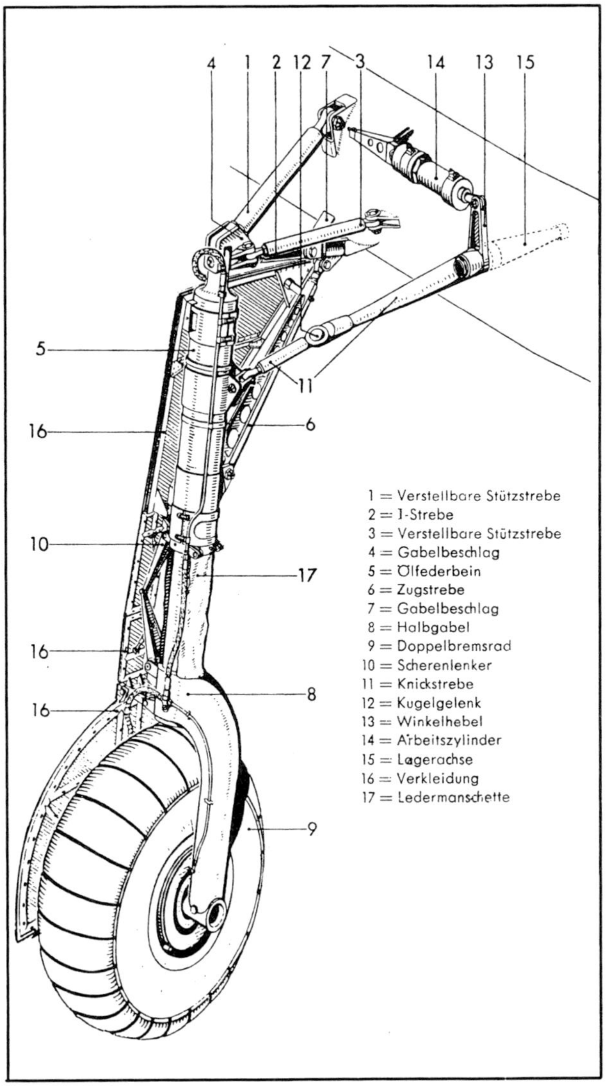

Links: Das vereinfachte Hauptfahrwerk der BV 141-B.

Einfahren des Fahrwerkes

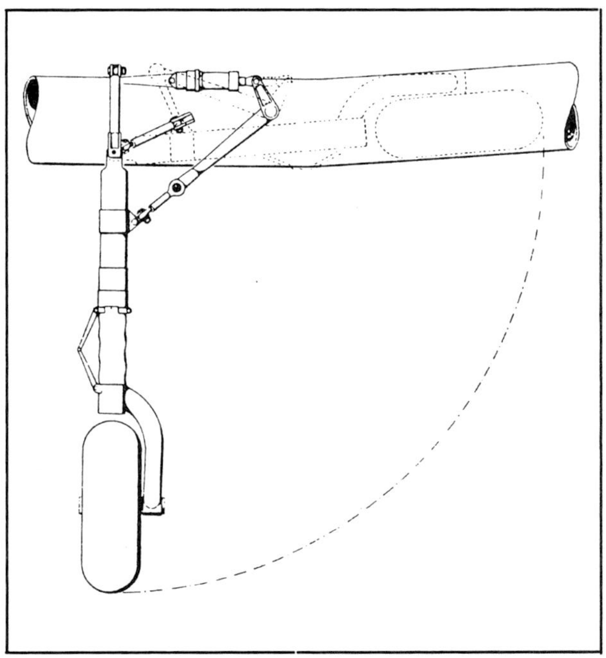

Einfahrvorgang des Fahrwerks der BV 141 V2 (D-ORJE)

Links Mitte: Anschluß des Arbeitszylinders an die Knickstrebe im Fahrwerksschacht. – Links unten: Nur die V Muster und A Varianten waren mit einem einziehbaren Sporn ausgerüstet. – Rechts: Der kräftige Kastenträger für das Federbein der BV 141 V2.

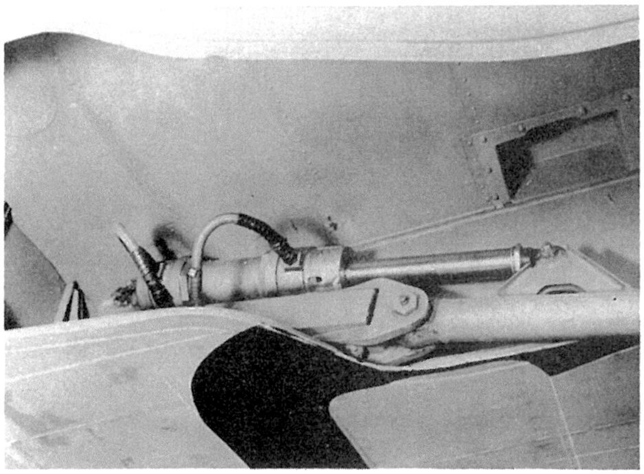

BV 155

Die Höhenjägervariante der Bf 109 wurde bei Blohm und Voss zur BV 155 weiterentwickelt. Das Hauptfahrwerk, mit 6,72 m Spurbreite, hatte Ringfederbeine mit Fettdämpfung, die aus der Serie der Ju 87 D-6 übernommen wurden, versehen mit einem Schwenkkopf und einer neuen Halbgabel. Das Einziehen erfolgte über Knickstrebe und endverriegelten Hydraulik-Zylinder. Das Doppelbremsrad 840 × 300 war das gleiche wie das der Me 262. Der einziehbare Sporn der Me 209 mit dem Rad 380 × 150 war vorgesehen; für die Weiterentwicklung kam ein Ringfedersporn mit hydraulischer Längensteuerung zur Verwendung, das Spornbein wurde also senkrecht hochgezogen.

Die Lagerung der abgeänderten Ju 87 D. Federstrebe in der Tragfläche der BV 155.

Übersichtszeichnung für das Fahrwerk der BV 155

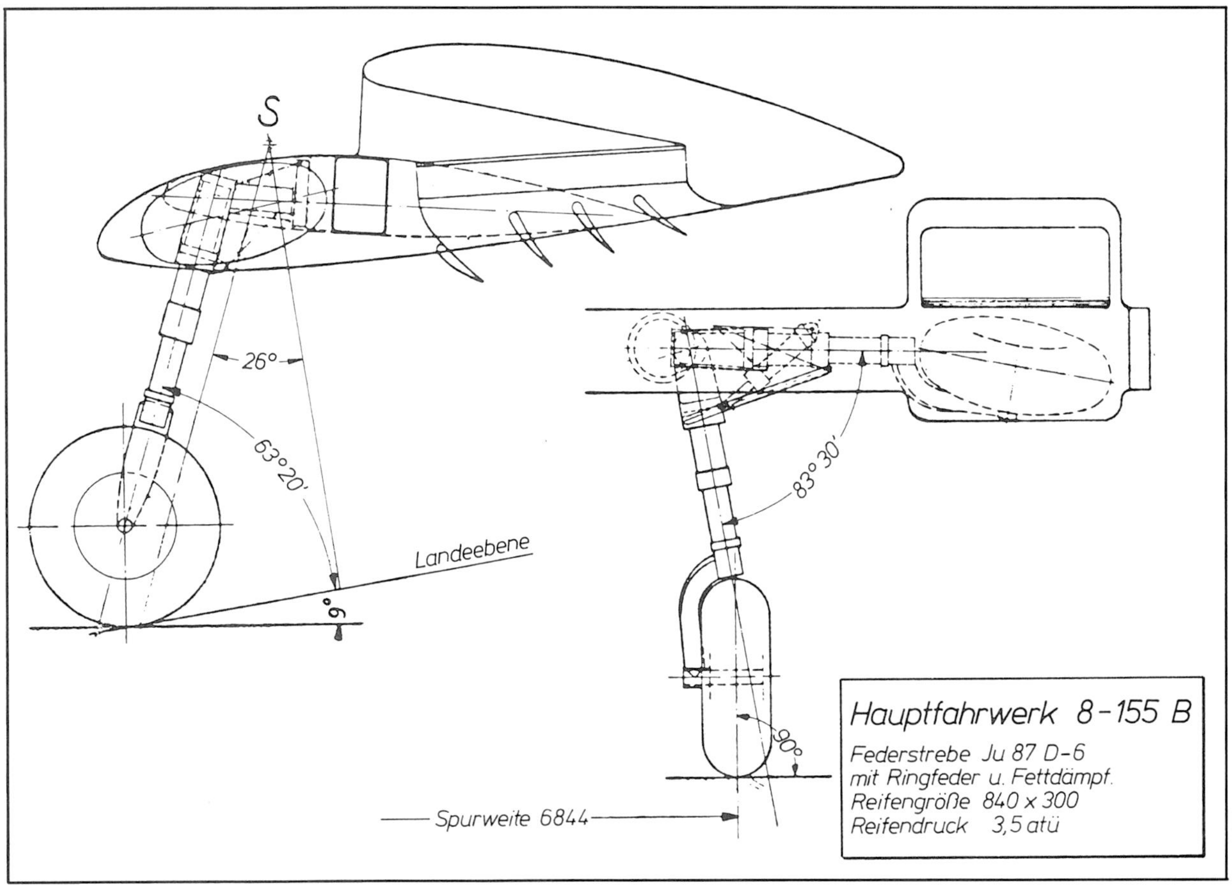

Auf diesem Bild ist einer der beiden großen Kühler hinter dem Fahrwerksschacht zu sehen.

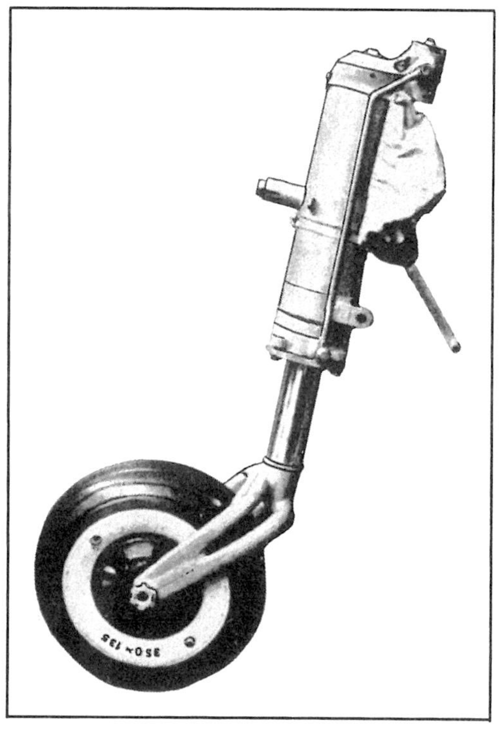

Links: Fahrwerkseinbau im Prototyp der BV 155

Rechts: Spornaggregat mit KPZ-Ringfederbein, das sich beim Einziehen in Längsrichtung verkürzte.

BV P 215

Projekt eines zweistrahligen Schlechtwetter- und Nachtjägers. Das mit endverriegelten Hydraulikzylindern einziehbare Hauptfahrwerk sollte mit Doppelbremsrädern 1220 × 445 ausgerüstet werden. Das Bugfahrwerk wollte man komplett aus der He 219-Serie übernehmen.

Übersichtszeichnung BV 215 ▶

Der Längsschnitt der BV 215 zeigt die Lage der Federbeine im Rumpf.

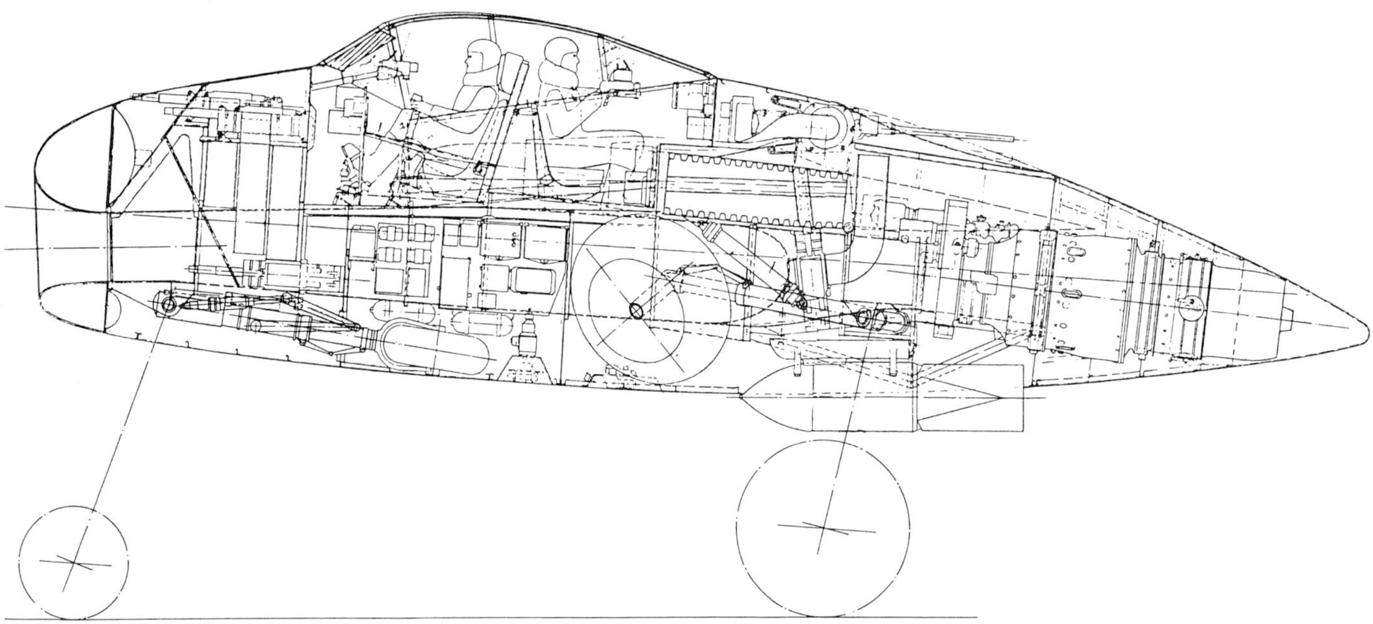

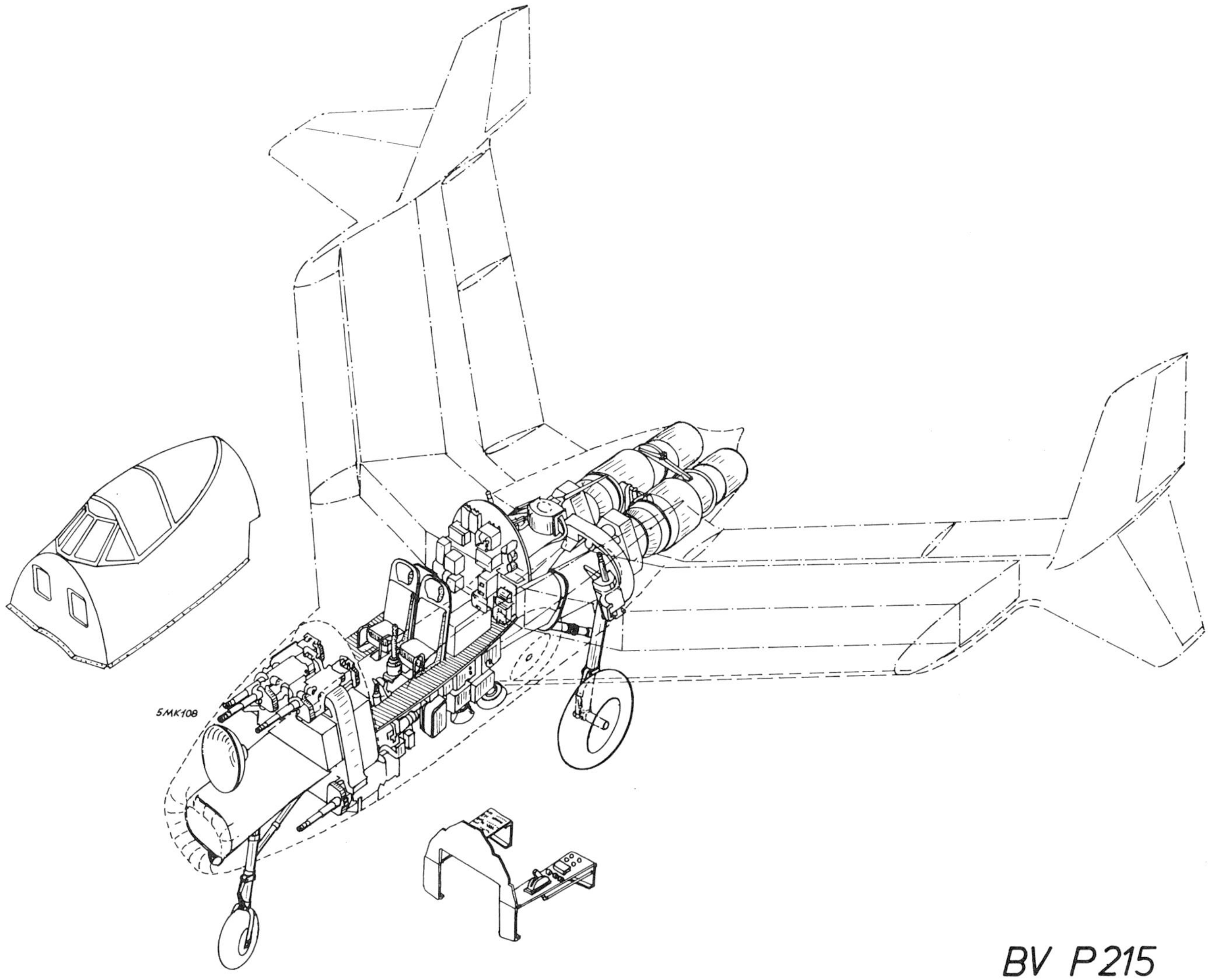

BV P215

Deutsches Forschungsinstitut für Segelflug

DFS 230

Dieser Lastensegler hatte ein abwerfbares Fahrwerk mit durchgehender Achse, 1180 mm Spurbreite und Reifen der Größe 650 × 180. Der Schleifsporn war mit einer ölgedämpften Federstrebe ausgerüstet. Die Landung erfolgte auf einer mit drei ungedämpften Federbeinstreben abgefangenen Kufe.

Schleifspornanlage der DFS 230

Fahrwerksanschluß am unverkleidetem Rumpf-Rohrgerüst der DFS 230

Dornier

Do F / Do 11

Im Auftrag der Deutschen Reichsbahn entwickeltes Frachtflugzeug Do F, welches das erste Einziehfahrwerk eines Dornier-Landflugzeugs hatte. Später war dieser Typ als Behelfsbomber der Luftwaffe im Einsatz.

Die Luftfederbeine waren in der Motorgondel an einer elektrisch betriebenen Spindel gelagert und in Achshöhe durch zwei Streben zum Rumpf abgestützt. Beim Einfahren wanderten die Federbeine in ihre oberen Lagerungen rumpfeinwärts. Die Räder lagen dann in den Motorgondeln. Der Sporn glich dem der Do 23.

Das ausgefahrene linke Fahrwerk der Do 11 mit den beiden kräftigen Stützstreben. Das Federbein hatte teleskopische Führungsrohre vor und hinter dem Federzylinder. ▸

Einziehvorgang an einer aufgebockten Do 11. Auf diesem Bild gut zu erkennen, die an Spindeln nach innen laufenden Federbeine.

Do 23

Mit einem nicht einziehbaren, verkleideten Fahrwerk war dieses Kampfflugzeug der ersten Jahre versehen. Dreiecksstreben stützten die Federbeine am Rumpf ab. Es kamen teilweise Faudi-Luftelemente, aber auch EC-Luft-Ölfederbeine zum Einbau. Die Laufräder (1300 × 300) hatten hydraulische Bremseinrichtungen, die vom Piloten hier noch mit einem Handhebelgerät betätigt wurden. Der Sporn war in waagerechter wie auch in senkrechter Richtung abgefedert. Im Gabelschaft waren Gummipuffer mit Zwischenscheiben angeordnet. Der Spornträger war außerdem an seinem obersten Punkt drehbar gelagert und durch Gummiringe waagerecht gefedert. Ein Fangkabel und ein Gummianschlag begrenzten den Weg.

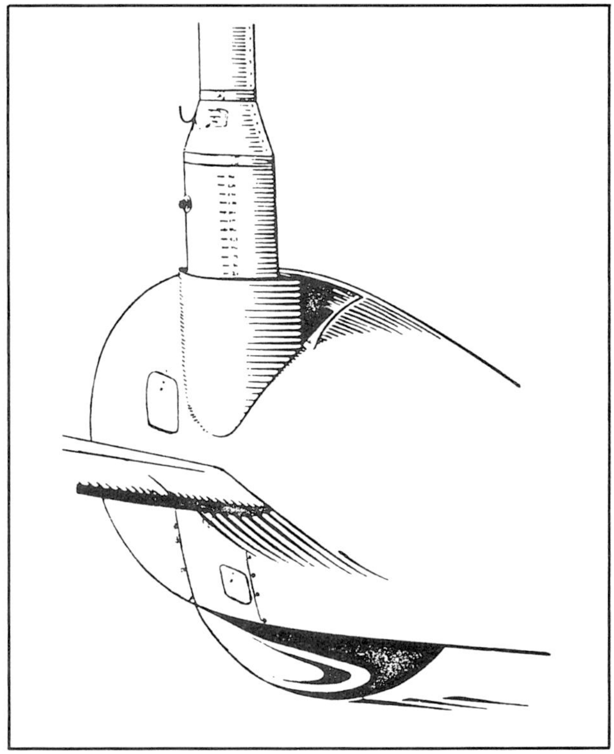

Das verkleidete Fahrwerk der Do 23 ▶

Spornanlage der Do 23

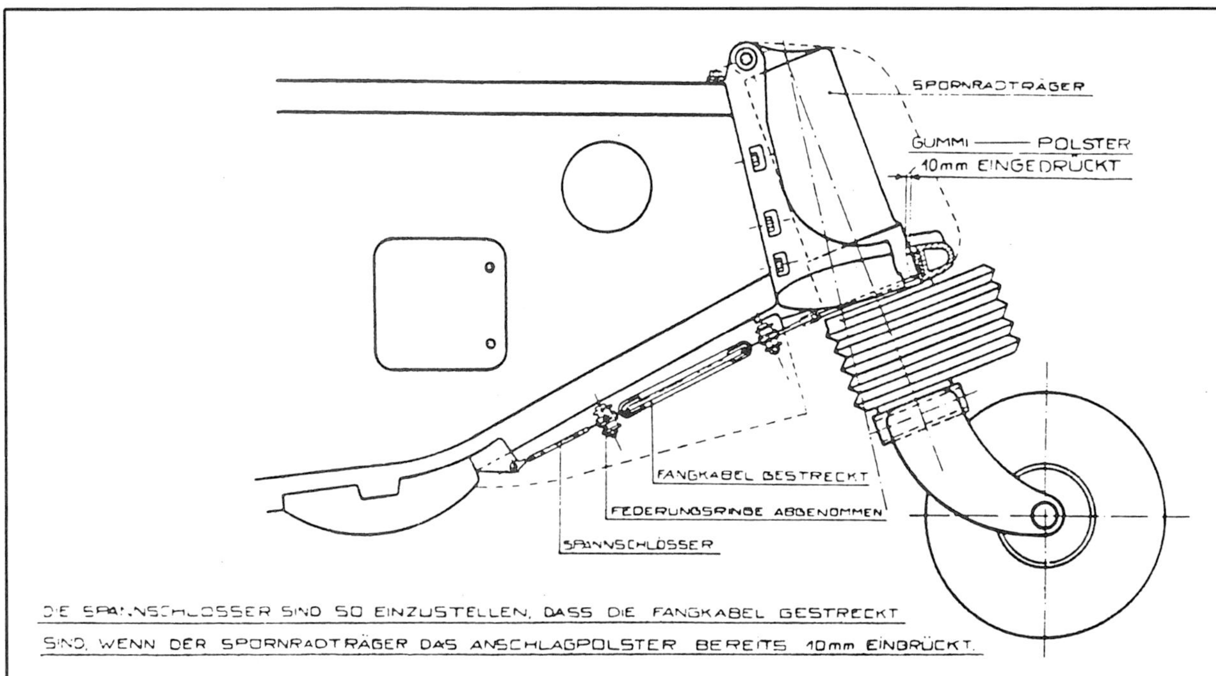

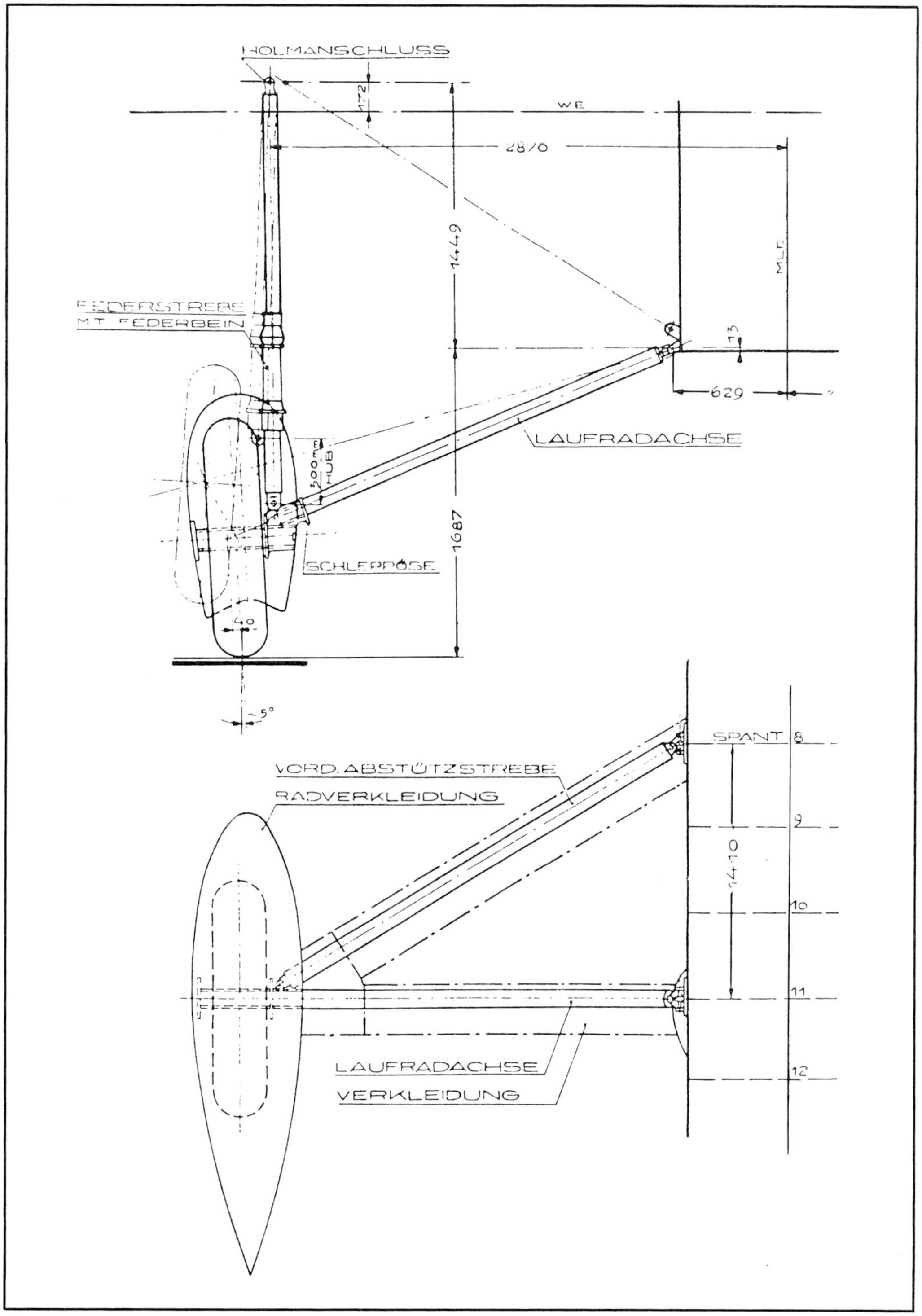

Fahrgestellübersicht Do 23

Das erste Serienmuster der Do 17 war die E. Das abgestrebte Gabelfahrwerk wurde durch je zwei Hydraulikzylinder ein- und ausgefahren. Den dazu benötigten Flüssigkeitsdruck erzeugte eine Pumpe, die von einem Elektromotor angetrieben wurde. Die Verriegelung in den Endstellungen erfolgte durch mechanische Einrichtungen, beim Einziehen mußten die Verriegelungen an den Druckstreben gelöst werden. Zum Ausfahren wurden Sperrklinken an den Arbeitszylinder-Kolbenstangen gelöst. Das Notausfahren geschah durch Entriegeln der Sperrklinken, dabei fiel das Fahrwerk durch sein Eigengewicht heraus; in Endstellung wurde es durch eine Handkurbel über eine Spindel und ein Drahtseil gezogen.
Als Federbeine kamen EC-Luft/Ölbeine zum Einbau. Die hydraulisch gebremsten Räder hatten die Maße 950 × 350. Der Schwinghebelsporn stütze sich an einem EC-Luft/Ölfederbein ab, das über ein Gleitstück in einem Führungsrohr gelagert war. Das Gleitstück wurde durch einen Hydraulikzylinder in Aus- oder Einfahrstellung gefahren.

Fahrgestellübersicht Do 17 E mit hydraulischer Betätigung.

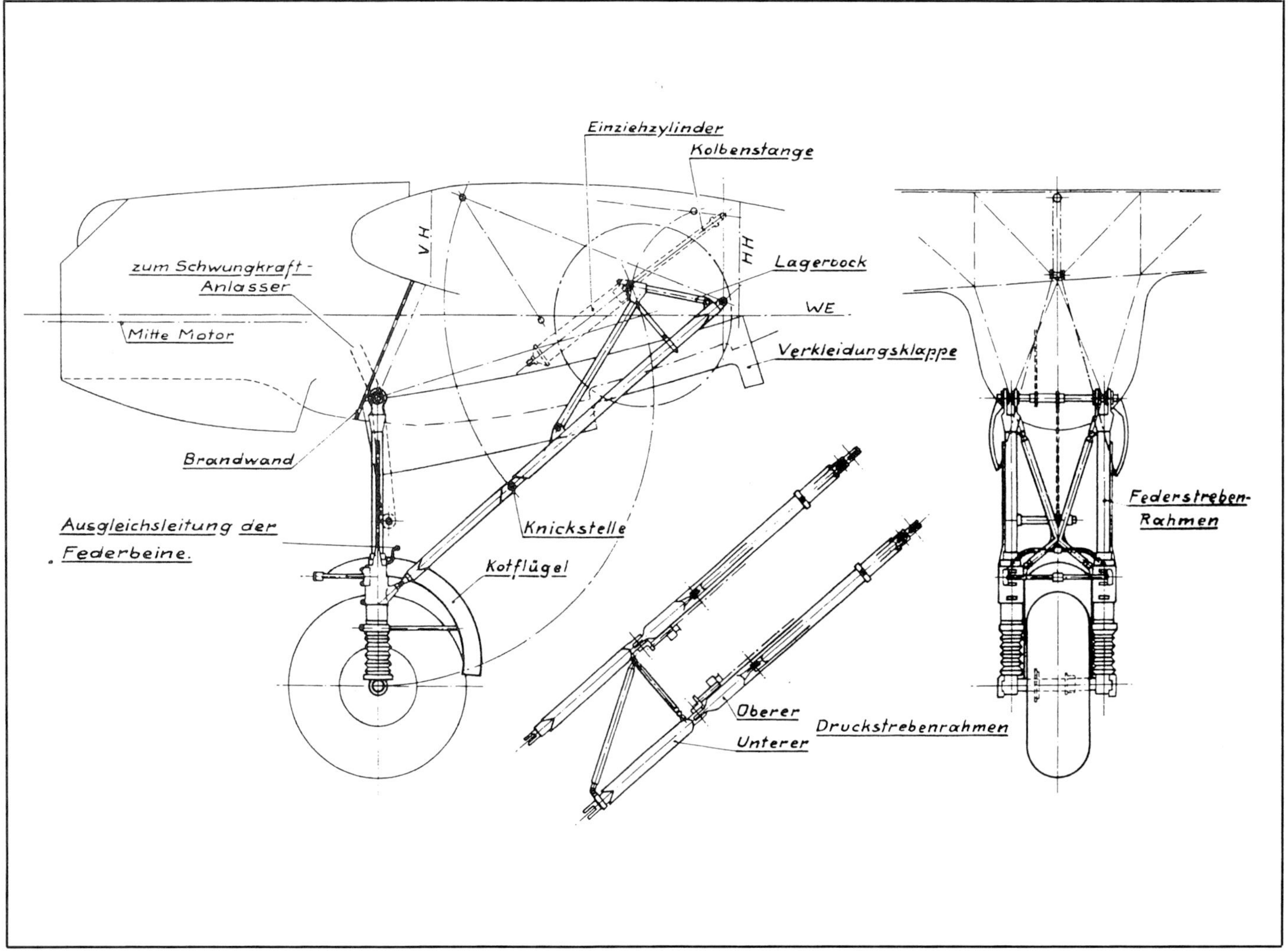

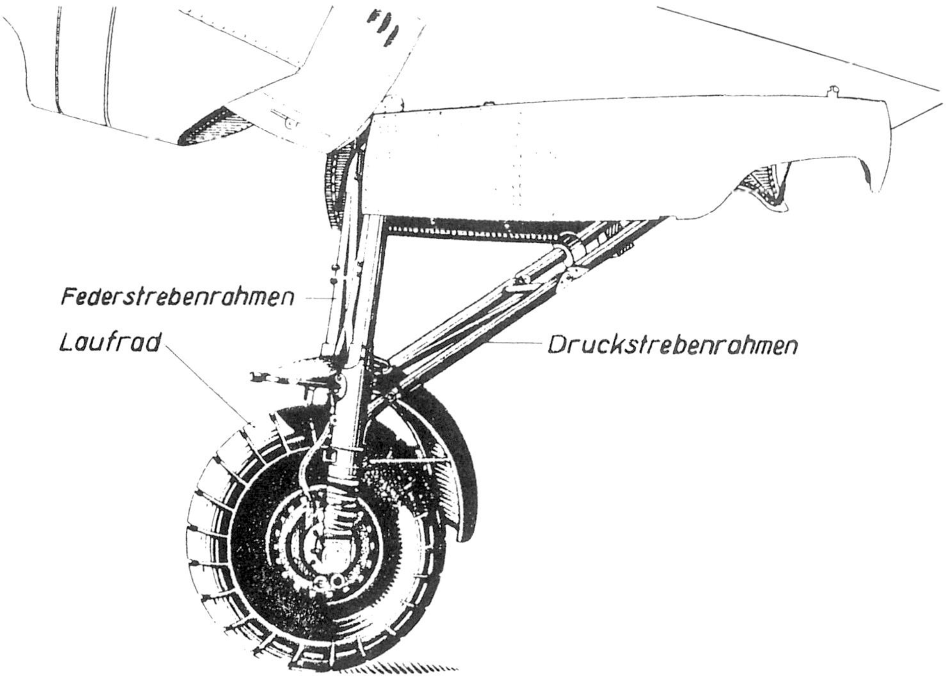

Das ausgefahrene Gabelfahrwerk der Do 17 E. Ein Kotflügel schützte den Fahrwerksraum und den Strebenrahmen vor Verunreinigungen beim Rollen.

Spornanlage Do 17 E

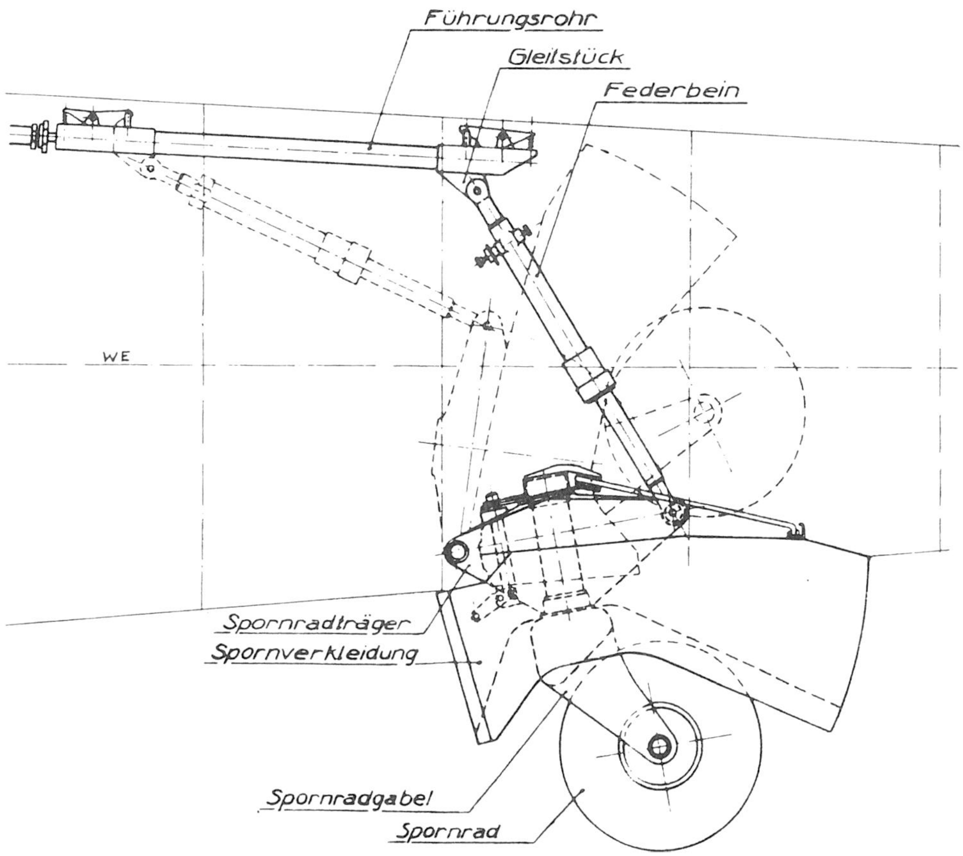

Do 17 Z

Ab dem Baumuster Do 17 M änderte Dornier die Fahrwerksbetätigung. An Stelle der hydraulischen kam eine elektromechanische Einziehvorrichtung zum Einbau. Ein im Rumpf am Tragflächenhinterholm gelagerter Elektromotor mit Getriebe war über Antriebswellen mit den beiden Hauptfahrwerks-Spindelgetrieben und der Spornspindel verbunden. Je eine Spindel bewegte sich in einem Gewindestück, welches am Lagerbock der Druckstrebenrahmen geführt war. Die Spornspindel lief in einer Geradführung mit Gewindestück, an dem das Luft/Ölfederbein aufgehängt war. Als Haupträder kamen bei der Z hydraulisch betätigte Bremsräder 1100 × 375 zum Einbau. Das Fahrwerk konnte bei Ausfall der Elektroanlage auch mit der Handkurbel aus- und eingefahren werden.

Fahrgestellübersicht Do 17 Z mit elektrischer Spindelbetätigung.

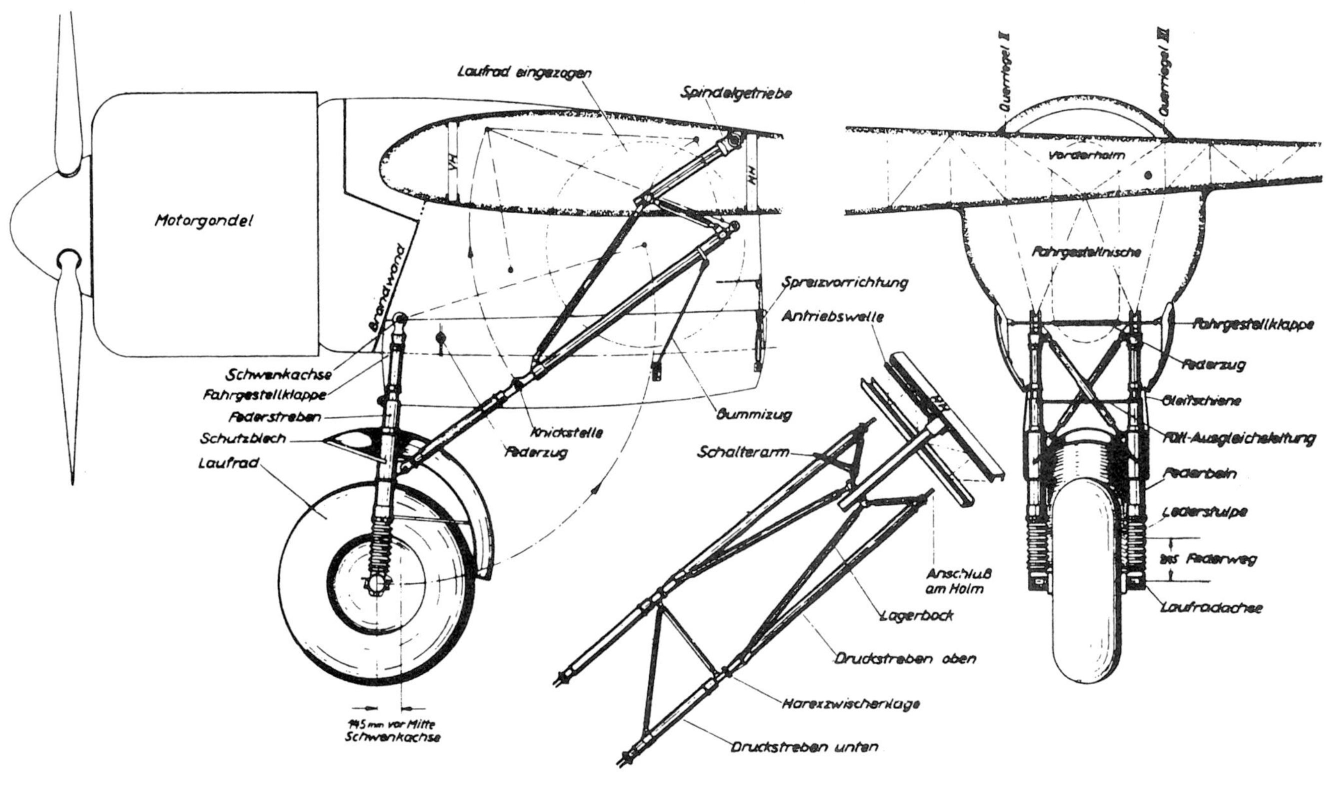

Das Fahrwerk der Do 215 entsprach weitgehend dem der Do 17 Z mit elektrischer Spindelbetätigung, jedoch wurde der Antrieb der Fahrwerksklappen geändert.

Spornanlage Do 17 Z

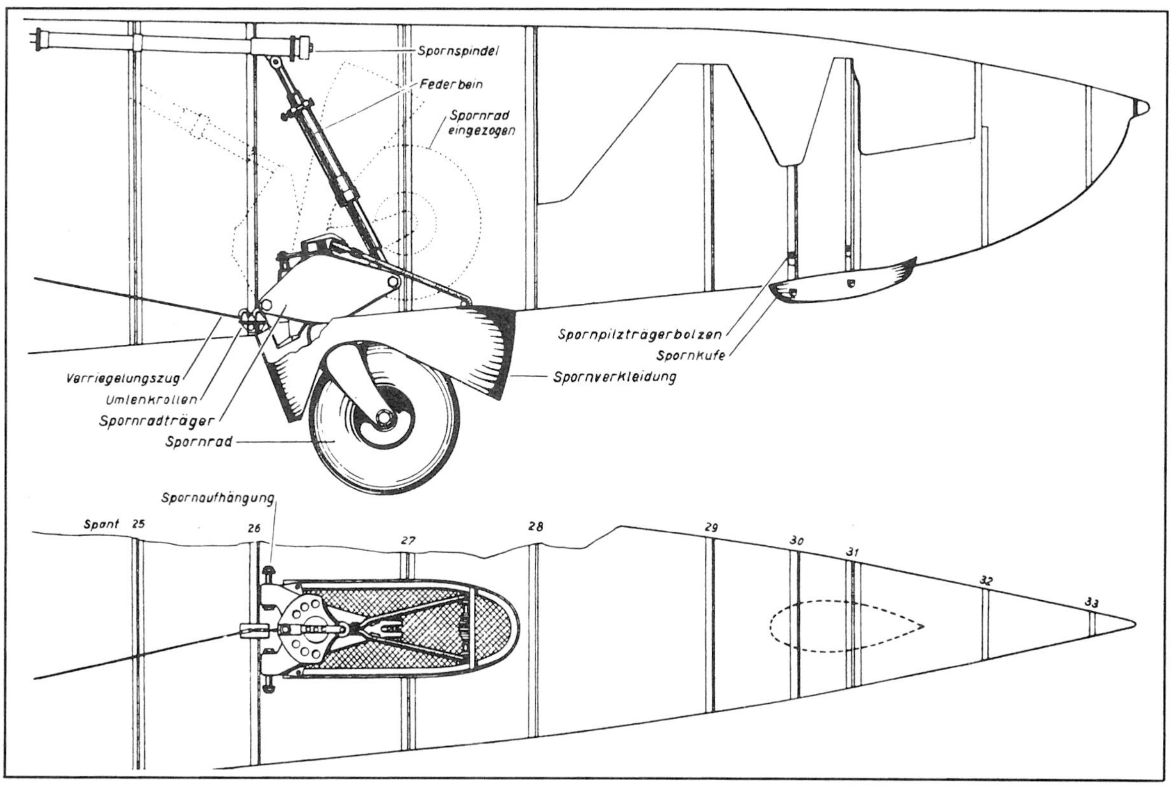

Do 217

Für die Do 217 wurde das Fahrwerk der Do 17 Z nochmals überarbeitet, aber vom grundsätzlichen Aufbau her übernommen. Der Antrieb erfolgte auch hier elektromechanisch. Als Räder kamen Doppelbremsräder 1200 × 420 zur Anwendung. Bei der Do 217 E-1 wurden EC-Schraubenfederbeine mit Reib-Ringraumdämpfung eingebaut, beim Muster E-2 wurden Luft/Ölbeine verwendet.

Rechte Seite:
Oben, links: Luft-Ölfederbein mit Bremsrad der Do 217. – Rechts: Fahrwerksbruch an einer Do 217. – Unten: Sporn mit Klappengestänge.

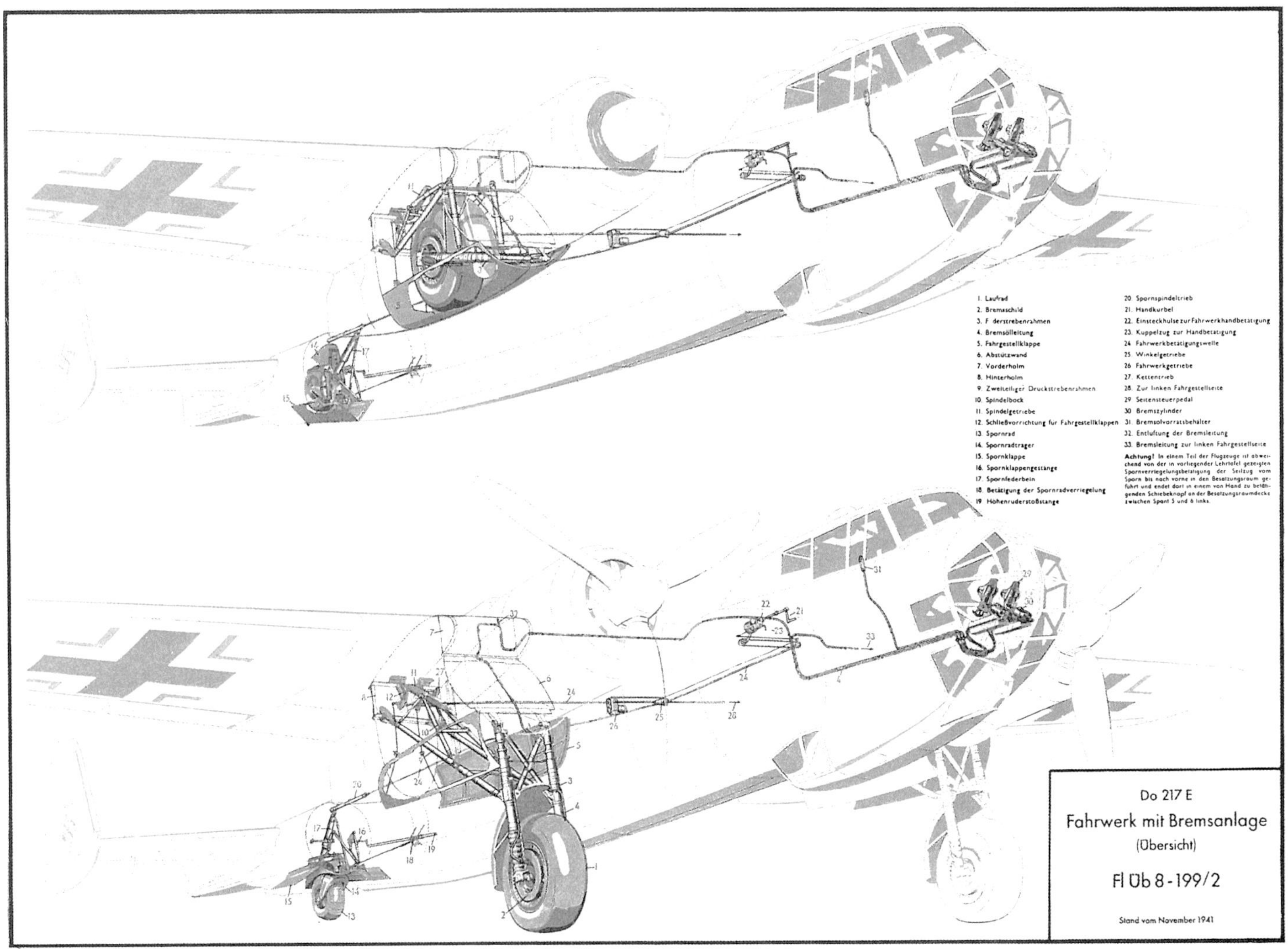

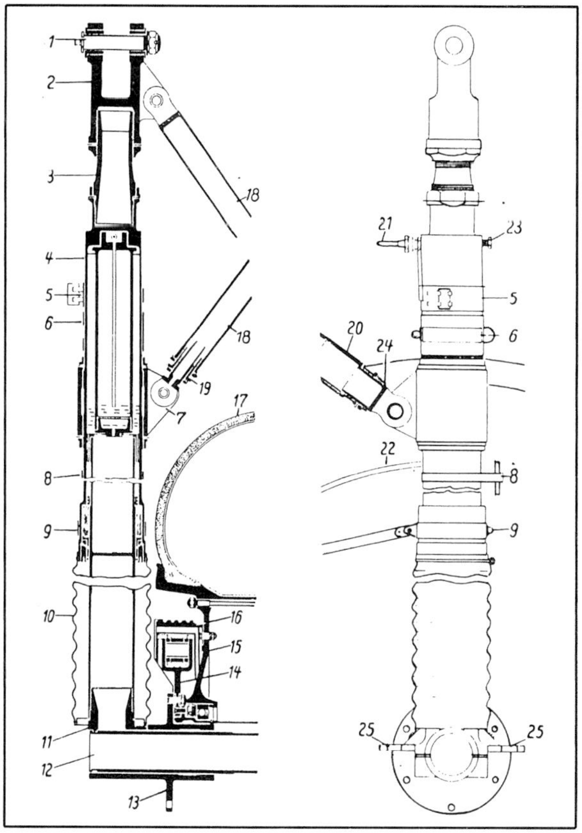

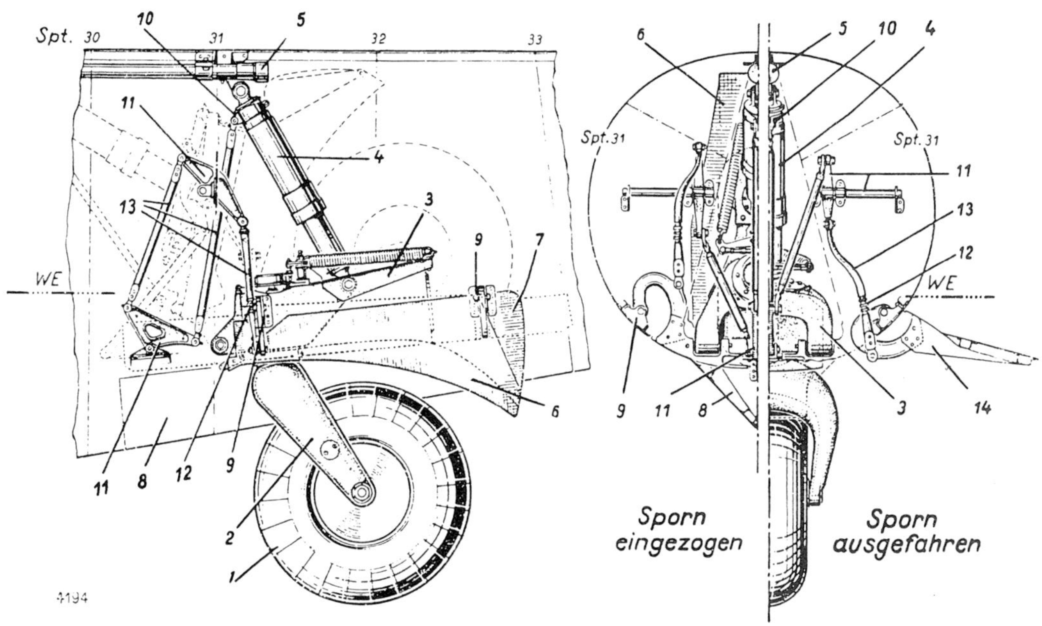

1 Spornrad
2 Spornradgabel
3 Spornträger
4 Spornfederbein
5 Spornspindeltrieb
6 Spornkasten
7 Federnase des Spornkastens
8 Spornklappe geschlossen
9 Spornklappenlager
10 Anschlußschelle
11 Umlenkwelle mit Hebel
12 Verstelleinsatzstück
13 Spornklappengestänge
14 Spornklappe offen

Der schnellste Kolbenmotoren-Jäger, der bis 1945 entwickelt wurde, hatte ein Bugradfahrwerk mit großer Spurweite für das Hauptfahrwerk (5584 mm). Der Randbogen der unteren Seitenflosse wurde als gefederte Spornkufe ausgeführt. Die Luft/Ölfederbeine, die hydraulisch aus- und einfuhren, hatten sehr lange Federwege, 310 mm die Hauptbeine, 400 mm das Bugbein. Im ausgefahrenen Zustand verriegelten die Arbeitszylinder selbsttätig (Kugelverriegelung). Die Kräfte wurden jedoch von den Knickstreben aufgenommen, die zusätzliche Verriegelungseinrichtungen aufwiesen. Für die beiden Hauptfahrwerksräder (1015 × 380) war elektrischer Reibradantrieb vorgesehen. Das Bugfederbein war mit innenliegender Kurvenbahngeradführung ausgerüstet. Zwischen Lenkerring und Radgabel war ein außenliegender hydraulischer Flatterdämpfer angebracht.

Das erste Versuchsmuster mit den kleineren Haupträdern 935 × 345 hatte runde Radabdeckungen, die in Längsrichtung verschoben, das eingefahrene Rad abdeckten.

Ab der V13 (Prototyp der B-Reihe) wurde das Bug-

Hydraulikanlage der Do 335. Dieses Flugzeug war auch im Aufbau aller Systeme eine der fortschrittlichsten Entwicklungen gegen Ende des Krieges.

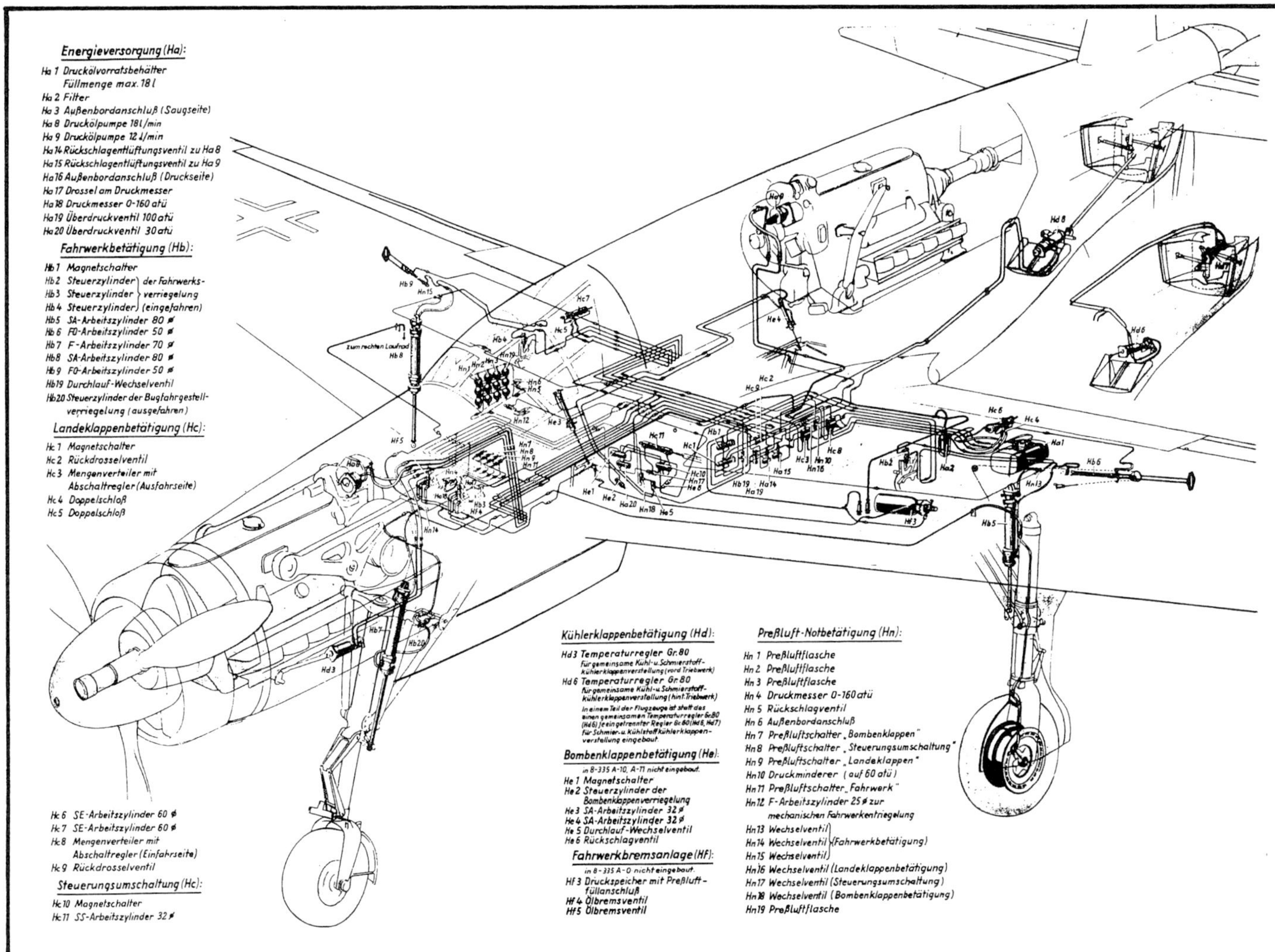

fahrwerk geändert. Für das bisher ungebremste Rad 685 × 250 kam nun das Doppelbremsrad 840 × 300 zum Einbau. Anstelle der Radgabel wurde eine einseitige Aufhängung gewählt. Das Ein- und Ausfahren erfolgte nun über den Knickstrebenrahmen. Der Hydraulikzylinder wirkte auf ein Zahnsegment, welches über ein Gegensegment den Knickstrebenrahmen bewegte. Der außenliegende Flatterdämpfer entfiel.

Einbauzeichnung für das Bugfahrwerk der Do 335. Der Arbeitszylinder war über einen Hebel direkt am Federbein angelenkt. Der Knickstrebenrahmen hatte einen eigenen Riegelzylinder.

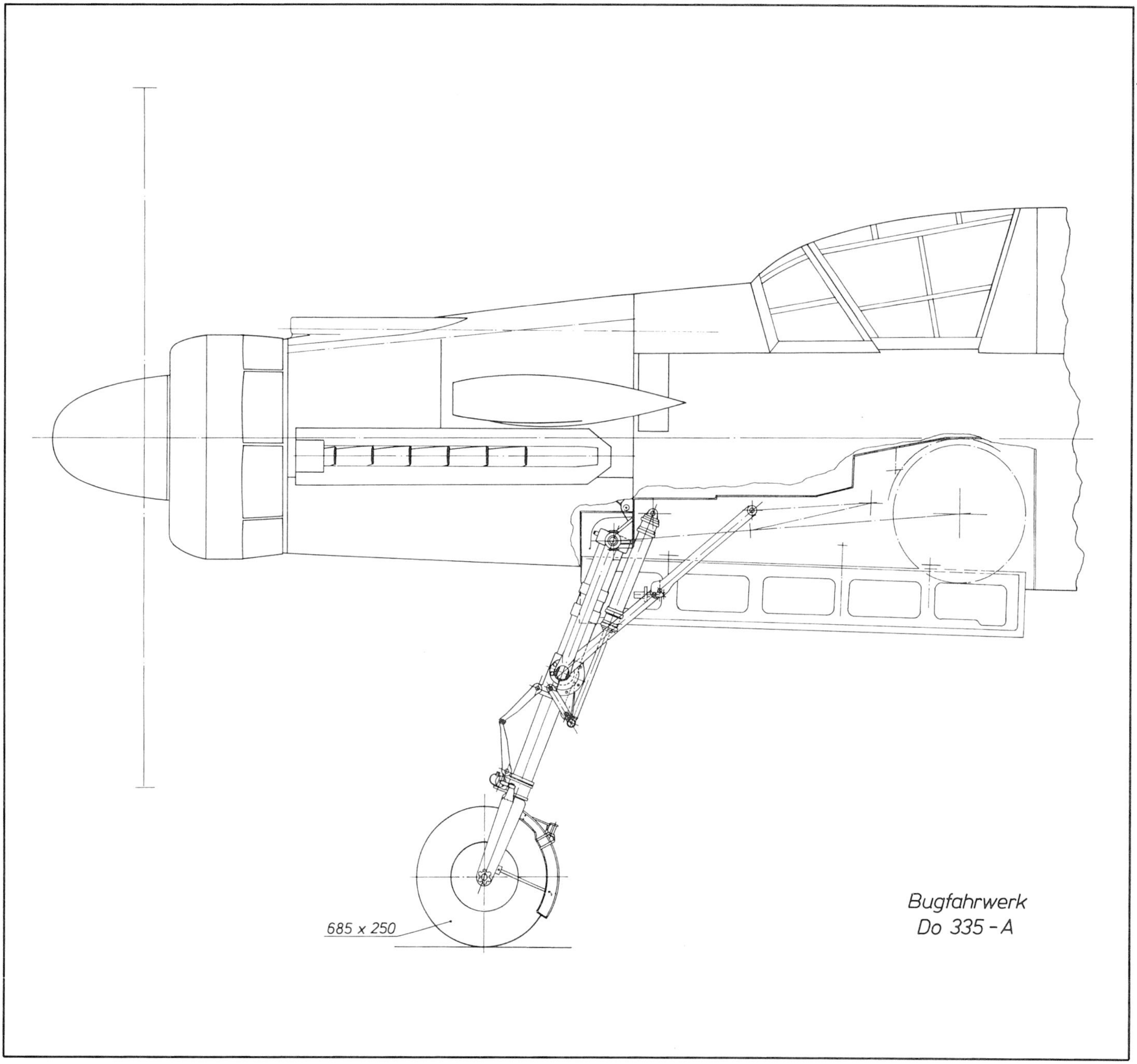

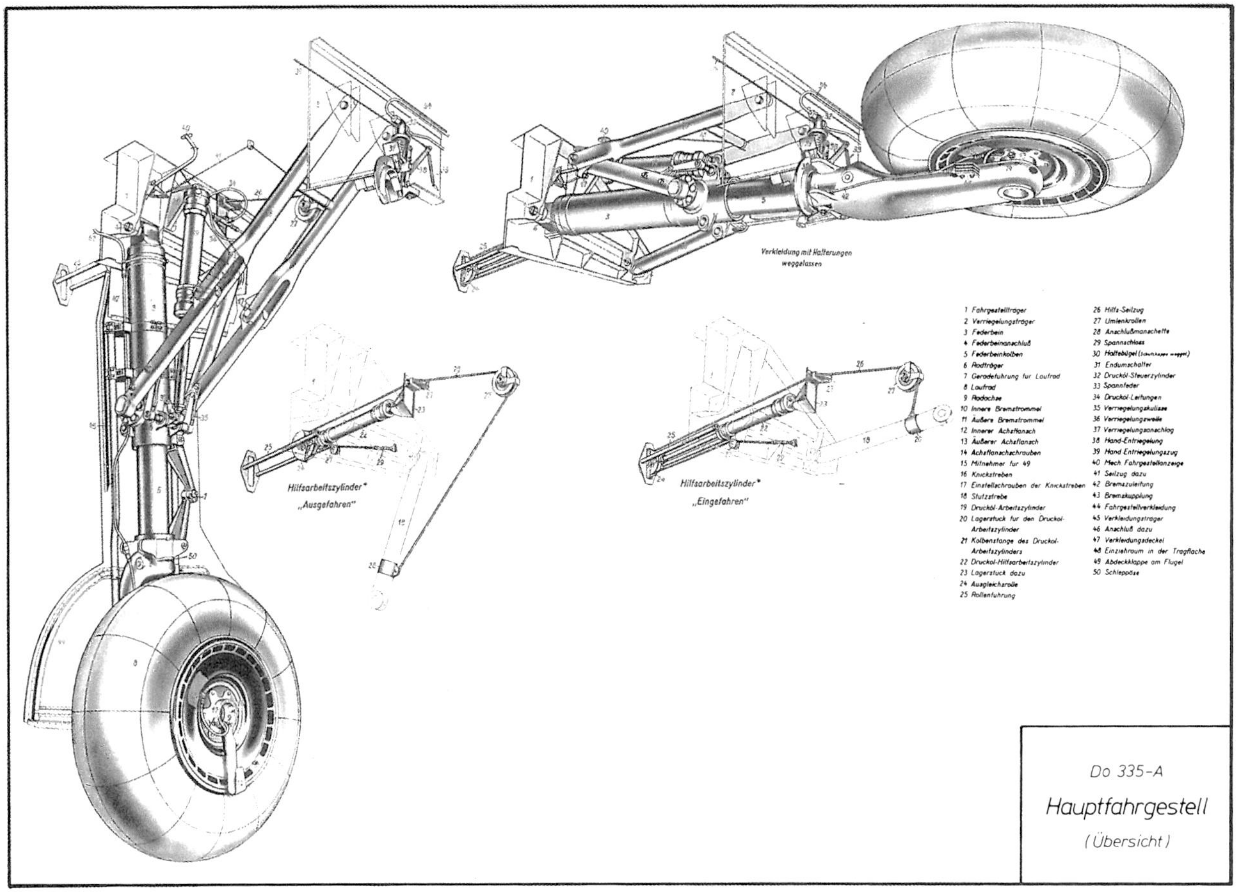

Oben: Hauptfahrwerk Do 335

Links: Bremsrad der Do 335. Die Lasche am Achsflansch diente als Mitnehmer für die Abdeckklappe.

Unten: die gefederte Spornkufe der Do 335

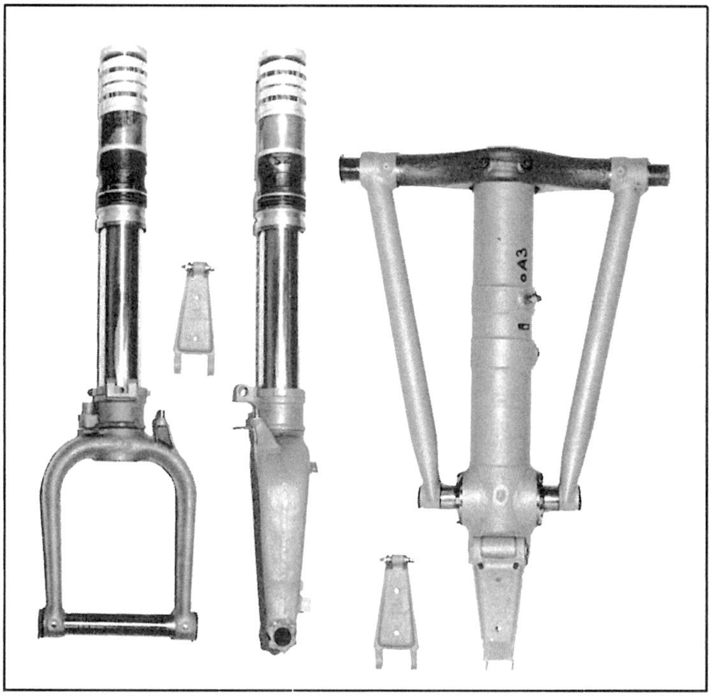

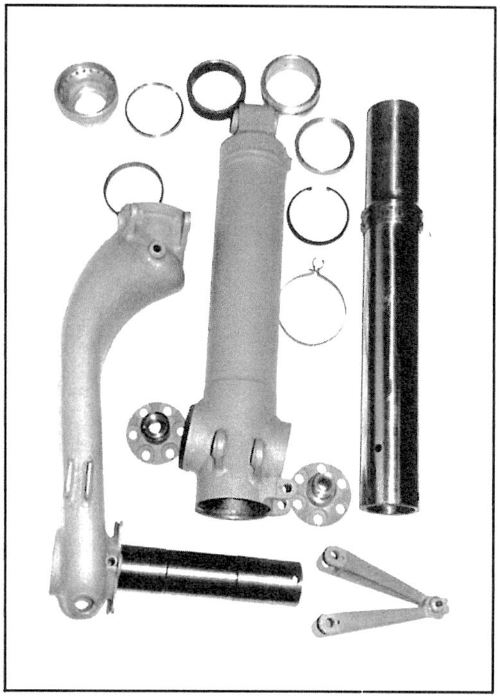

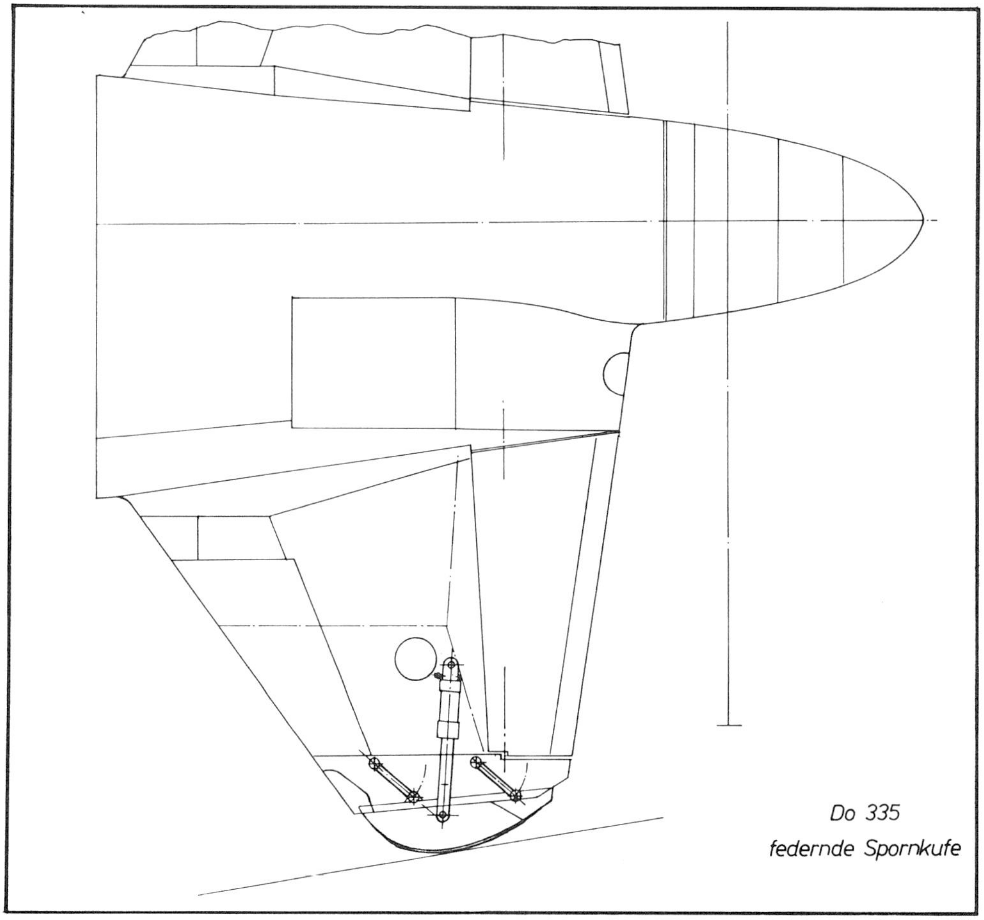

Oben, links: Bauteile aus Do 335 Bugfederbeinen. Beachtenswert die kräftige Aussteifung des oberen Lagerjoches.

Oben, rechts: Zerlegtes Hauptfederbein Do 335

Focke-Achgelis

Fa 223

Als einziges Hubschraubermuster soll hier das Fahrwerk der Fa 223 beschrieben werden. Das nicht einziehbare, breitgelagerte Hauptfahrwerk mit EC-Luft/Ölfederbeinen hatte Bremsräder der Größe 770 × 270. Das Bugbein, in ölgedämpfter Schraubenfederausführung, war um 360° drehbar. Am Rumpfende war der gefederte Spornpuffer angebracht.

Links: Linkes Hauptfahrwerk Fa 223. – Darunter: Zeichnung des aufgebockten Rumpfendes mit Spornpuffer. – Rechts: Bugfahrwerk des Fa 223 Hubschraubers

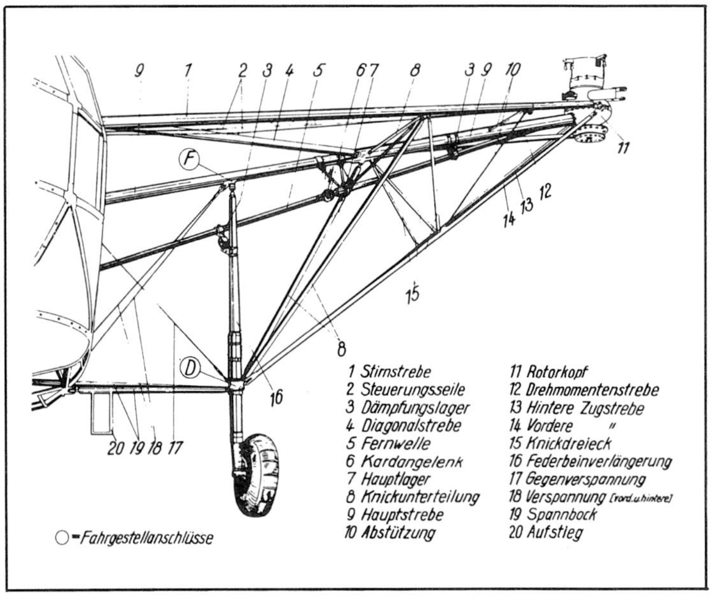

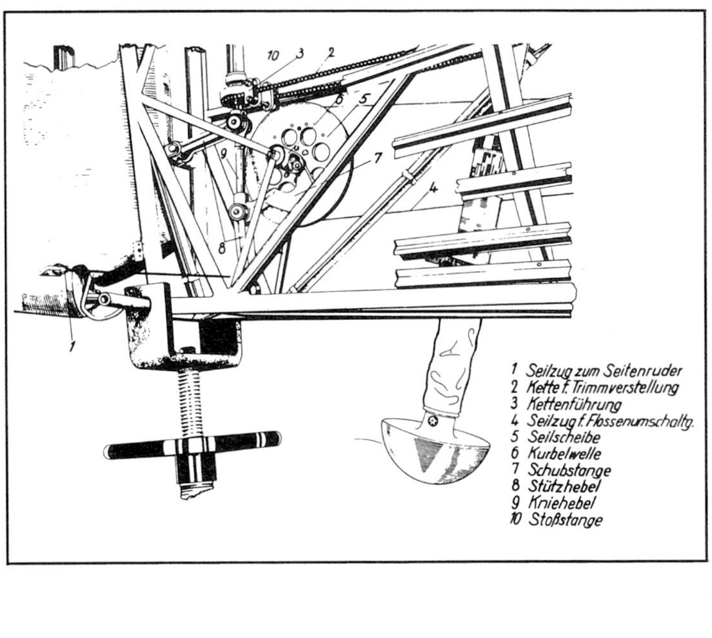

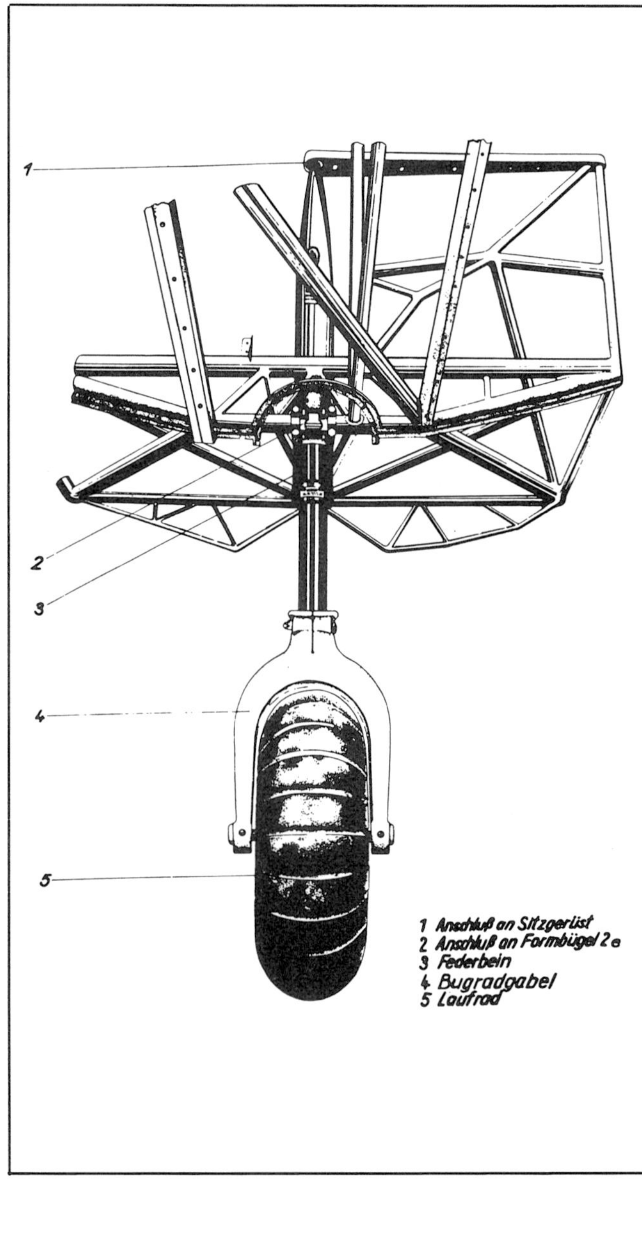

Fieseler

Fi 156

Kaum ein Flugzeug jener Zeit hat eine so große, weltweite Berühmtheit erlangt wie der Fieseler Storch.
Die beiden ölgedämpften Schraubenfederbeine wurden am Rumpf durch Dreiecksstreben abgefangen und oben an Stützstreben gelagert. 400 mm Federweg standen zur Verfügung. In Rollstellung betrug die Spurweite 340 mm. Die hydraulisch gebremsten Räder hatten die Abmessung 500 × 180. Als Sporn kam wahlweise ein ölgedämpftes Schraubenfederbein mit Schleifsporn oder Rad 260 × 85 zur Verwendung.

Foto: Das Fahrwerk der Fi 156 mit den weitausladenten Anlenkstreben und der Dreiecks-Abstützung. – Zeichnungen untere Reihe. Links: Das lange Federbein der Fi 156 mit der Stromlinien-Verkleidung. Neben den 400 mm Federweg, standen 200 mm Leerhub zur Verfügung. Mitte: Spornanlage der Fi 156 mit auswechselbarem Schleifschuh. Rechts: Für den Wintereinsatz wurde der »Storch« mit Skiern ausgerüstet.

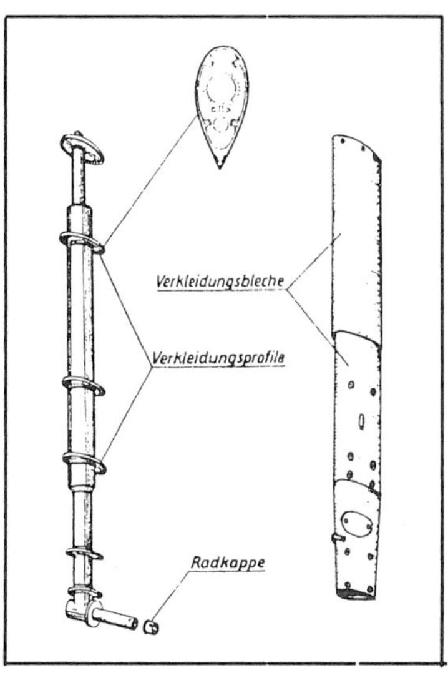

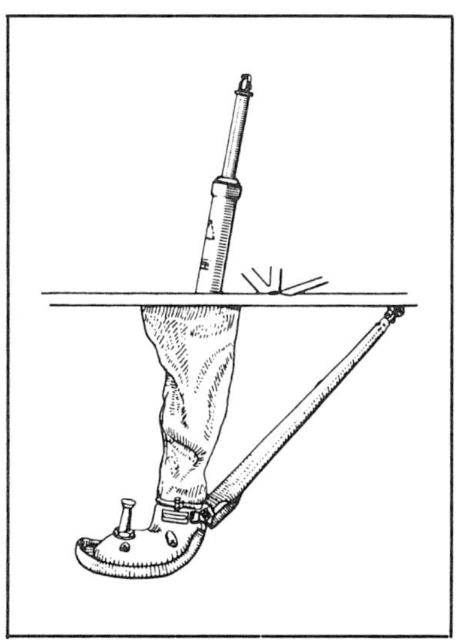

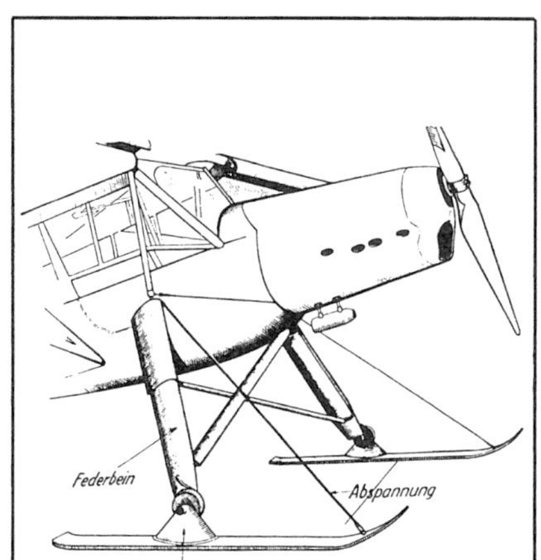

Focke-Wulf

Fw 44

Das Sport- und Schulflugzeug »Stieglitz« hatte ein einfach ausgeführtes Fahrwerk, mit Gummifederung und ebenfalls gummigefederten Schleifsporn.

Unten: Das nur teilweise verkleidete Fahrwerk der Fw 44 mit E-C Bremsrädern.

Abstrebung des Fahrwerks der Fw 44. Die Druckleitungen für die hydraulische Bremsbetätigung wurden teilweise durch die Verkleidungen der Querstreben geführt.

Geöffnete Federbeinverkleidung der Fw 44. Gut zu erkennen auf diesem Bild, der Aufbau der Federstrebe mit Gummiringen. Hatten sich die Gummiringe nach mehreren Landungen gesetzt, wurde ein zusätzlicher Ring beigelegt.

Fw 56

Als Schulflugzeug für die Fortgeschrittenen-Ausbildung wurde der »Stößer« eingesetzt. Das Schwingenfahrwerk mit ölgedämpften Schraubenfederbeinen war verkleidet. Der Schleifsporn hatte eine Luft/Ölfederstrebe.

Die ersten Prototypen der Fw 56 hatten ein elegant verkleidetes Fahrwerk.

Nur an den ersten V Mustern kamen teleskopische Einbein-Fahrwerke zum Einbau.

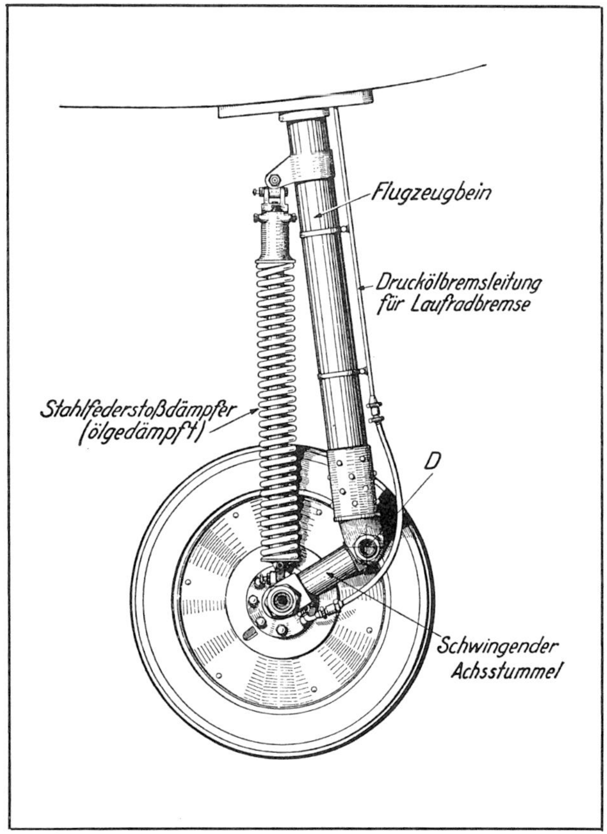

Serienausführung der Fw 56. Eine kurze Schleppschwinge, die sich gegen gedämpfte Stahlfederstreben abstützte.

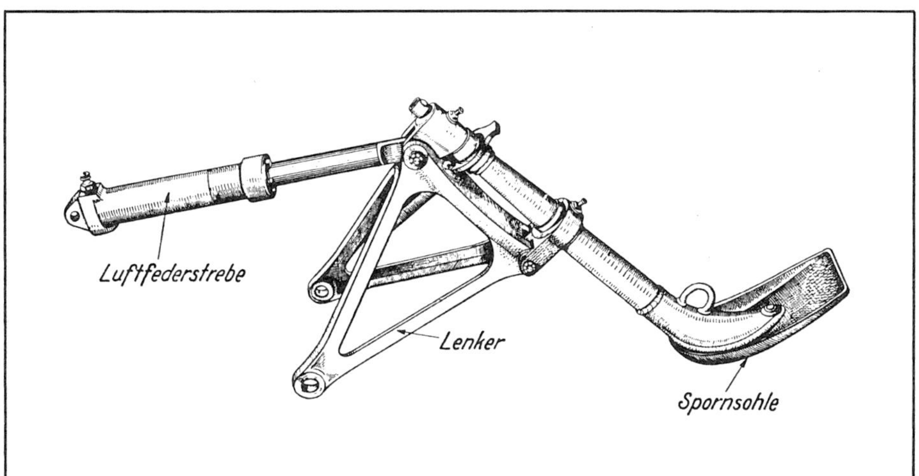

Spornanlage der Fw 56 mit Luft-Ölfederstrebe.

Fw 58

Die zweimotorige »Weihe« wurde als Übungsflugzeug eingesetzt. Das Schwingenfahrwerk wurde von Hydraulikzylindern über Knickstreben ein- und ausgefahren. Argus-Scheibenbremsräder der Größe 690 × 200 kamen zum Einbau. Der nicht einziehbare Sporn stützte sich gegen eine Luft/Ölfederstrebe ab.

Rechte Seite:
Oben, links: An der Fw 58 V 13 wurde ein teleskopisches Einbeinfahrwerk erprobt.

Rechts: Blick von hinten in den Fahrwerksschacht der V 13 D-ORTE

Unten, links: Spornanlage der Fw 58

Rechts: Elektronguß-Sporngabel mit Verkleidungsteil. Elektrisch leitende Spornreifen hatten neben einem eingeprägtem L weiße Seitenflächen.

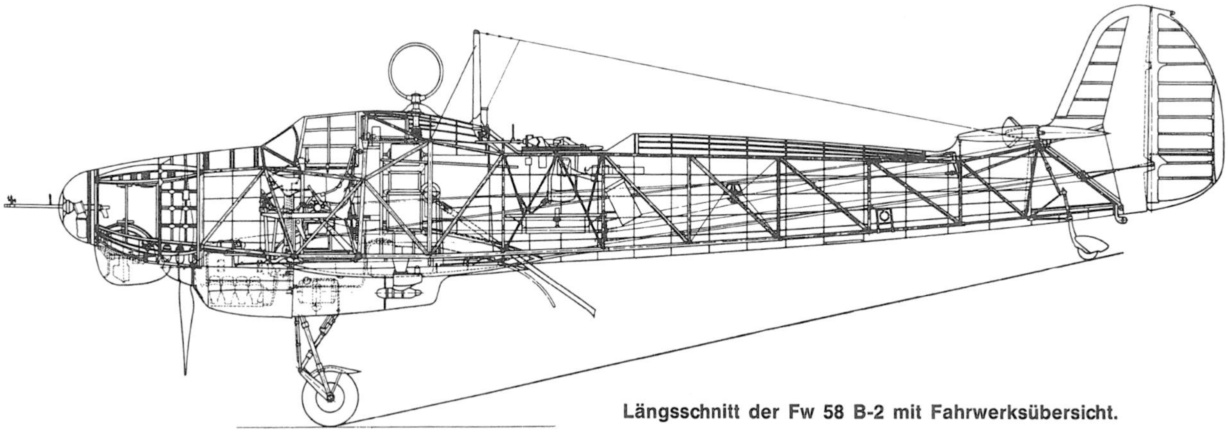

Längsschnitt der Fw 58 B-2 mit Fahrwerksübersicht.

Schleppschwingenfahrwerk der Fw 58 mit zwei Luft-Ölfederstreben und Argus-Scheibenbremsrädern.

Fahrwerksanlage der Fw 58 mit allen Einrichtungen für die Betätigung.

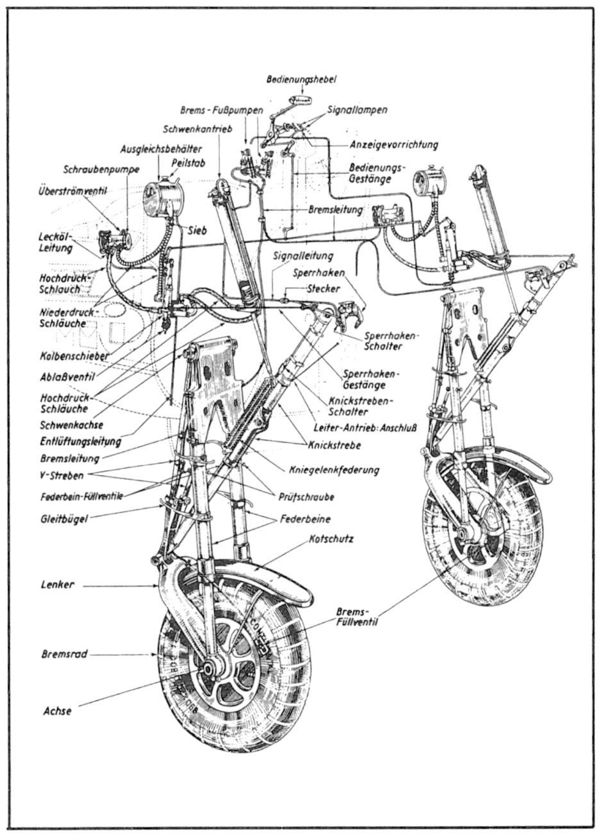

8366

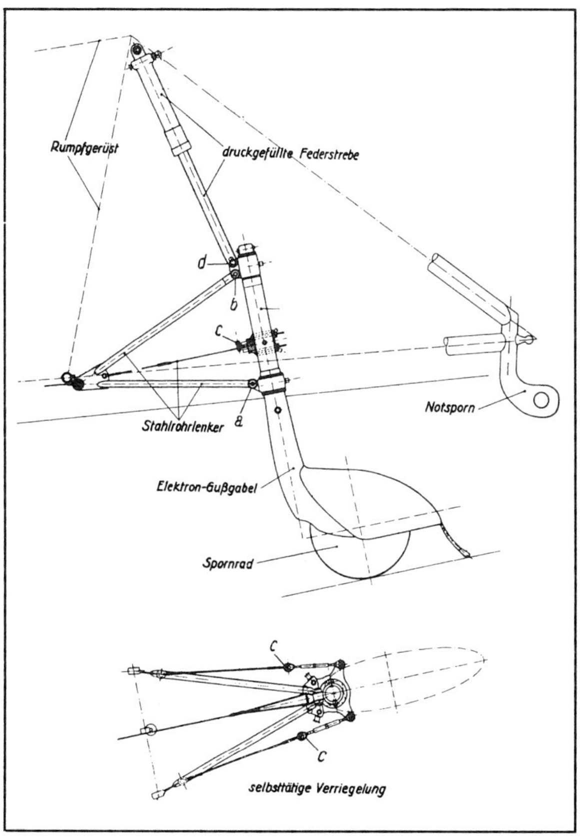
Rumpfgerüst
druckgefüllte Federstrebe
d
b
c
Stahlrohrlenker
a
Notsporn
Elektron-Gußgabel
Spornrad
c
c
selbsttätige Verriegelung

Nur drei Versuchsmuster wurden von diesem Jägerentwurf gebaut. Das Schwingenfahrwerk mit Luft/Ölfederstreben wurde in den Rumpf eingezogen.

Unten: Das einziehbare Schleppschwingenfahrwerk der Fw 159 ging bei der Erprobung mehrfach in die »Knie«.

Auf dem rechten Bild sind die Fahrwerkseinzelheiten der Fw 159 gut zu erkennen. Das Luft-Ölfederbein war als Zweikammerelement ausgeführt.

Auch von diesem Zerstörer gab es nur wenige V-Muster. Das Gabelfahrwerk wurde durch einen Hydraulikzylinder über eine Knickstrebe ein- und ausgefahren. Zur Unterstützung der Hydraulik wurde ein Kraftspeicherzylinder eingebaut, das nur teilweise einziehbare Spornrad ragte aus dem Rumpfheck heraus.

Versuchsweise wurde die Fw 187 V1 mit Doppelrädern ausgerüstet.

Das Gabelfahrwerk der Fw 187. Wie bei fast allen Gabelfahrwerken sind die beiden Luft-Ölzylinder mit einer gemeinsamen Druckleitung und Füllventil verbunden.

Durch den Bruch des Rohrrahmens zur Aufnahme der Knickstrebe und des Kraftspeichers, ging die Fw 187 V1 beim Landen »auf den Bauch«.

Schwingenhebelsporn der Fw 187

Nach dem Abnehmen der linken Fahrwerksklappe sind die Einzelheiten der Fahrwerkslagerung und Betätigung gut zu erkennen. Die Knickstrebe mit Arbeitszylinder. Der Kraftspeicherzylinder ist an seinem oberen Auge ausgerissen und liegt am Boden auf.

Spornaggregat mit Luft-Ölfederstrebe und Arbeitszylinder

Fw 189

Der zweimotorige Doppelrumpf-Aufklärer wurde mit verschiedenen Fahrwerksausführungen gebaut. Die V-Muster 1-5 hatten Luft/Öl/Einbeinfahrwerke mit hydraulisch betätigten Argus-Scheibenbremsrädern 710 × 220. Ab der V6 kam das Schwingenfahrwerk mit Rädern der Größe 770 × 270 zum Einbau. Das Ein- und Ausfahren erfolgte über einen Hydraulikzylinder, der am Knickstrebenrahmen angelenkt war. Der Kraftspeicherzylinder unterstützte den Ein- und Ausfahrvorgang. Wie auf den Abbildungen zu erkennen, waren Schwinghebel, Schwingenträger und Knickstrebenrahmen als Aluminium-Schmiedeteile ausgebildet, eine teure Bauart. Bei der V12 wurden diese Teile als Rohr- und Schweißkonstruktion ausgeführt, vorallem auch um Aluminium zu sparen.

Das Spornaggregat war in der Mitte der Höhenflosse gelagert und wurde hydraulisch in diese eingeschwenkt. Die als Schwinge ausgeführte Sporngabel mit Spurzwang stützte sich gegen einen Luft/Öl-zylinder ab.

Diese Lehrtafel zeigt alle Einzelheiten des Fw 189 Fahrwerks.

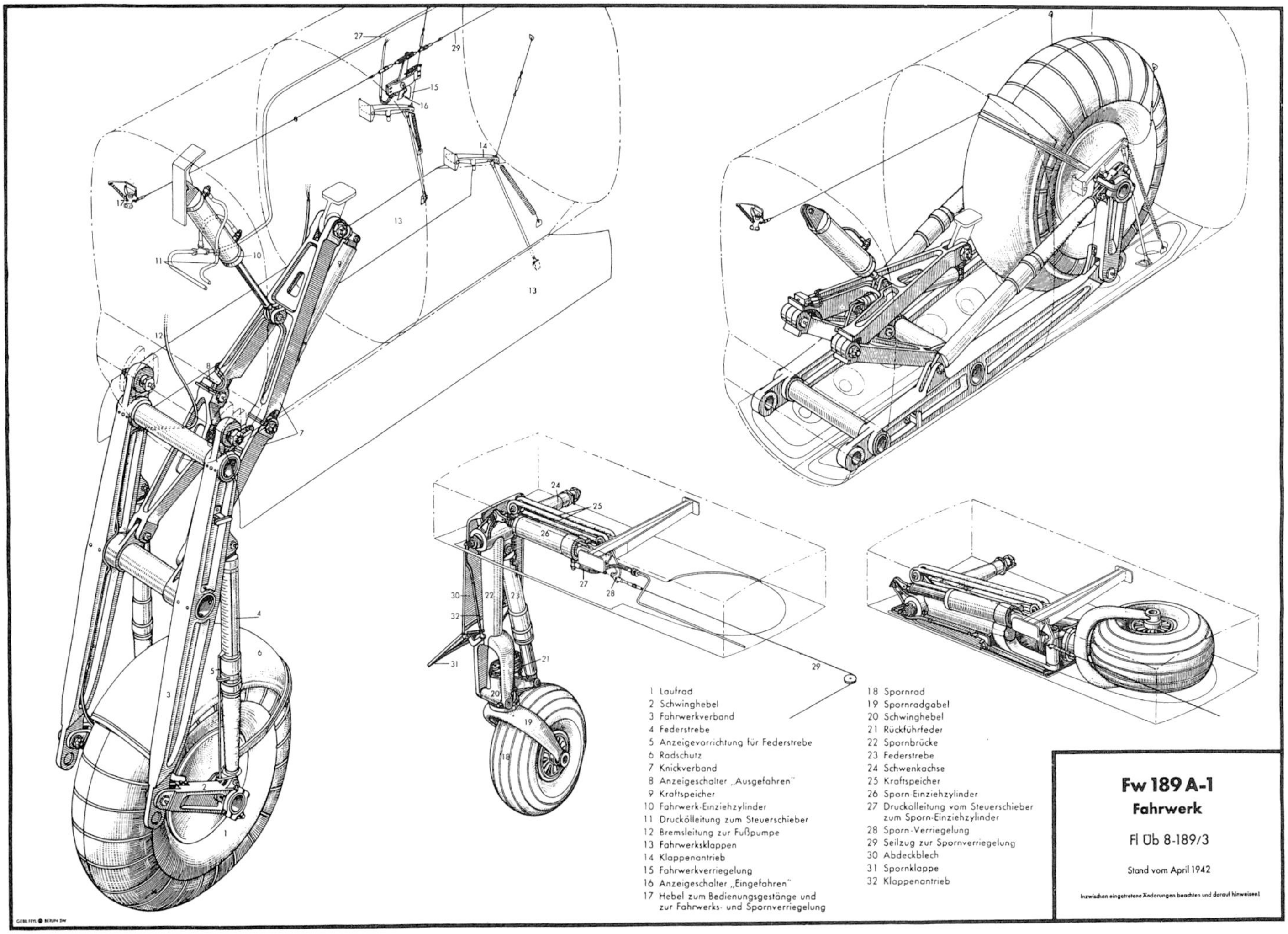

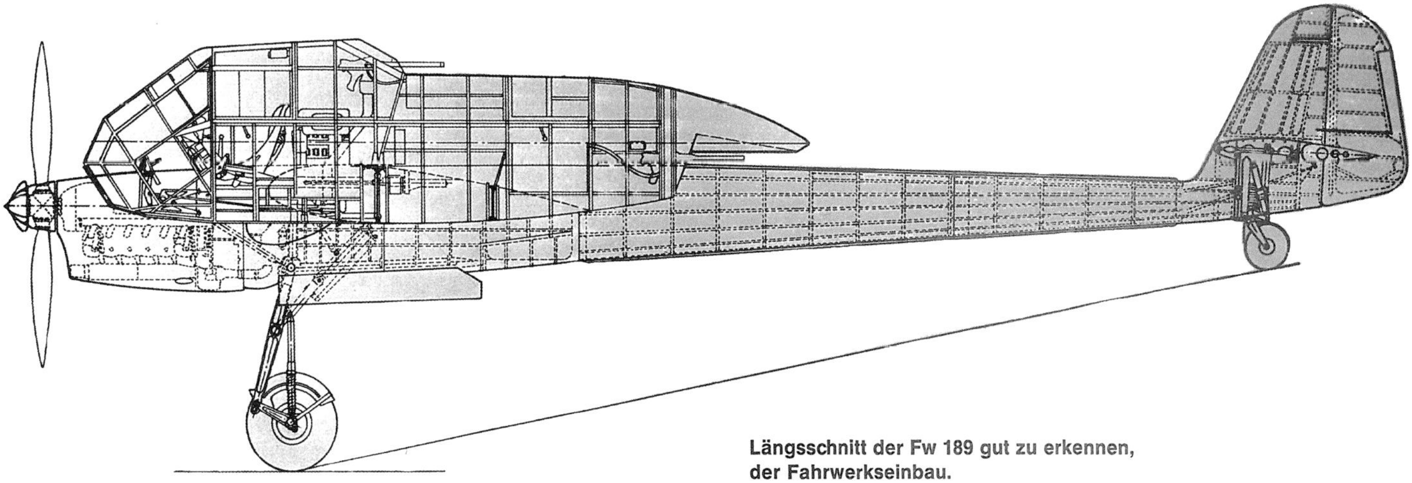

Längsschnitt der Fw 189 gut zu erkennen, der Fahrwerkseinbau.

Links: Ein Bild aus der Montage der Fw 189, das Schleppschwingenfahrwerk ist bereits eingebaut. Der linke Motor mit allen Anbauteilen noch nicht. – Rechts: Das Spornaggregat der Fw 189 wurde quer zur Flugrichtung in die Höhenflosse eingefahren und teilweise abgedeckt. Die dunkelgraue Farbe entspricht nicht der damals für alle Fahrwerksteile vorgeschriebenen RLM 02 Lackierung.

Die ersten V Muster der Fw 189 hatten VDM Einbeinfahrwerke.

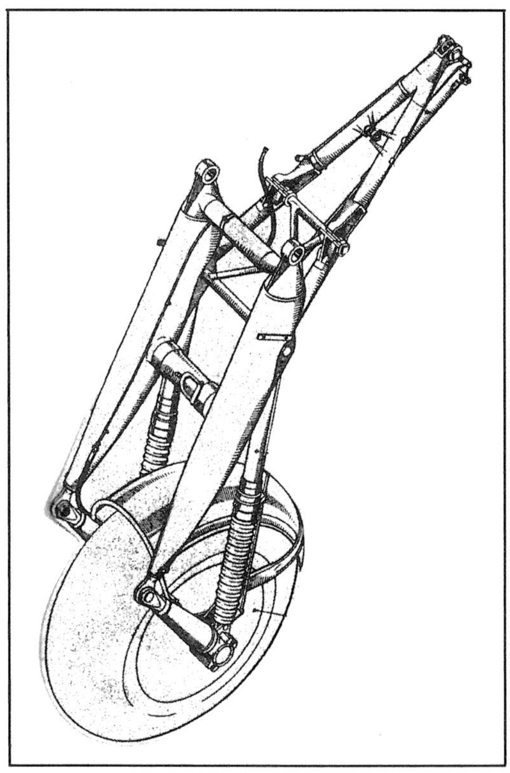

Geschweißte Rohrkonstruktion für das Fahrwerk der Fw 189 V 12

Fw 190

Neben der Bf 109 das zweite Standard-Jagdflugzeug der Luftwaffe.

Von der V1 bis zum letzten Serienmuster wurde das Fahrwerk mehrfach im Detail geändert, blieb aber im Grundaufbau gleich.

Die V1 hatte Luft/Ölfederbeine mit Bremsrädern 650 × 180. Die Federbeine wurden durch Hydraulikzylinder aus- und eingefahren. Auch der Sporn mit um 360° schwenkbarer Vollgummirolle (220 × 105) wurde hydraulisch betätigt. Die V5 hatte, wie die späteren A Muster, ein elektromechanisch betätigtes Fahrwerk.

Ein 24 Volt Motor, der 250 Watt hatte und 5000 U/min drehte war über eine Fliehkraftkupplung mit dem zwei stufigen Getriebe verbunden. Bei der A-1 war an dem Getriebedeckel eine Zugstange angelenkt, die über ein Zwischenlager die Knickstrebe bewegte und somit das Ein- und Ausfahren steuerte. Ein Kraftspeicherzylinder griff auch an dem Zwischenlager an. Ab dem Baumuster A 2 entfiel das Zwischenlager und der Getriebedeckel wurde verstärkt. Die ebenfalls verstärkte Knickstrebe und der Kraftspeicher lagerten nun direkt an dem Deckel, auch der Stift für die mechanische Fahrwerksanzeige wurde am Deckel gelagert.

Am mittleren Lagerzapfen der rechten Knickstrebe war bei allen Fw 190 A-Mustern ein Drahtseil eingehängt, das über verschiedene Umlenkungen zum Sporn führte und beim Einfahren des Hauptfahrwerks das Sporn-Luft/Ölbein hochzog. Die Fahrwerks-Restabdeckungen wurden bei allen Ausführungen vom einschwenkendem Rad, das gegen eine Klappen-Knickstrebe drückte, geschlossen. Das Öffnen erfolgte über Seilzüge, die am oberen Teil der Federbein-Knickstreben angelenkt waren.

Die Fw 190 D war mit dem Fahrwerk der A 8 ausgerüstet. Hauptsächlichste Änderungen gegenüber den früheren A-Mustern war die Verwendung verstärkter Federbeinlenker und eines Federkraftspeichers anstelle des bis dahin verwendeten Preßluft-Kraftspeichers, der nach Anweisung täglich auf den vorgeschriebenen Druck von 80 atü überprüft werden mußte.

Landeanflug der Fw 190 V1. Am ausgefahrenen Fahrwerk gut zu erkennen, die nach außen geklappten unteren Restabdeckungen.

Rechts: Das leicht beschädigte rechte Fahrwerk der Fw 190 V1. Vom oberen Teil der Fahrwerksabdeckung ist ein Stück abgebrochen. Der Seilzug für die Betätigung der Restabdeckklappe ist gerissen. Das untere Querrohr für die Halterung der Verkleidung ist an beiden Enden gebrochen. Das unten querliegende Gelenk für die Klappenbetätigung ist aus der Vorrichtung gerissen.

Die beschädigte Klappverkleidung der V1. Querliegend das abgerissene obere Teil.

Blick in den rechten Fahrwerksschacht einer A1. Das Anschlußauge am Getriebeflansch für die Schubstange ist ausgebrochen.

Fw 190 A1 vor dem Motoreinbau. Die Fahrwerkseinzelheiten sind auf diesem Bild gut zu erkennen.

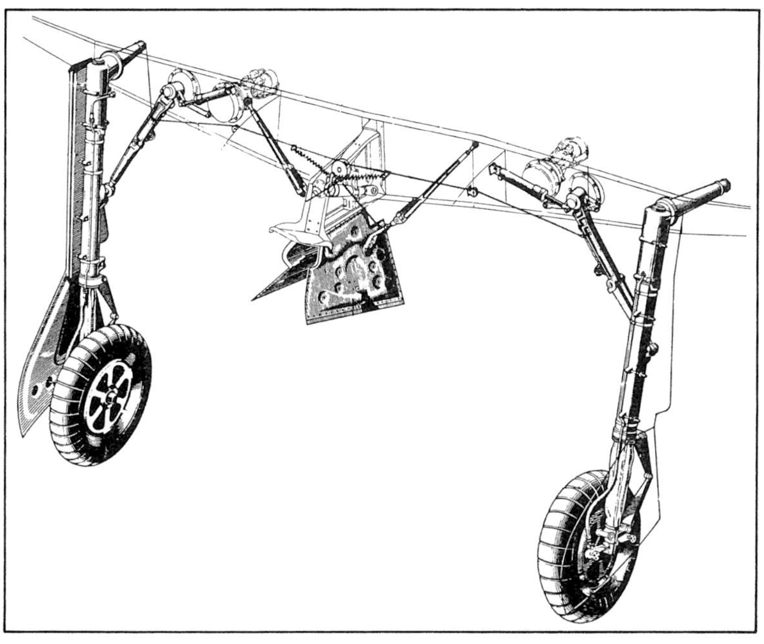

Übersichtszeichnung des Fw 190 A1 Fahrwerks mit separater Lagerung für den Elektroantrieb und die obere Knickstrebe.

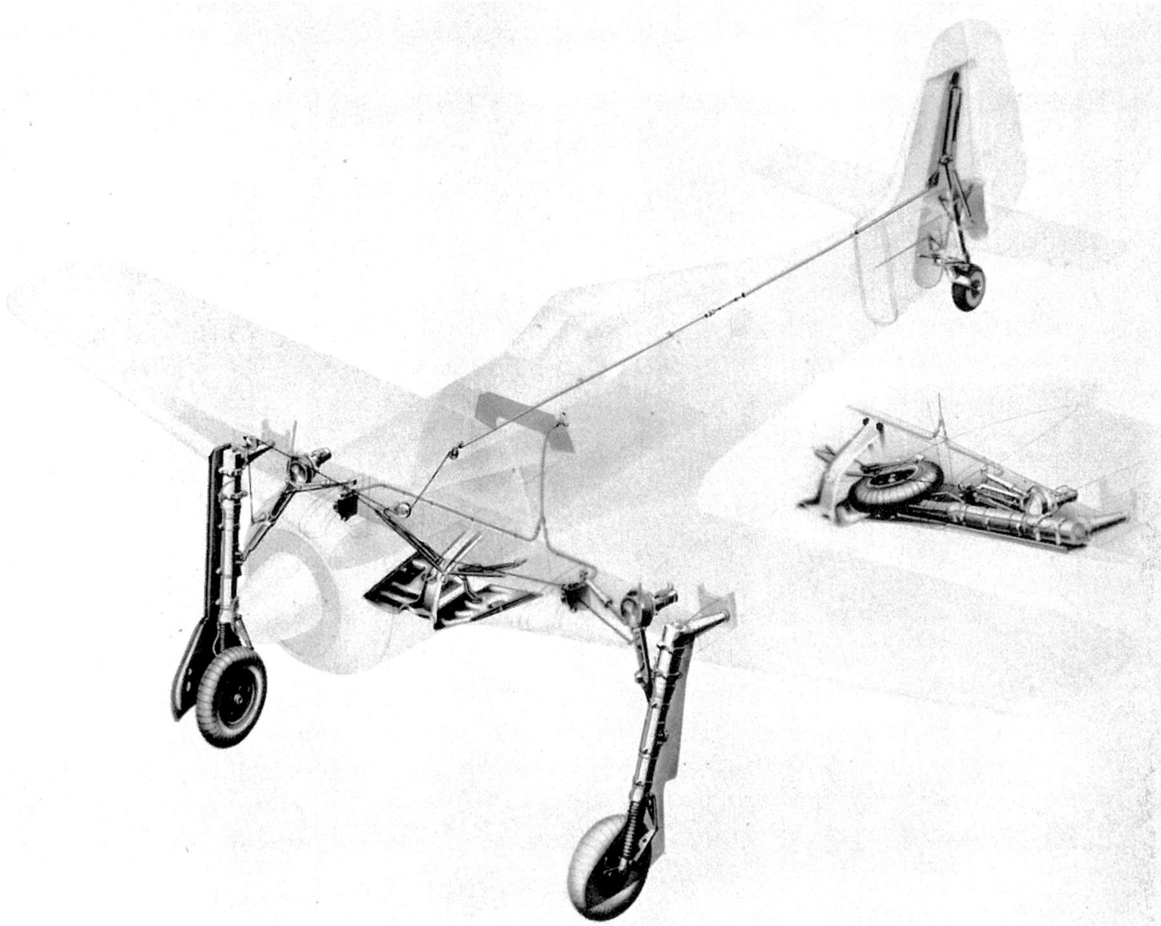

Übersichtsdarstellung für das Fahrwerk Fw 190 A2-A6. Über einen Seilzug, der am mittleren Bolzen der rechten Knickstrebe angeschlossen ist, wird der Sporn eingezogen.

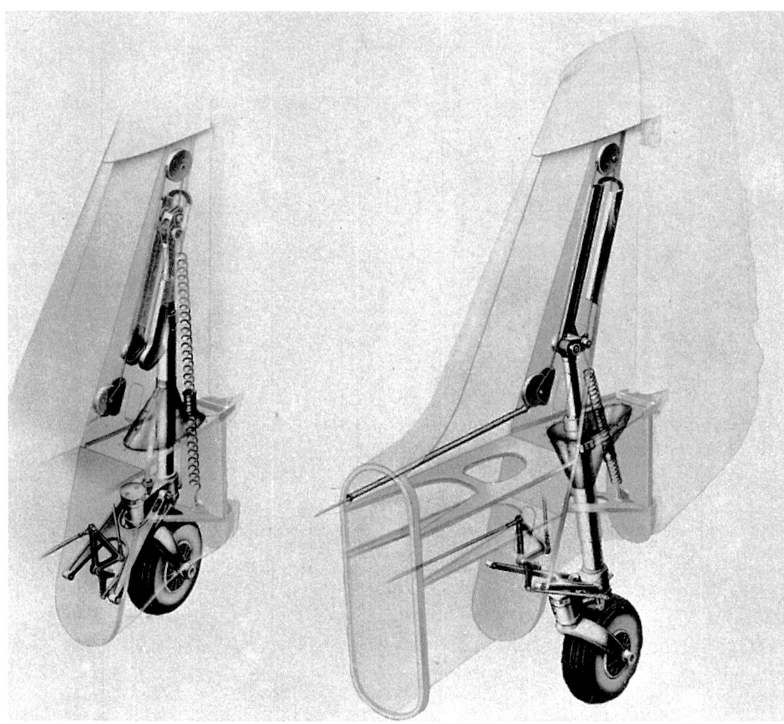

Spornanlage der Fw 190. Eine Zugfeder bringt den Sporn in Ausfahrstellung, wenn beim Ausfahren des Hauptfahrwerks die Spannung am Seilzug nachläßt.

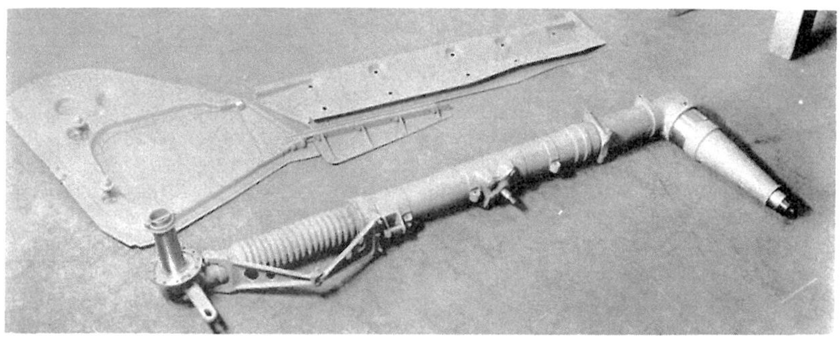

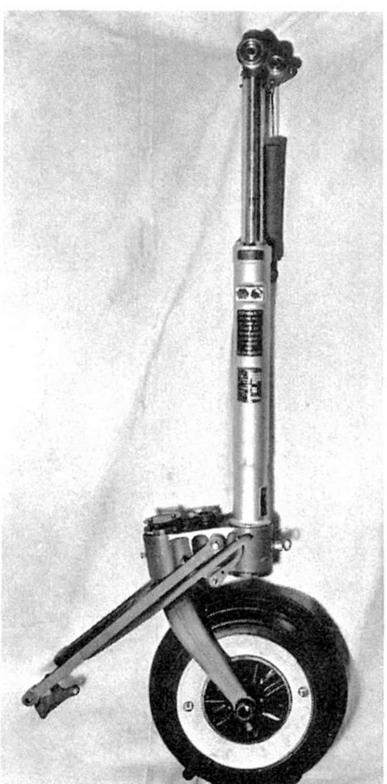

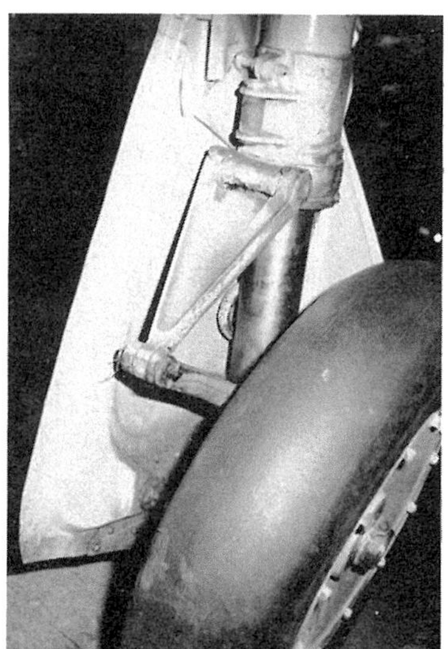

Oben: Überprüfung des Einfahr-Vorgangs an einer Fw 190

Darunter: Das Federbein der Fw 190 mit der dreiteiligen Abdeckung. Bemerkenswert die kräftige Auslegung der oberen Lagerstelle.

Links außen: Einheitssporn für alle Fw 190 und Ta 152 Varianten.

Daneben: Ab der Fw 190 A8 wurde ein neues Federbein mit verstärkten Lenkern eingesetzt. Dieses Fahrwerk kam auch an allen Fw 190 D Varianten zum Einbau.

Die Weiterentwicklung der Fw 190 zur Ta 152 baute auf der Verwendung vorhandener Bauteile der 190-Serie auf. Für das Fahrwerk wurden die Federbeine der A-8 übernommen, der elektrische Antrieb jedoch auf hydraulische Betätigung umgestellt. Die Knickstreben der Fw 190 gingen mitunter zu Bruch. Die Ta 152 hatte Hydraulikzylinder mit Endverriegelung für die Ausfahrstellung. Die Verriegelung im eingefahrenen Zustand übernahm eine ähnliche Einrichtung wie bei der 190, sie wurde jedoch für die Ta 152 und 154 neu ausgelegt. Für alle Ta-152-Muster waren ursprünglich die Doppelbremsräder 740 × 210 vorgesehen. Für die Höhenjägerversion kamen jedoch die Räder 190 zum Einbau (700 × 175). Die Wahl des kleineren Rades, trotz des hohen Fluggewichts, erfolgte wegen der großen Tragfläche. Daraus ergaben sich geringe Start- und Sinkgeschwindigkeiten und damit eine kleinere dynamische Beanspruchung des Rades.

Der Sporn wurde genau wie an der Fw 190 über ein Drahtseil ein- und ausgefahren. Der Einheitssporn der A-8 kam auch hier zum Einbau.

Die Ta 152 W Nr. 006 mit kurzer Spannweite, hatte die Doppelbremsräder 740 ×210.

Ein typisches Unterscheidungsmerkmal für die Ta 152 Varianten waren die beiden Kolbenstangen an den Federbeinen. Auf diesem Bild die Ta 152 W Nr. 007.

Fahrwerksübersicht Ta 152

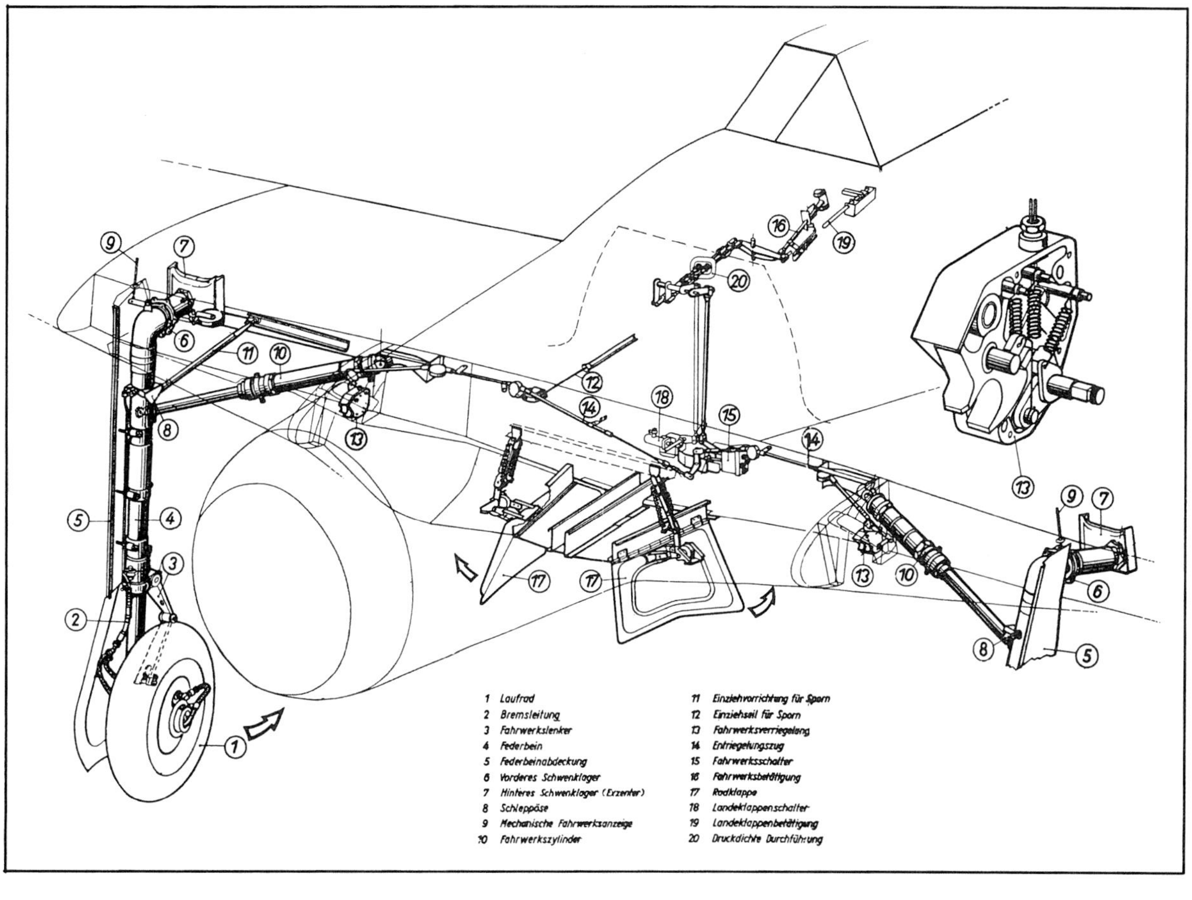

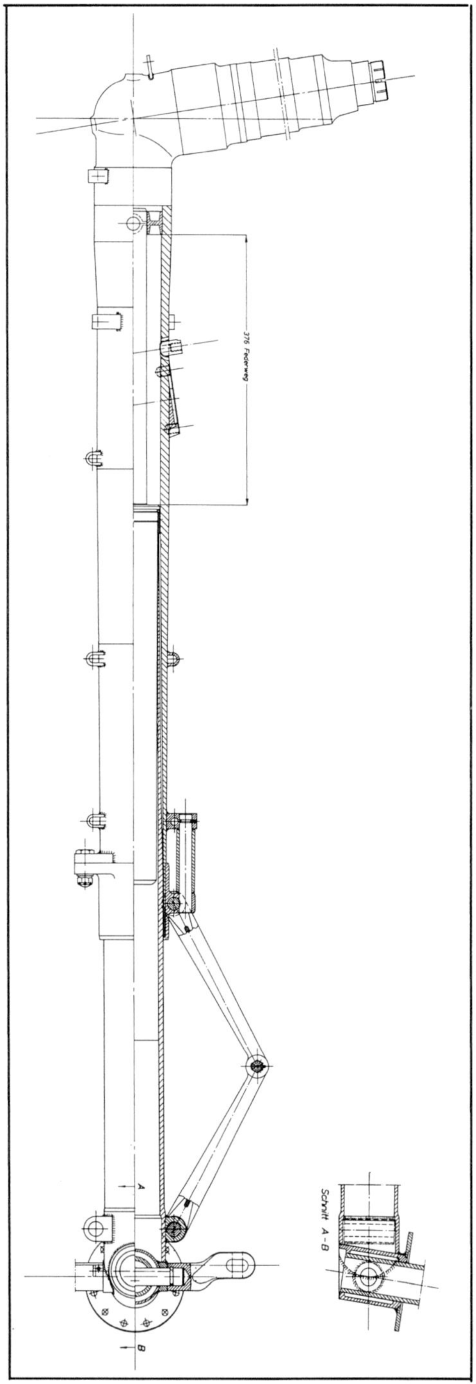

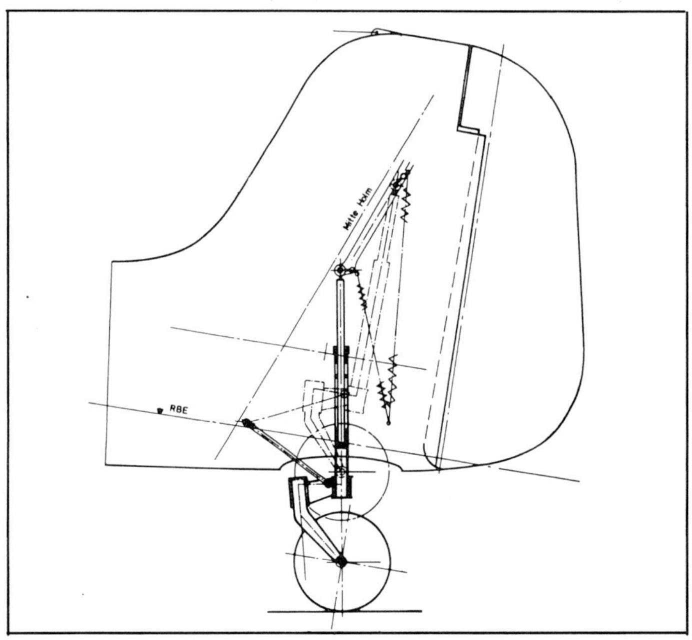

Federbeinteilschnitt Ta 152

Rechts, oben: Lagerung des Arbeitszylinders oberhalb der Fahrwerksverriegelung.

Mitte: Rumpfheck der Ta 152 W. Nr. 007. In der Hohlachse des Spornrades steckt eine Abschleppgabel. Im hinteren Teil der Seitenfloße die Wartungsklappe für das Spornaggregat.

Unten: Der Einheitssporn der Fw 190 wurde auch für die Ta 152 übernommen.

Fw / Ta 154

Dieser in Holzbauweise gebaute Nachtjäger kam nicht mehr zum Einsatz. Nur einige V-Muster wurden fertig. Das Fahrwerk, mit Bugradanordnung, hatte Schleppschwingen mit Luft/Ölfederstreben am Hauptfahrwerk. Das langhubige Bugfahrwerk wurde in zwei Ausführungen erprobt. Einmal mit kleinem Nachlauf (ca. 10 %) und in einer geänderten Form mit ca. 21 %. Bei beiden Ausführungen war ein hydraulischer Flatterdämpfer in der Bugradgabel eingebaut. Das Bugrad 700 × 175 war ungebremst. Das Einziehen erfolgte hydraulisch über einen Knickstrebenrahmen bei gleichzeitiger Drehung des Rades um 90°. Zwei Kraftspeicherzylinder unterstützten das Ein- und Ausfahren. Das Hauptfahrwerk wurde ebenfalls hydraulisch über Knickstreben gefahren. Verriegelungseinrichtungen hielten die Fahrwerke im eingefahrenen Zustand. Die Arbeitszylinder des Hauptfahrwerks hatten Kugelendverriegelung für den ausgefahrenen Zustand. Doppelbremsräder 935 × 345 kamen zum Einbau.

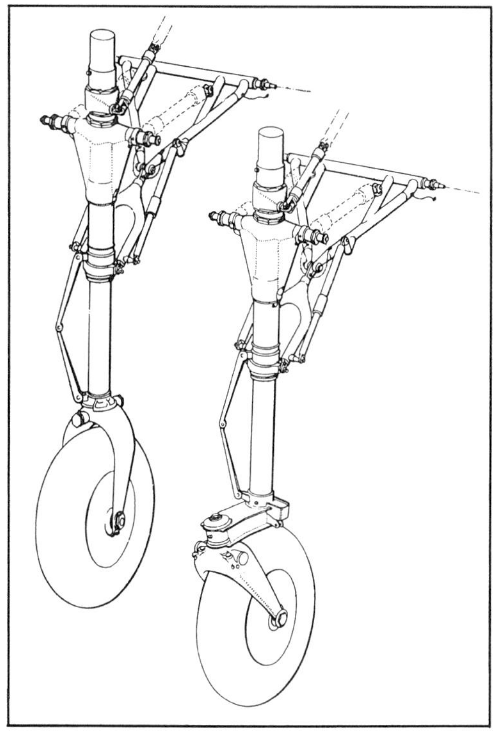

Gegenüberstellung der beiden Bauausführungen für das Bugfahrwerk der Ta 154. Rechts im Bilde, die Ausführung mit vergrößertem Nachlauf, jedoch auch hier mit hydraulischem Flatterdämpfer in der Radgabel.

Bugfahrwerk der Ta 154. Die an der oberen Federbeinhälfte angeschlossene Strebe, bewirkte die Drehung um 90° beim Einfahren.

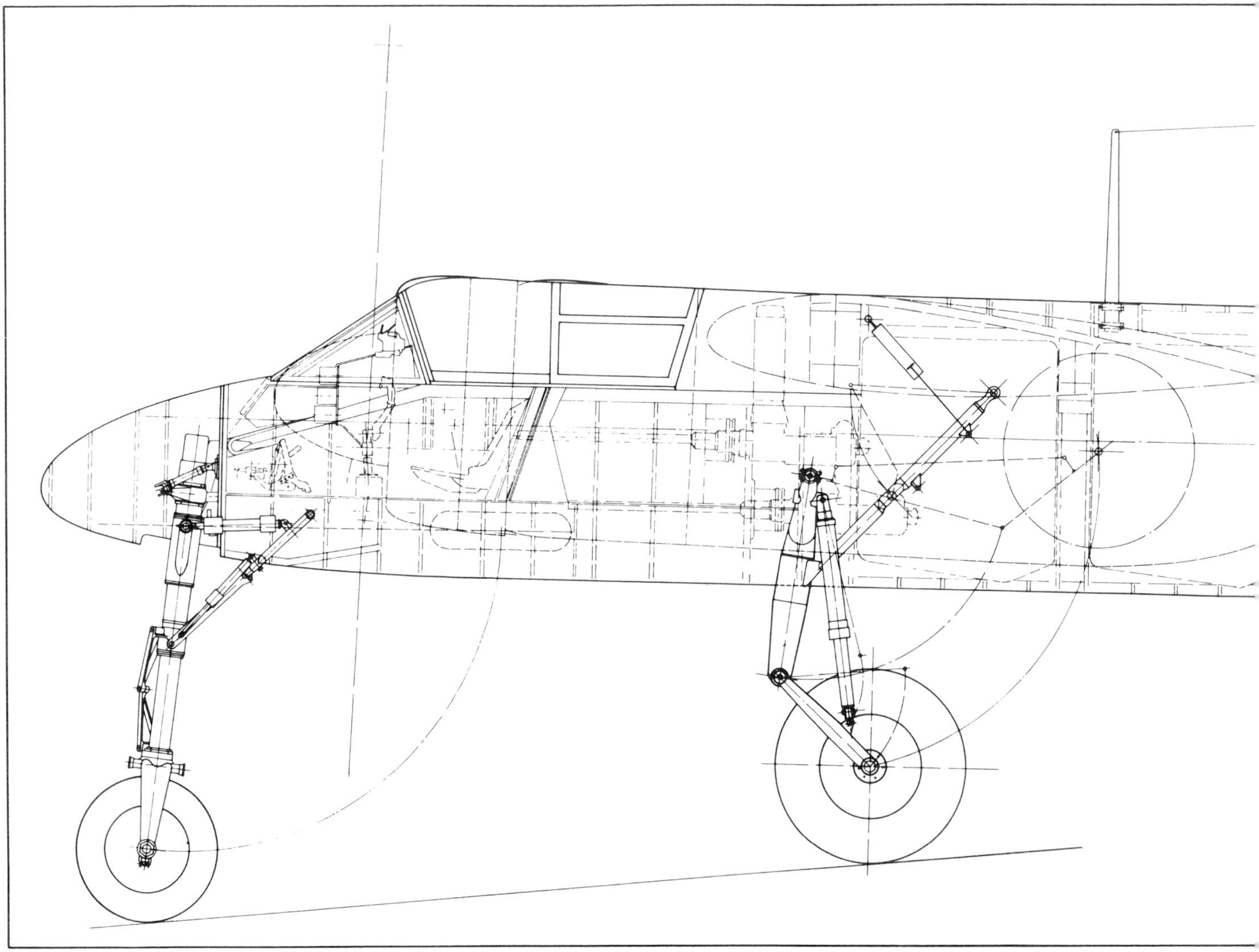

Längsschnitt der Ta 154 mit allen Fahrwerkseinzelheiten.

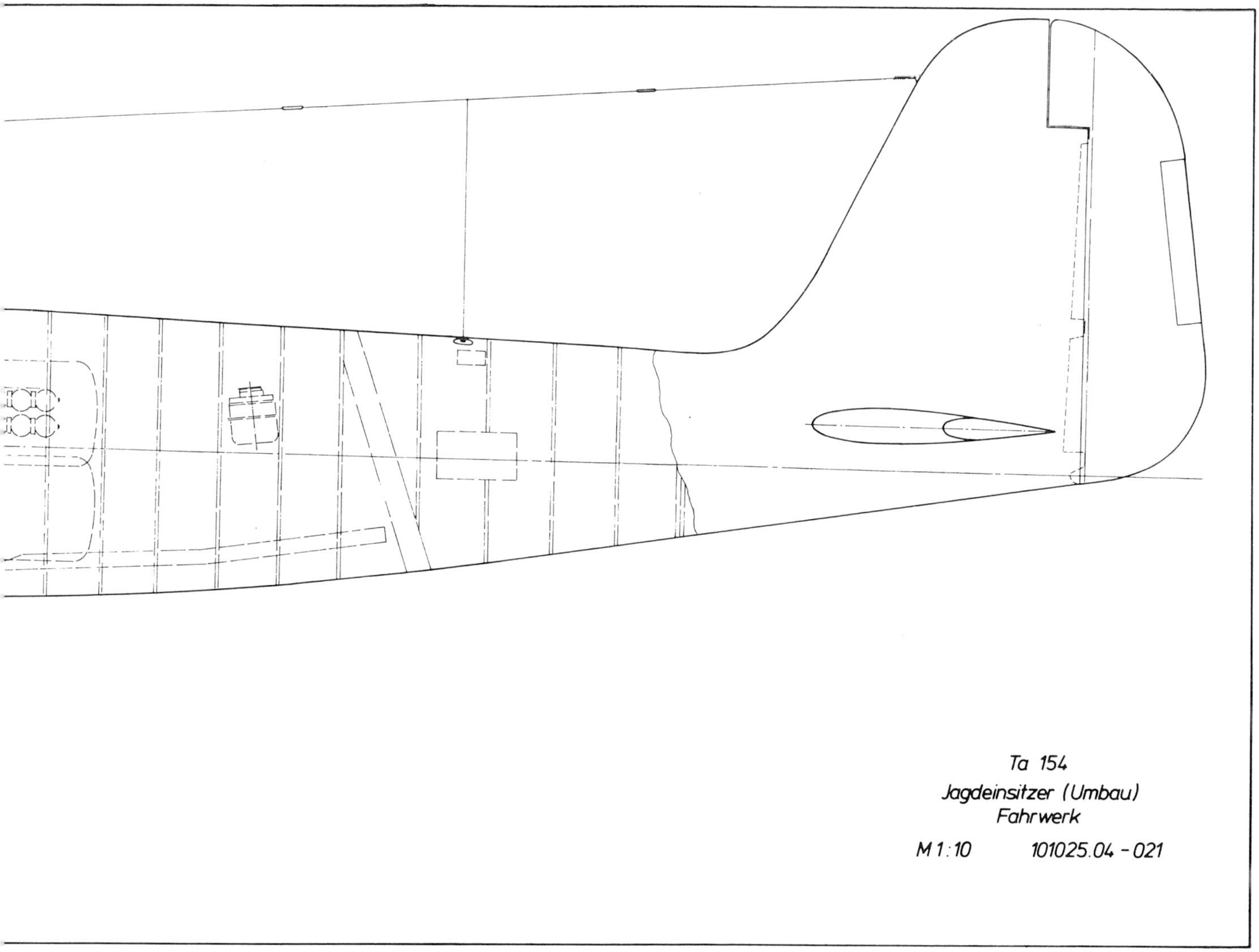
Ta 154
Jagdeinsitzer (Umbau)
Fahrwerk
M 1:10
101025.04 - 021

Das Hauptfahrwerk in der linken Motorgondel. Die großen Klappen sind geschlossen. Vor dem Rad liegt ein Einheitsbremskeil, rot-weiß lackiert und mit einer Kette zum Wegziehen versehen.

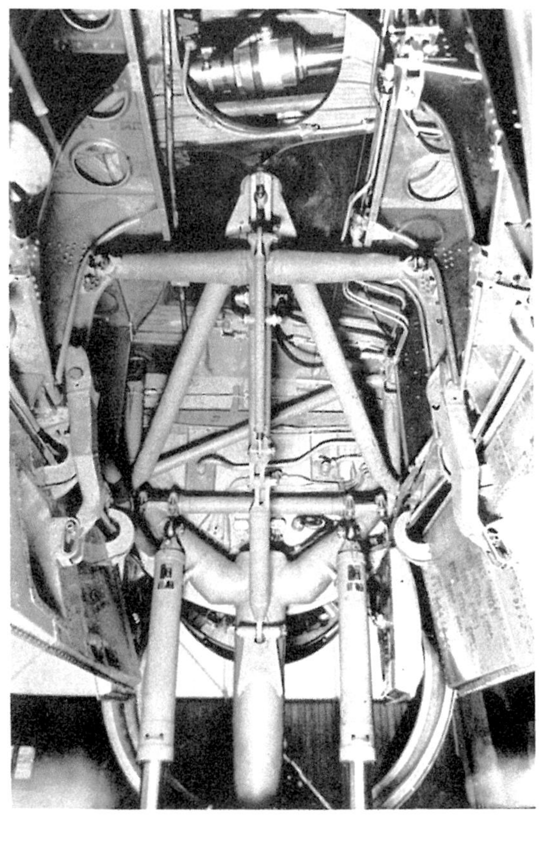

Rechts oben: Das Hauptfahrwerk der Ta 154. Die Schleppschwinge stützte sich über Luft-Ölfederstreben gegen das kräftige Tragteil ab.

Unten: Blick in den Hauptfahrwerksschacht der Ta 154

Fw 191

Bei Focke Wulf entstand als Beitrag zur RLM Ausschreibung für das »Bomber B«-Programm die Fw 191. Nur wenige Versuchsmuster wurden gebaut.
Das Fahrwerk der V1 und V2 war elektrisch betätigt. Die V6 bekam ein hydraulisch ein- und ausfahrbares Fahrwerk. Die Luft/Öl-Hauptfederbeine schwenkten nach hinten bei gleichzeitiger Drehung des Rades um 90° in den Rumpf ein. Jedes Fahrgestell wurde durch einen Elt-Getriebesatz ein- bzw. ausgefahren. Zwei Elektromotoren, die über Kupplung und Getriebe auf ein nachgeschaltetes Zahnradgetriebe wirkten, bewegten über eine doppelkardanische Bogenzahnkupplung die obere Knickstrebe. Je zwei Kraftspeicher unterstützten den Ein- und Ausfahrvorgang. Der Sporn wurde an den ersten V-Mustern ebenfalls elektrisch betätigt. An der V6 war ein Hydraulikzylinder an einem Segment angelenkt, das über ein zweites Segment die obere Knickstrebe bewegte. Der Sporn wurde ebenfalls durch einen Hydraulikzylinder aus- und eingefahren.
Der restliche Aufbau des Fahrwerks war gleich dem der V1. Doppelbremsräder 1320 × 480 wurden an den V-Mustern verwendet, für den Sporn war ursprünglich ein Rad 630 × 220 geplant, 685 × 250 wurde eingebaut, und für die weitere Entwicklung war 780 × 260 vorgesehen.

Hydraulikanlage der Fw 191. Der Zahnradantrieb für das Ein- und Ausfahren des Hauptfahrwerks wurde beibehalten. Jedoch betätigte hier ein Arbeitszylinder das Zahnsegment.

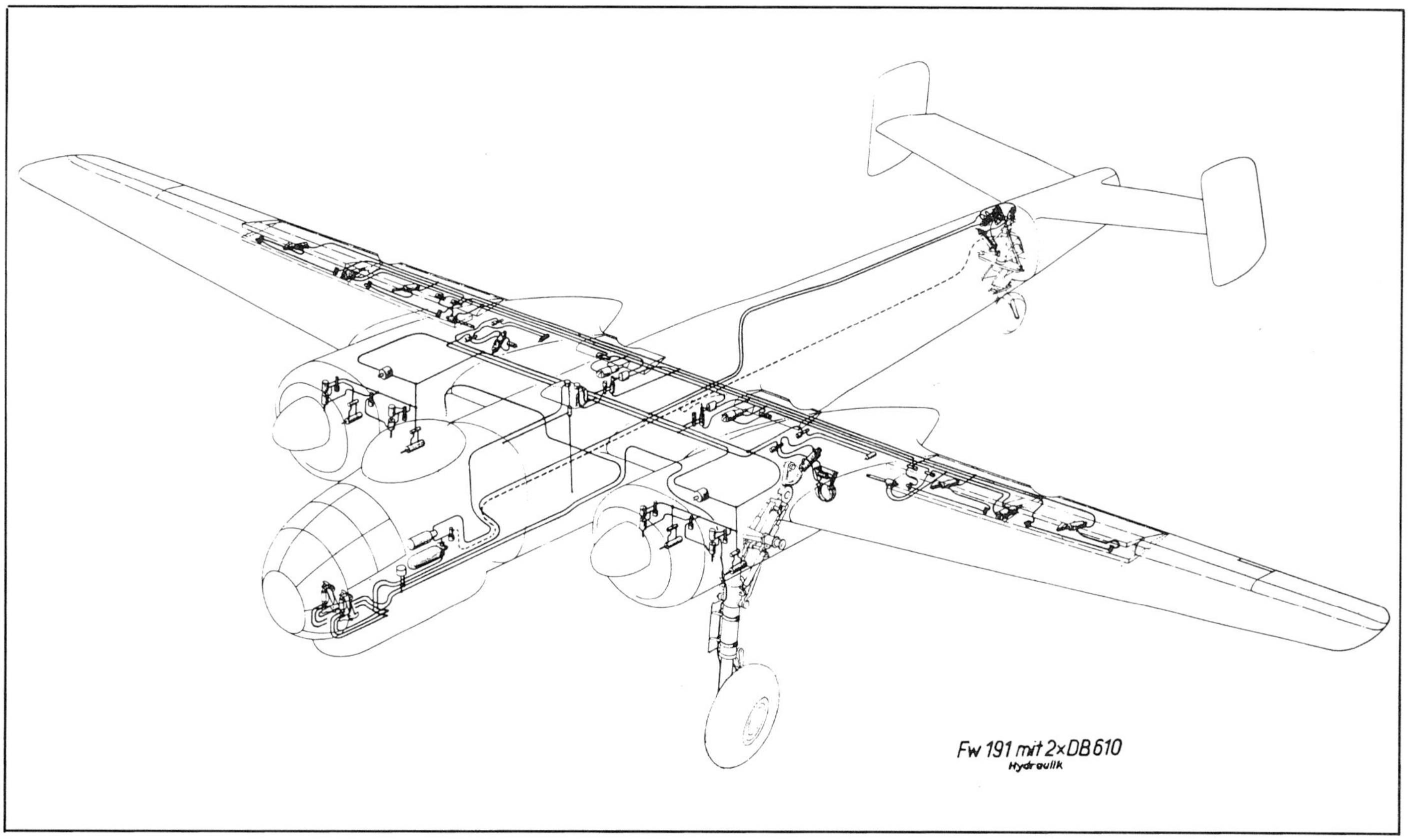

Blick von hinten in den rechten Fahrwerksschacht. Am oberen Ende der Knickstrebe die mächtigen Zahnräder der elektrischen Betätigung. In der Mitte die Verriegelungszange.

Das linke Hauptfahrwerk der Fw 191, gut zu erkennen, die abgestützte Lagerung am Tragflächenholm.

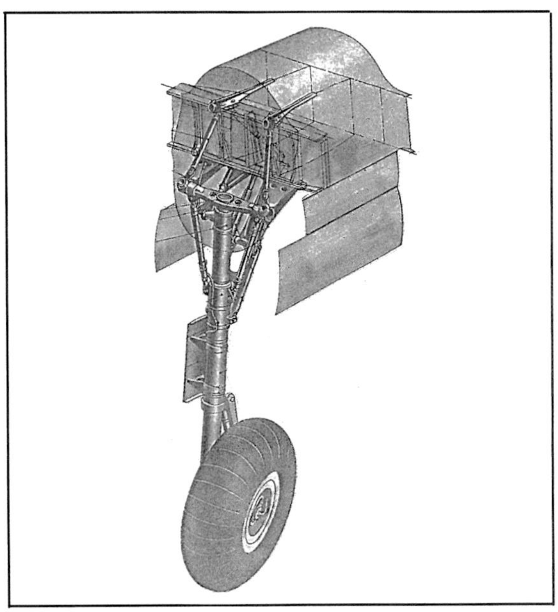

Spornanlage der Fw 191, hier mit elektrischem Einfahrgetriebe.

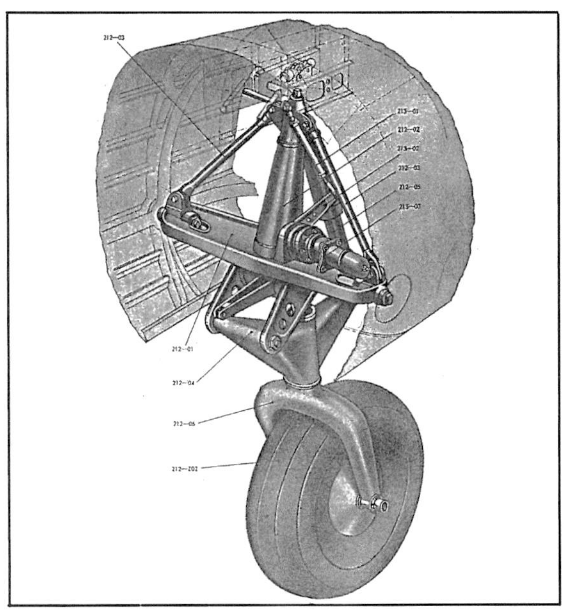

Das rechte Federbein und Rad der Fw 191. Der durch Schellen gehaltene Kasten gehörte zur Abdeckung, wenn das eingefahrene Fahrwerk, um 90° gedreht, in der Motorgondel lag.

Das erste Verkehrsflugzeug, das 1938 von Deutschland in die USA und zurück flog, war die Fw 200 »Condor« – nach einigen Umbauten bei der Luftwaffe als Fernaufklärer, Transporter und Bomber eingesetzt.

Die zivile Version der Fw 200 und auch die B-Muster hatten Hauptfahrwerke mit je einem Doppelbremsrad 1260 × 425, die C-Muster je zwei Doppelbremsräder der Größe 1100 × 375. Das Gitterfahrwerk wurde bei beiden Ausführungen von je zwei Hydraulikzylindern über Knickstrebenrahmen nach vorn in die Motorgabel eingezogen.

Bei der Einradausführung stützten sich je zwei Luft/Ölstreben direkt an der geschobenen Schwinge ab. Bei der Zweiradausführung war dies nicht möglich. Die beiden Luft/Ölfederstreben wurden hier über einen ausgesteiften Dreiecksverband abgefangen. Für beide Ausführungen waren auf jeder Fahrwerksseite an einer Luft/Ölfederstrebe Einfeder-Meßstäbe angebracht. Teilweise kamen auch ölgedämpfte Ringfederstreben zum Einbau. Der nach vorn einziehbare Sporn kam ebenfalls in verschiedenen Ausführungen zur Anwendung bei den ersten Mustern mit außen im Bereich der Lenker liegender Luft/Ölfederstrebe. Bei den späteren Mustern war der Sporn selbst als Federstrebe ausgebildet. Auch hier wurden Luft/Ölstreben und Ringfederstreben verwendet.

Fahrwerksschema der Fw 200

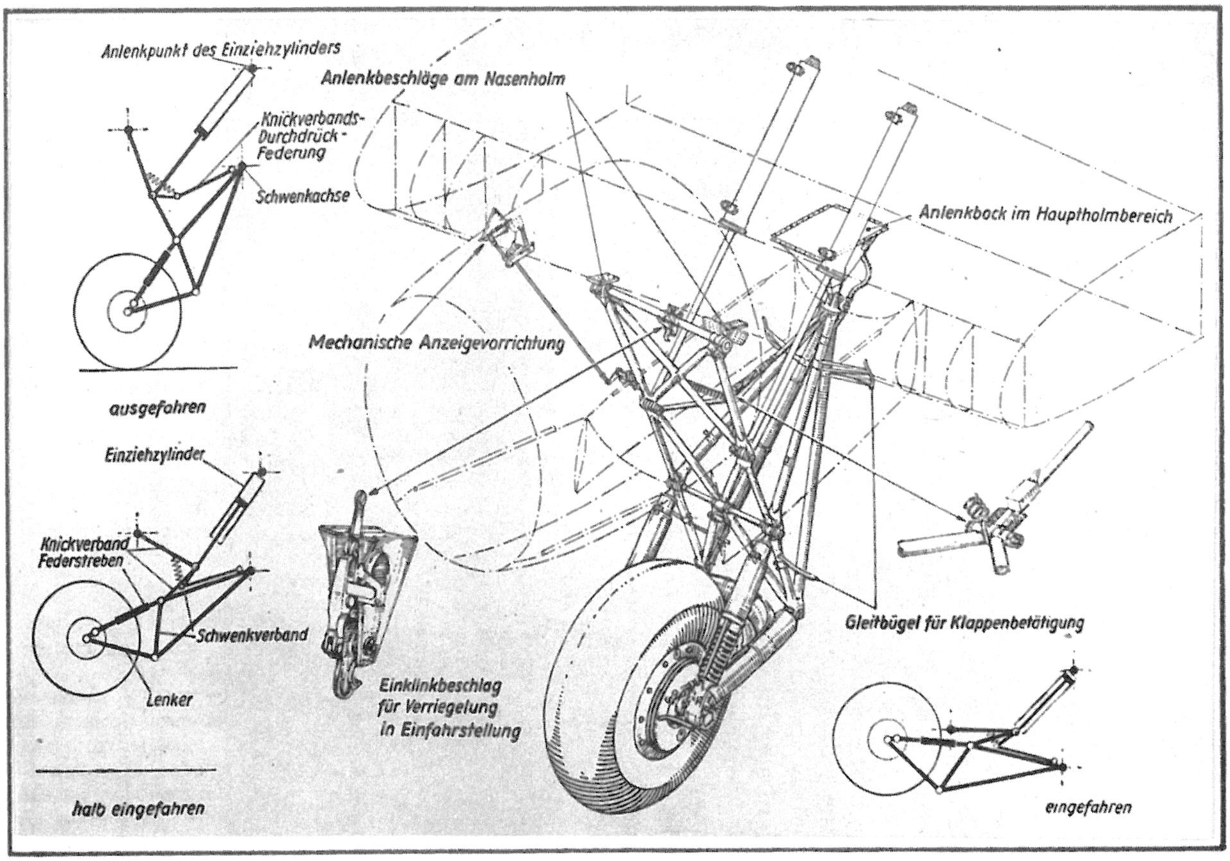

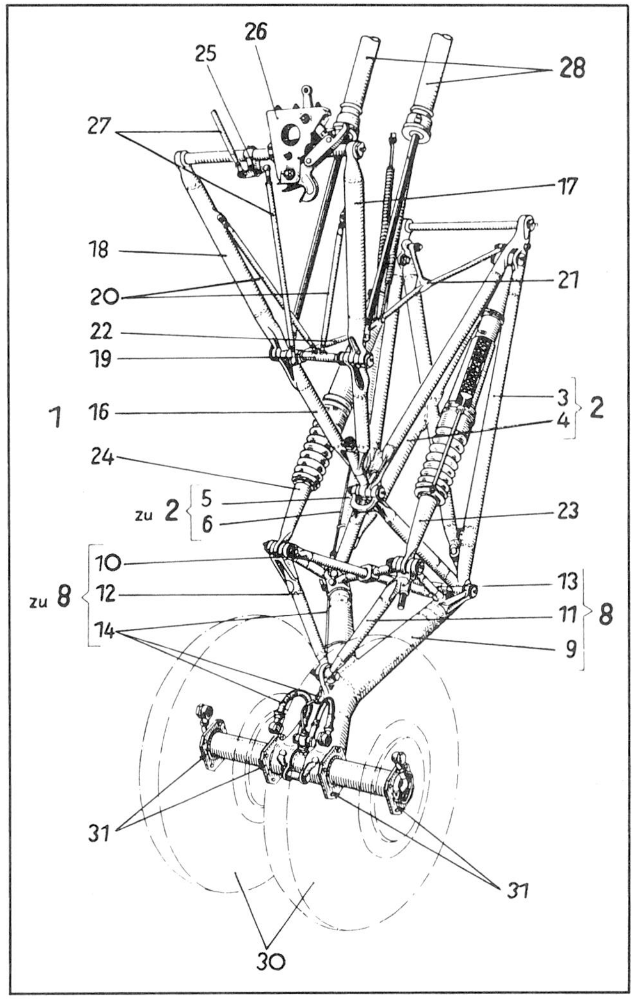

Oben links: Ab der C Variante kam das verstärkte Fahrwerk mit zwei Bremsrädern zum Einbau.

Rechts: Die geschobene Rohrschwinge der Fw 200 C lagerte in einem ausgesteiften Gittergerüst, gegen das sich auch die beiden Luft-Ölfederstreben abstützten. Zwei Hydraulikzylinder wirkten auf den Knickstrebenrahmen. An der linken Federstrebe war ein Anzeigestab mit Skala angebracht, der den Einfederungsweg anzeigte. Je nach Startgewicht konnte der Fülldruck in den Luft-Ölstreben angeglichen werden.

Linkes Hauptfahrwerk der Fw 200. In dieser Ausführung mit einem Rad, für jede Fahrwerksseite wurden die Versuchsmuster, sowie die A und B Varianten gebaut.

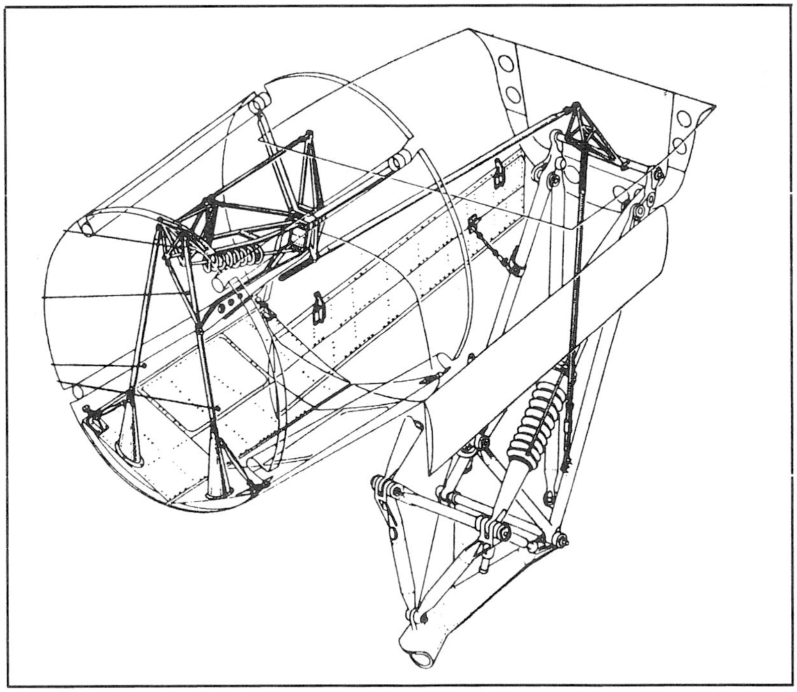

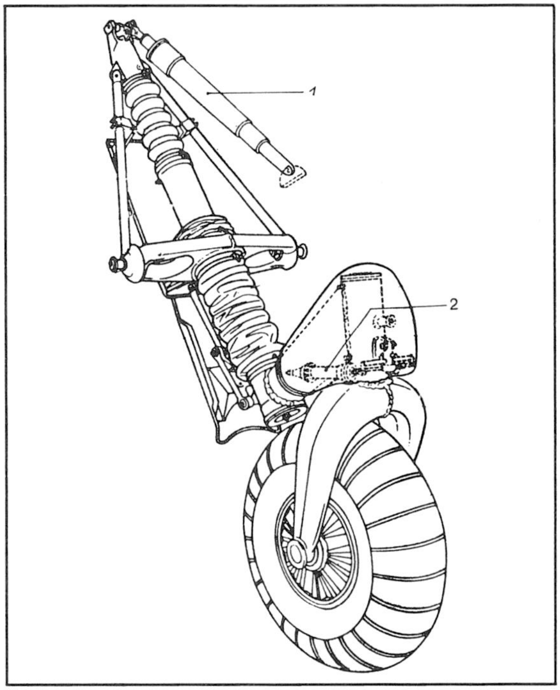

Links: Die Fahrwerksklappen der Fw 200 waren mit dem Rohrgerüst des Fahrwerks verbunden und beim Ein- und Ausfahren zwangsgesteuert. – Rechts: Spornanlage der Fw 200C. 1. Hydraulischer Arbeitszylinder zum Ein- und Ausfahren. 2. Rückführung und Flatterdämpfer.

Links: das Spornfahrwerk der Fw 200 A und B. Eine Luft-Ölfederstrebe war hinter der Teleskopführung, zwischen den Lenkern angebaut. – Rechts: Eine Fw 200 C ist mit dem Sporn auf dem Ausleger einer Kompaß-Kompensierscheibe verzurrt. Das Spornaggregat wurde nach vorne eingefahren und teilweise abgedeckt.

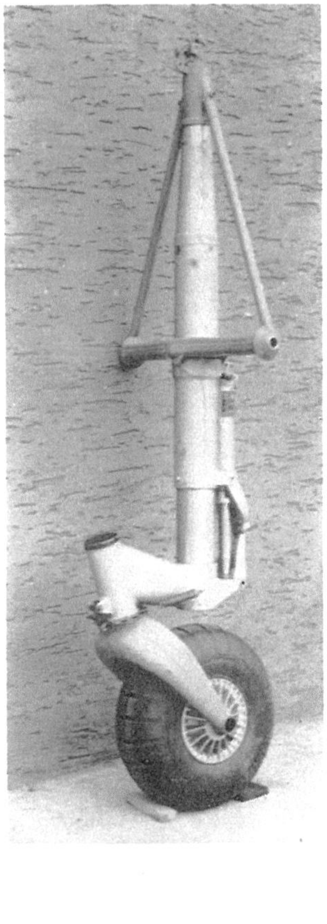

Focke-Wulf-Projekte

Fw/Ta 183

Focke-Wulf-Strahljägerprojekt mit Heinkel-Hirth 011 A-Triebwerk. Verschiedene Entwurfsstudien wurden 1944/45 noch untersucht. Ein einfaches, hydraulisch betätigtes Fahrwerk mit endverriegeltem Arbeitszylinder war vorgesehen.

Fahrwerksübersicht für das Projekt Ta 183

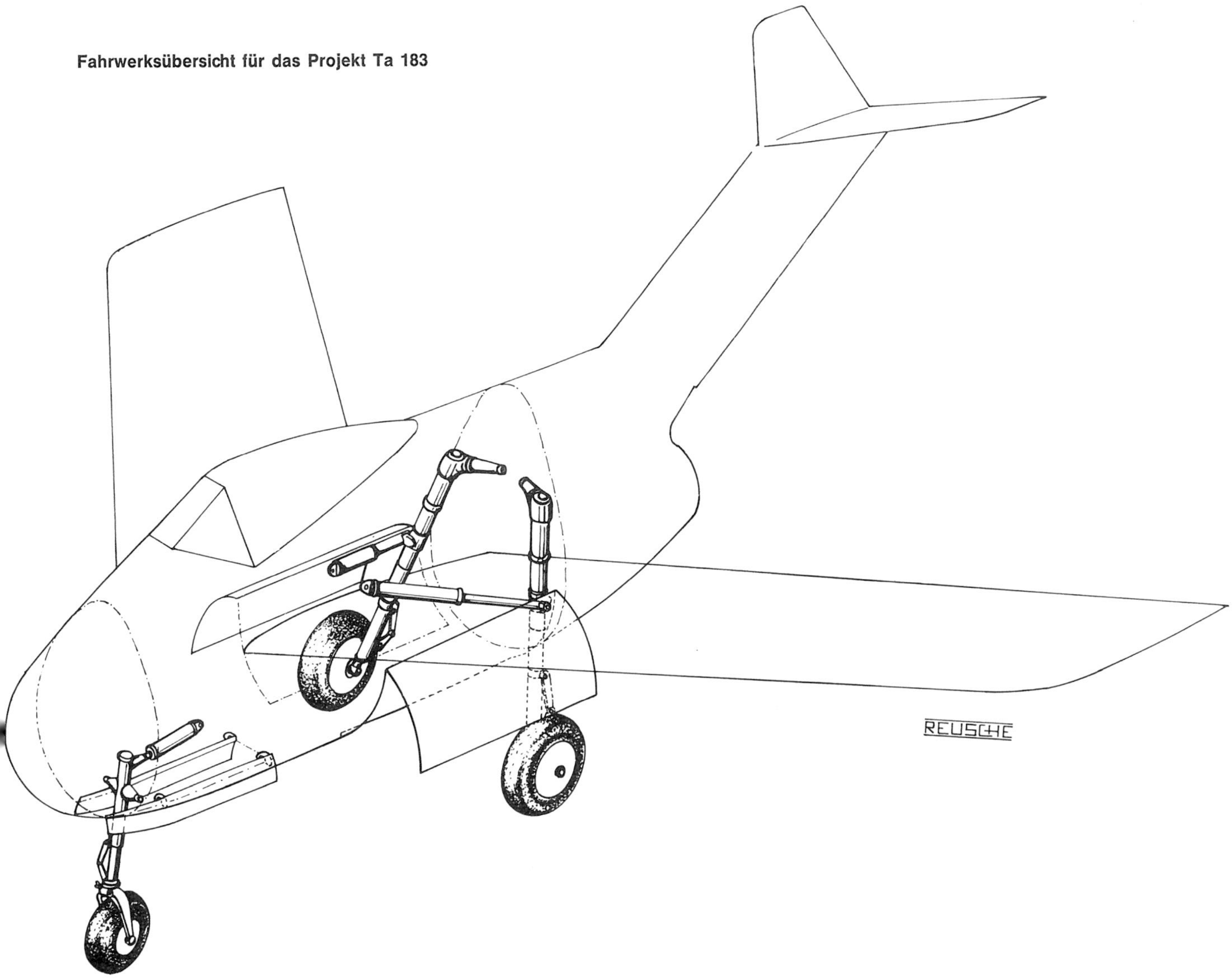

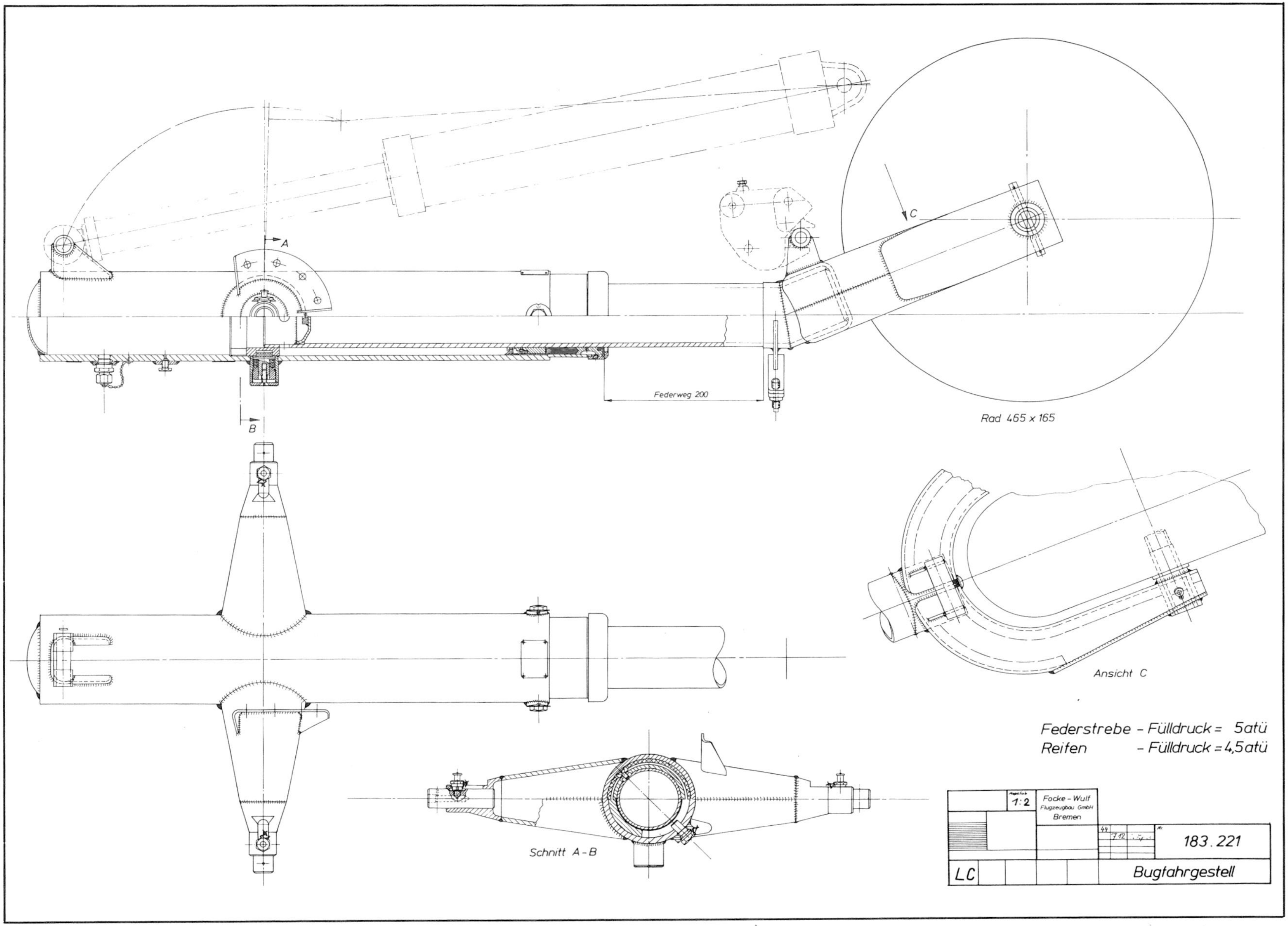

Das Bugfahrgestell der Ta 183 mit Luft-Ölfederstrebe. Der Schnitt A-B zeigt den einstellbaren Klemmring-Flatterdämpfer, wie er auch an den letzten Serienfederbeinen der Me 262 verwendet wurde.

Fw P VI „Flitzer"

Ein Strahljägerprojekt mit doppeltem Leitwerksträger, von dem auch mehrere Entwurfsstudien untersucht wurden. Eine Attrappe wurde 1944/45 gebaut. Das hydraulisch betätigte Fahrwerk in Bugradanordnung hatte ein ungebremstes Bugrad der Größe 560 × 200. Das Bugbein mit einem Nachlauf von 25 %, hatte einen außenliegenden Flatterdämpfer. Das Hauptfahrwerk war in Schleppschwingenbauart ausgelegt. Doppelbremsräder 740 × 210 waren vorgesehen.

Fahrwerksübersicht für das Strahljägerprojekt Flitzer

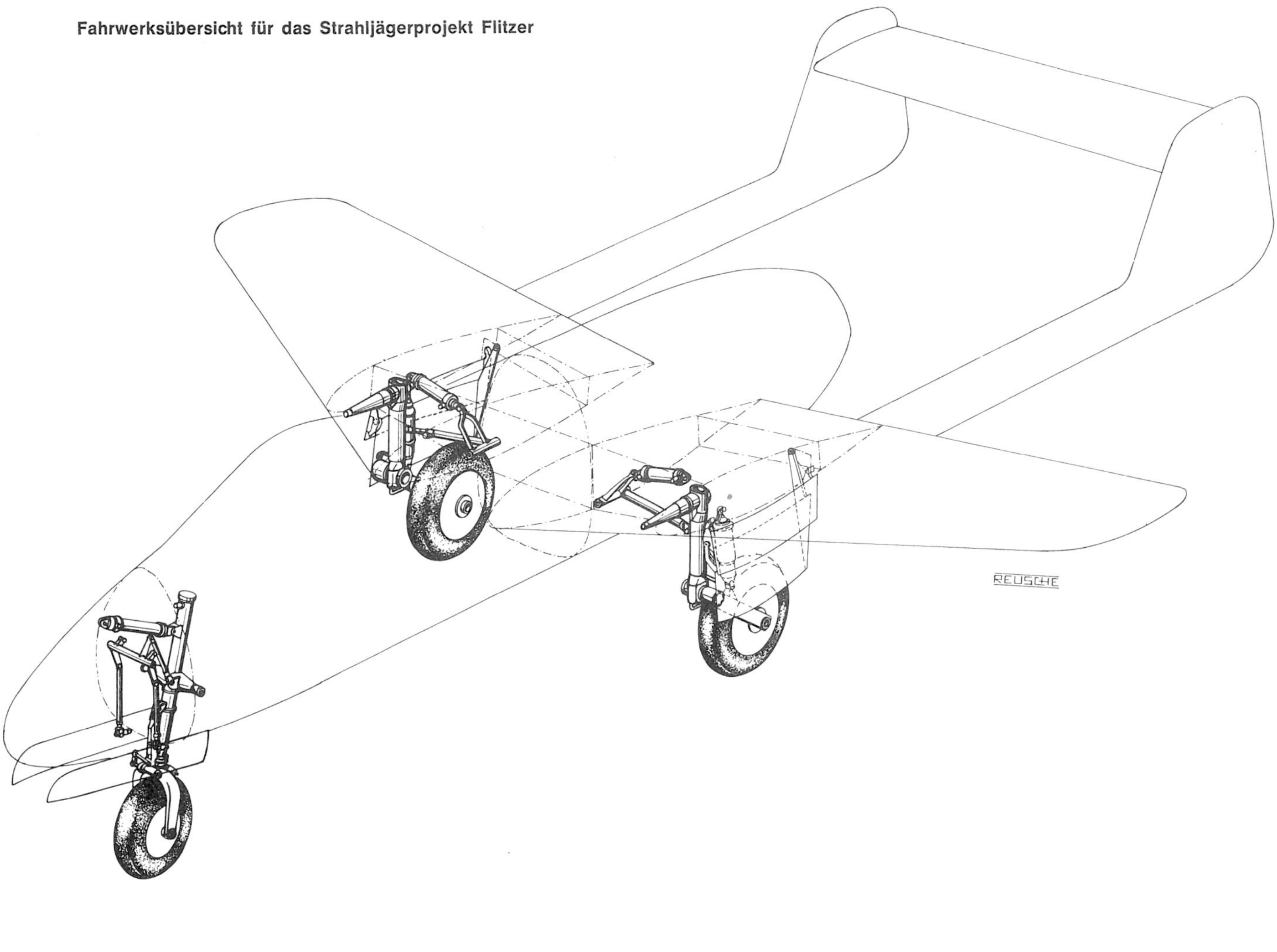

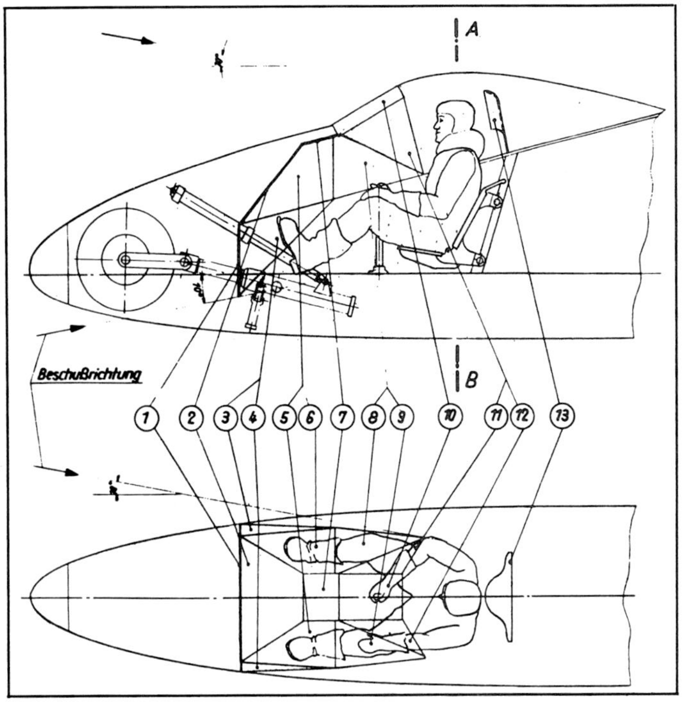

Rumpfvorderteil mit eingezogenem Bugfahrwerk. Der Arbeitszylinder mit dem Federbeinoberteil schwenkte beim Ein- und Ausfahren durch einen Schacht zwischen den Steuerpedalen.

An der 1 : 1 Attrappe wurde auch das Fahrwerk in Holzbauweise ausgeführt.

Bugfahrwerk mit einem hydraulischem Flatterdämpfer, wie er auch an der Do 335 zur Anwendung kam.

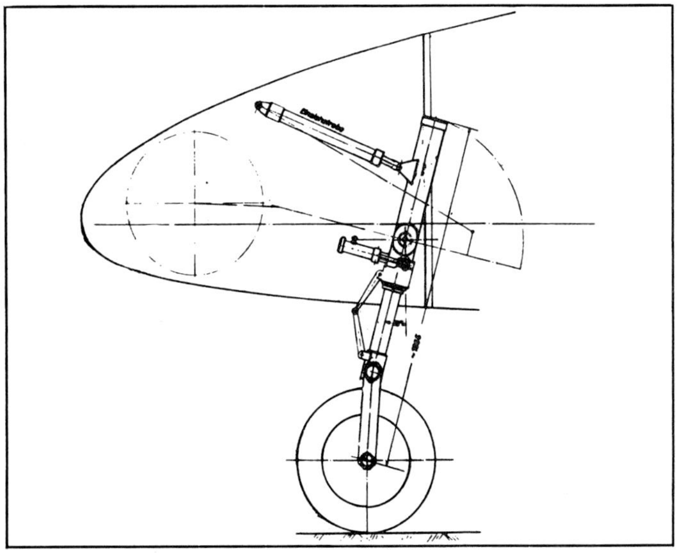

Vereinfachte Hauptfahrwerksauslegung für den Fw »Flitzer«. Der Arbeitszylinder ist direkt am Tragrohr für die Schleppschwinge angelenkt. Durch die exzentrische Lagerung der Federstrebe wird das Rad beim Einfahren um den Schwinghebeldrehpunkt zur Drehachse hin geschwenkt und damit die Gesamtlänge des Fahrwerks erheblich gekürzt.

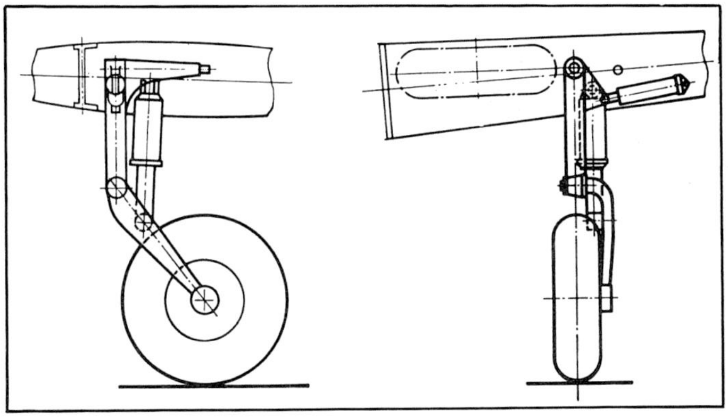

Fw 283

Ein Jägerentwurf für das bei Fw entwickelte Staustrahl-Triebwerk. Für dieses Projekt war ein hydraulisch betätigtes Fahrwerk vorgesehen, das über einen Knickstrebenrahmen ein- und ausfahren sollte. Das Bugbein sollte mit einem Rad der Größe 479 × 173 ausgerüstet werden; ein solches Rad war jedoch in den offiziellen Reifenlisten von 1944 nicht enthalten. Das Schleppschwingen-Hauptfahrwerk mit Doppelbremsrädern sollte über Knickstreben in den Rumpf hochgeschwenkt werden.

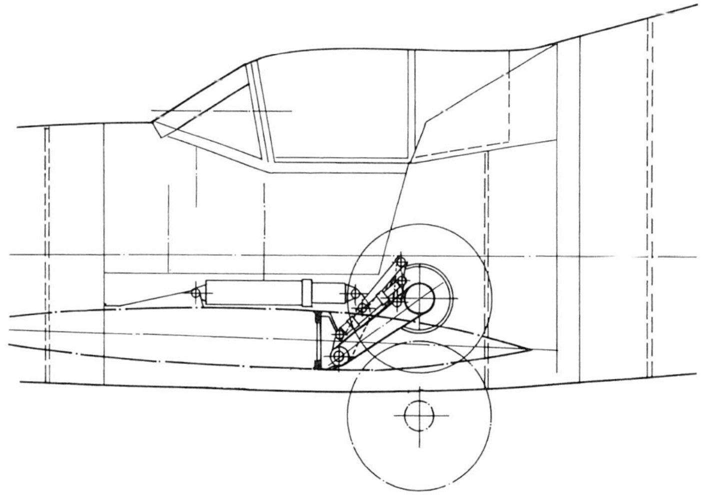

Rechts: Das eingezogene Hauptfahrwerk der Ta 283. Der im Drehpunkt der Schleppschwinge gelagerte Bananenhebel stützte sich gegen die liegende Ringfederstrebe. Die durch den Hydraulikzylinder gestreckte Knickstrebe stellte eine starre Verbindung her zwischen Schwinge und Bananenhebel (siehe untere Abbildung).

Durch das Ausfahren des Hydraulikzylinders wurde die Schwinge mit Rad über die Knickstrebe in den Rumpf hochgezogen.

Längsschnitt durch den Entwurf der Ta 283 mit den von Focke-Wulf entwickelten kurzen Staustrahltriebwerken und einem Walter-Raketentriebwerk für den Start.

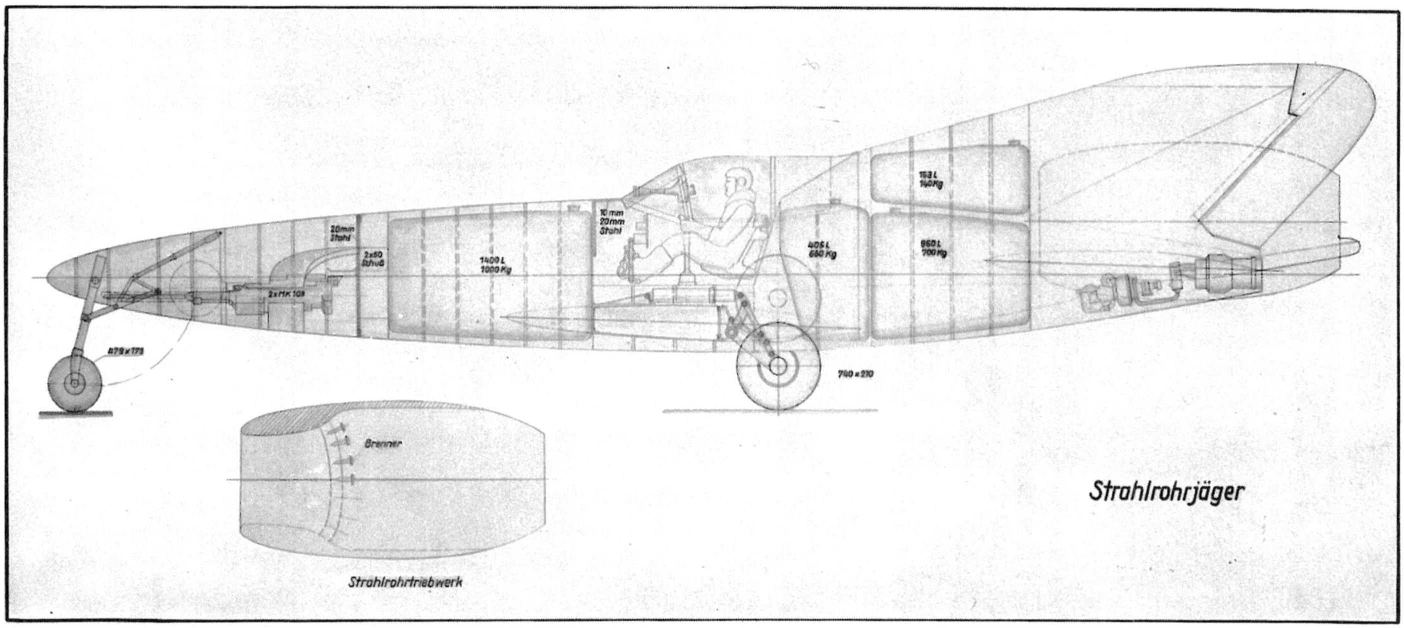

Fw Triebflügeljäger

Eines der wohl interessantesten Projekte jener Zeit war der Triebflügler mit Lorinantrieb, der senkrecht starten und landen und nach den Berechnungen 1000 km/h schnell sein sollte. Der Entwurf sah vor, daß im Rumpfheck ein Hauptrad der Größe 780 × 260 an einem längs ein- und ausfahrenden Federbein mit 500 mm Federweg gelagert sein sollte. In den Holmen der vier Leitwerksflossen sollten Nebenfederbeine ein- und ausfahrbar gelagert sein, mit je einem Rad der Größe 380 × 150. Für diese Nebenfederbeine war 200 mm Federweg vorgesehen.

Im ausgefahrenem Zustand sollte das Hauptrad 500 mm über die durch die Nebenräder gedachte Berührungsebene hinausragen, so daß bei der Landung zuerst das Hauptrad den Boden berühren sollte. Um ein einigermaßen stabiles Ausrollen beim Landen mit Wind zu erreichen, war vorgesehen, das Hauptrad und die Seitenleitwerks- Nebenräder um 60° beweglich und mit geringem Nachlauf, die Höhenleitwerks-Nebenräder fest, auch mit geringem Nachlauf auszuführen.

Rechte Seite: Übersichtszeichnung für das Fw Projekt eines Senkrechtstarters. Das Fahrwerk mit fünf Rädern war im Heck und Leitwerk untergebracht.

Unten: Fahrwerksentwurf für den Treibflügeljäger.

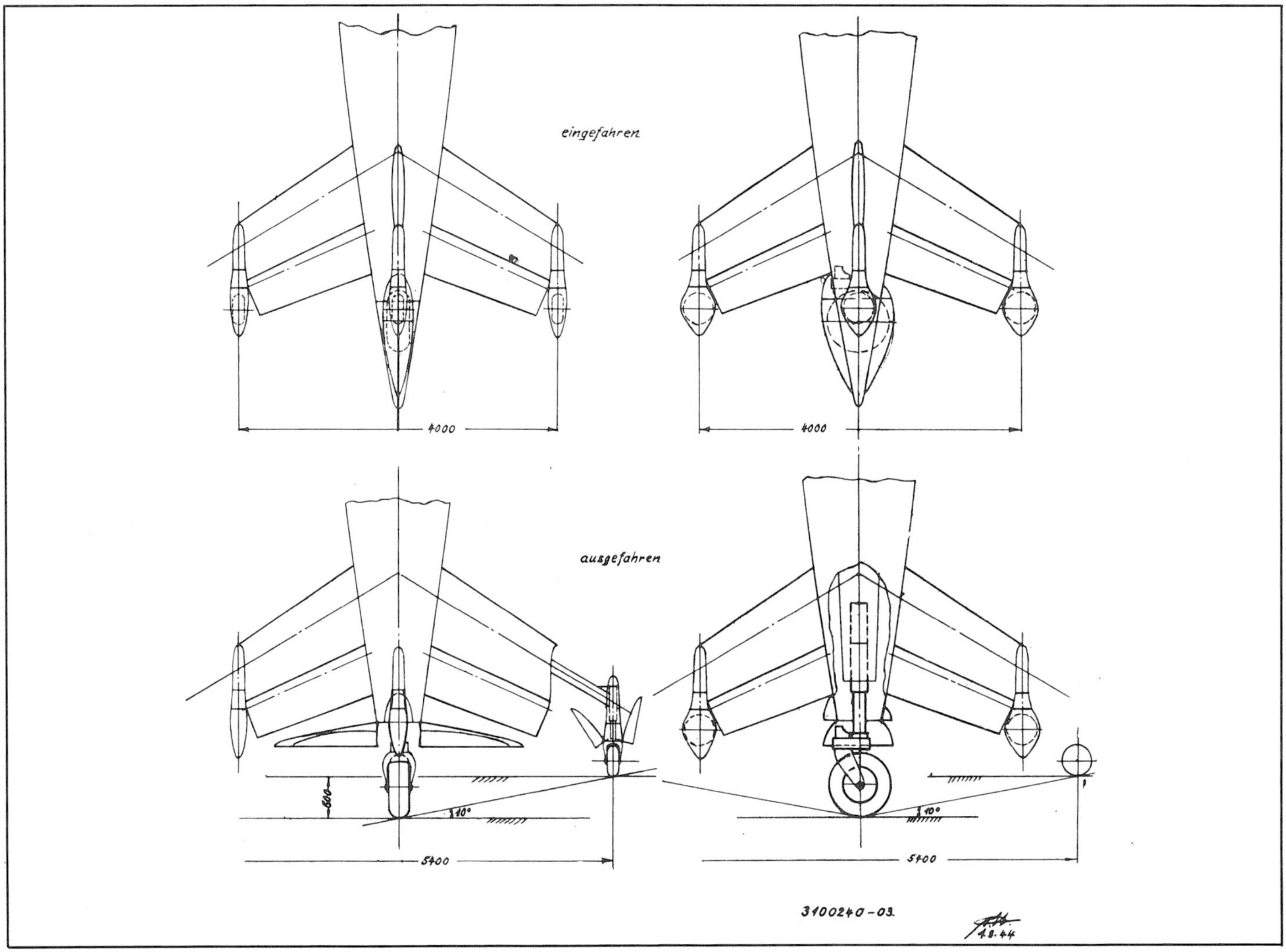

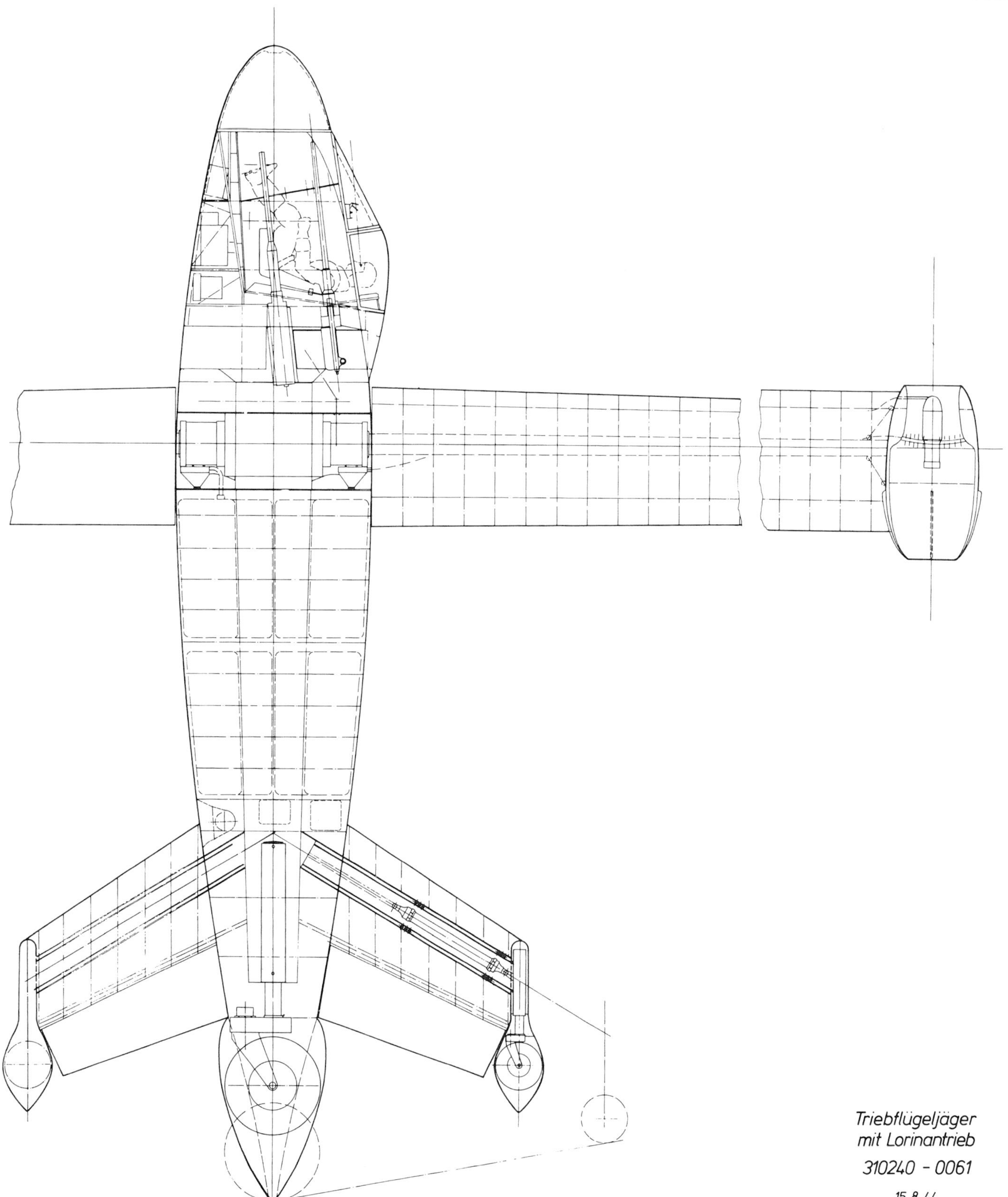

Triebflügeljäger
mit Lorinantrieb

310240 - 0061

15.8.44

Gotha

Horten IX / Gotha 229

Ein ungewöhnliches Nurflügelflugzeug, das kurz vor Ende des zweiten Krieges noch in Erprobung ging. Das zweite Versuchsmuster flog mit zwei Jumo 004 B-Triebwerken und bei den letzten Erprobungsflügen mit eingefahrenem Fahrwerk. An diesem Muster wurde das Spornaggregat der He 177 als Bugfahrwerk übernommen und in einer Rohrkonstruktion gelagert. Über Knickstrebenrahmen fuhr das Federbein nach hinten in den Rumpf ein. Die Auslegung des Fahrwerks ergab eine Lastverteilung von 45-50 % des Gewichts für das Bugrad. Das Hauptfahrwerk fuhr ebenfalls über hydraulisch betätigte Knickstreben quer zur Flugrichtung nach innen ein. Als Federbeine kamen abgeänderte Teile aus der Bf 109 Serie zum Einbau. Die V3, die nicht mehr geflogen wurde, war mit einem neuen, abgeänderten Bugfahrgestell versehen. Ein Rad der Größe 1015 × 380 kam zum Einbau. Für das Hauptfahrwerk waren Doppelbremsräder 740 × 210 vorgesehen.

Rechte Seite: Dreiseitenansicht der Go 229 V2. Lagerung der Fahrwerksbeine im Rohrgerüst des Rumpfes und die Knickstreben sind gut zu erkennen.

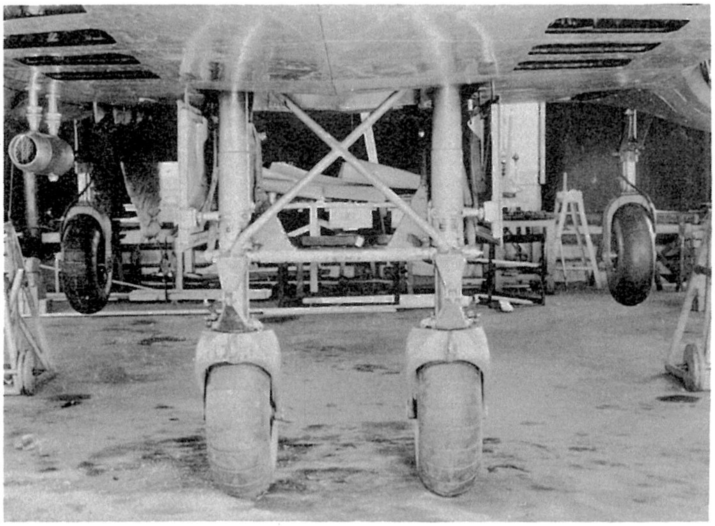

Das Fahrwerk der Horten VII. Vorgänger der Ho IX/Go 229. Die beiden Bugradeinheiten sind miteinander verbunden.

Das Spornfederbein der He 177 wurde als Bugfahrwerk der Go 229 V2 übernommen. Die Aufhängung erfolgte in einem Rohrgerüst. Im Hintergrund zwischen den beiden Aufbockspindelböken ist das linke Hauptfederbein zu erkennen.

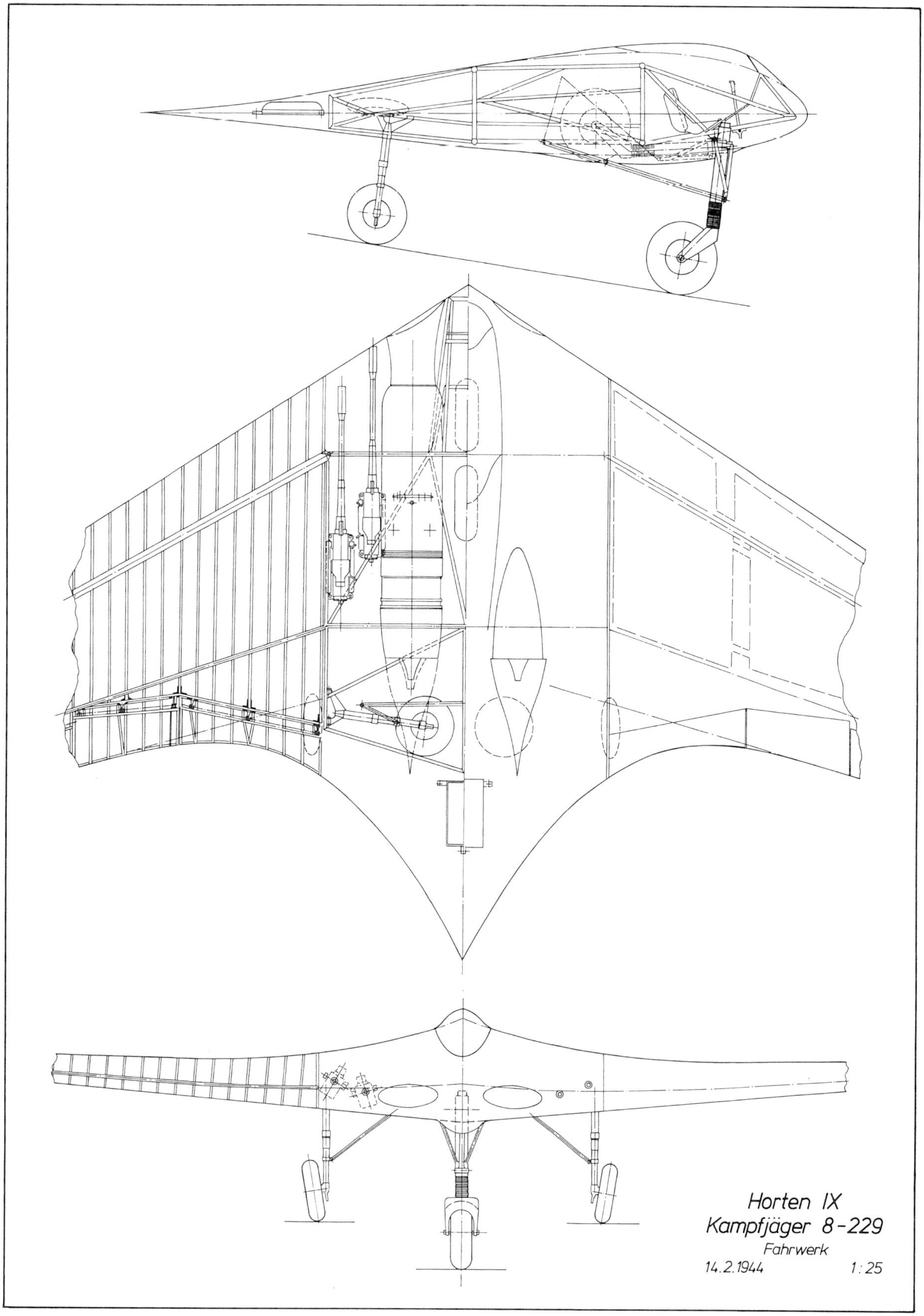
Horten IX
Kampfjäger 8-229
Fahrwerk
14.2.1944
1:25

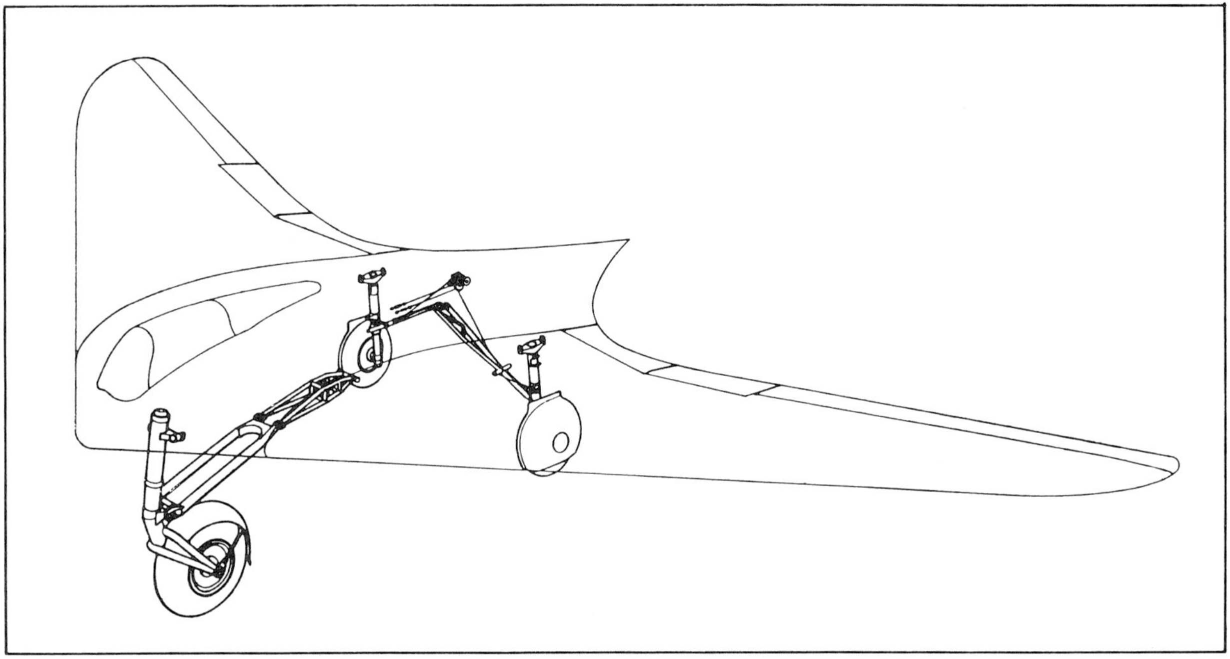

Für die Go 229 V3 wurde ein neues Fahrwerk entwickelt, das auch für die geplante Serie vorgesehen war. Auch hier wurden die Federbeine über Knickstreben ein- und ausgefahren.

Das Rumpfmittelteil der Go 229 V3 nach dem Einmarsch der Amerikaner. Das Bugfahrwerk hatte eine Doppelrohrgabel, deren Fertigungsaufwand einfacher war als eine Preßblech-Konstruktion.

Go 242/244

Ein Lastensegler, der durch den Einbau von Motoren zum Transporter umgerüstet wurde, kam mit den verschiedensten Fahrwerksausführungen zum Einsatz: In der A-Variante mit abwerfbarem Fahrwerk und drei Landekufen, die sich gegen ölgedämpfte Ringfederstreben abstützten, sowie einem ausfahrbaren Bremsdorn.
Das Abwurfgestell hatte eine Spurweite von 3120 mm und Räder der Größe 875 × 320.

Bei der V1 kamen ein Bugfahrwerk mit langer Schleppschwinge und das Radfahrwerk mit durchgehender Achse, sowie Einfachbremsrädern 950 × 350 zum Einbau. Die späteren B-Varianten hatten Doppelbremsräder 935 × 345, die an Schleppschwingen mit langen ölgedämpften Ringfederstreben abgestützt wurden. Die gleiche Fahrwerksauslegung kam auch bei der Go 244 zur Anwendung.

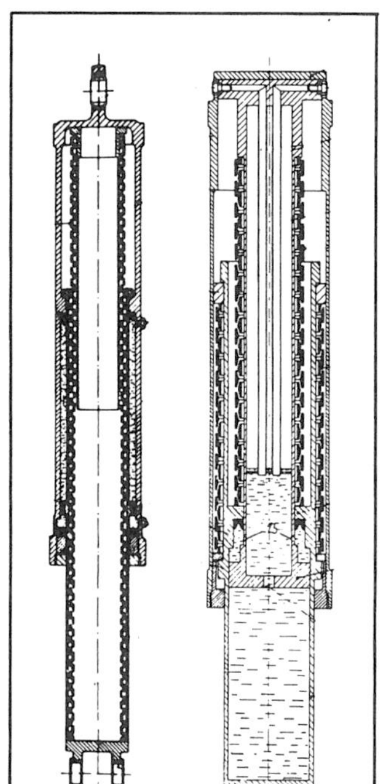

Auf dem oberen Bild erkennt man die Go 242, deren lange Schwinge des Bugrades und die Federbeine des Hauptfahrwerks die bis unter die Tragfläche gehen.

Links: Go 242. Gut zu erkennen auf diesem Bild die breite Anlenkung der Buggabel. Die Hauptfahrwerkseinheiten sind an langen Auslegern am Rumpf gelagert.

Skizze links: Schnitt durch das Bugbein Go 242/244 mit Ringfedern und Fettdämpfung. – Rechts: Schnitt durch das Hauptfederbein Go 242/244 mit Ringfedern und Öldämpfung.

Heinkel

He 46

Der Nahaufklärer He 46 hatte ein mehrfach abgestrebtes unverkleidetes Fahrwerk, mit ölgedämpften Schraubenfederstreben und E-C Bremsrädern der Größe 810 × 150.

He 50

Dieses Mehrzweckflugzeug aus den frühen dreißiger Jahren tat in der Luftwaffe 1944 noch seinen Dienst. Das Fahrwerk hatte ölgedämpfte Schraubenfederstreben, auch der Schleifsporn war mit ölgedämpfter Schraubenfederung versehen. Die Bremsräder 810 × 150 wurden hydraulisch gebremst.

Unten, links: Fahrwerksanschlußpunkte der He 50 mit ölgedämpften Schraubenfederstreben.

Rechts: Schleifsporn He 50 mit Öl-Federstrebe. Über Gummiringe wurde der Sporn in der Geradestellung gehalten.

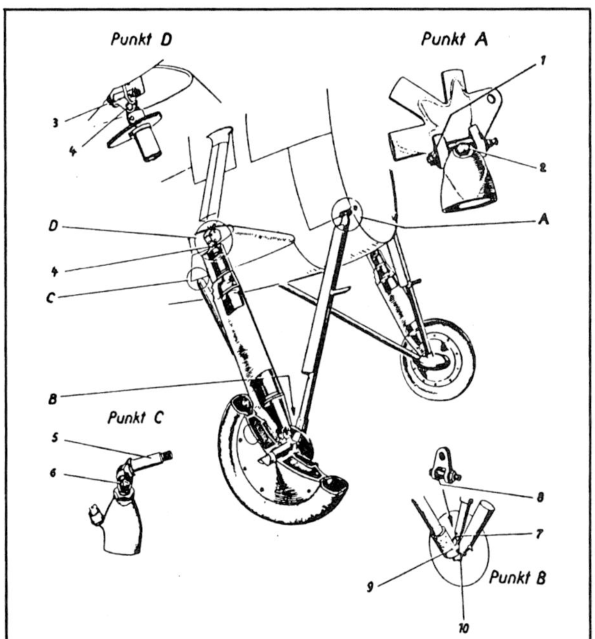

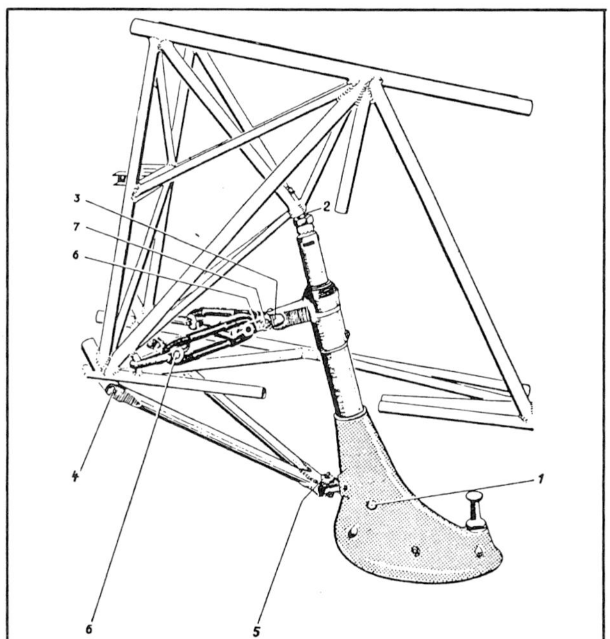

He 51

Neben der A 68 war in den Vorkriegsjahren der Standard-Jäger die He 51.
Das verkleidete Fahrwerk hatte einen hydraulischen Dämpfer, an dem der Achsflansch gelagert war. Vor und hinter dem Dämpfer lag je ein Federträger mit innen und außenliegender Feder und Teleskopführung. Der Schleifsporn hatte ebenfalls eine ölgedämpfte Schraubenfeder.

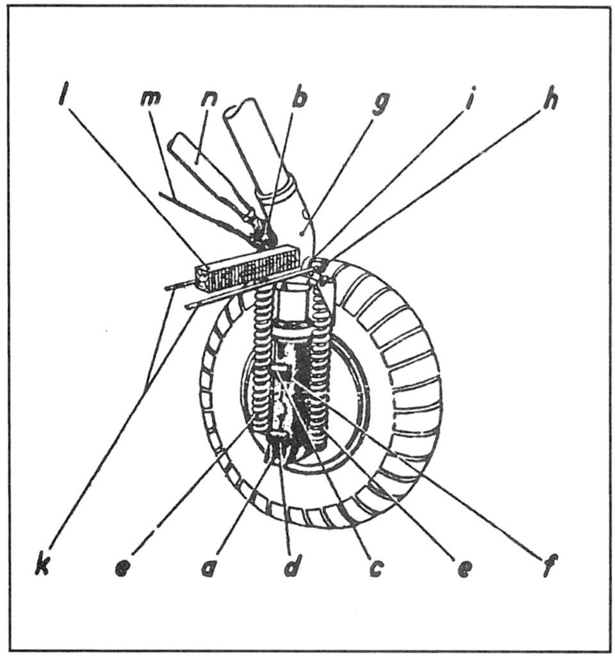

Rechts: Anschlußpunkt des Stoßdämpfers am Tragrohr

Das stromlinienförmig verkleidete Fahrwerk der He 51 wurde durch Stahlseile zueinander und zu den Tragflächen abgesteift.

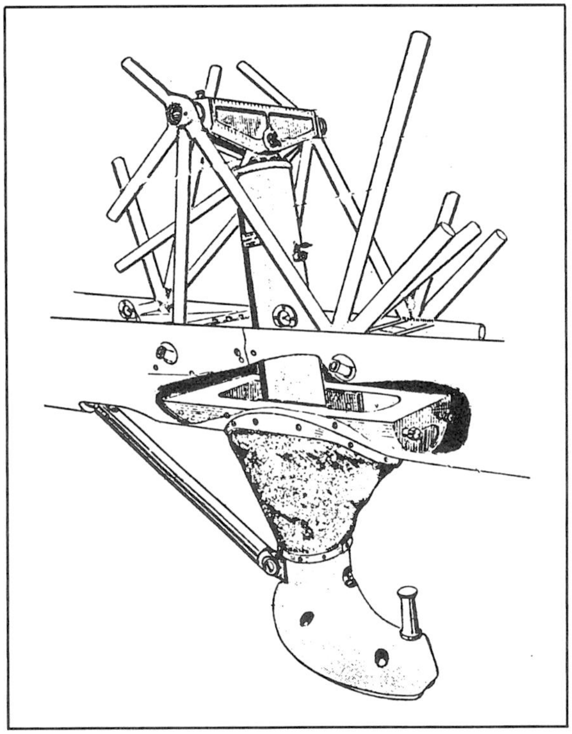

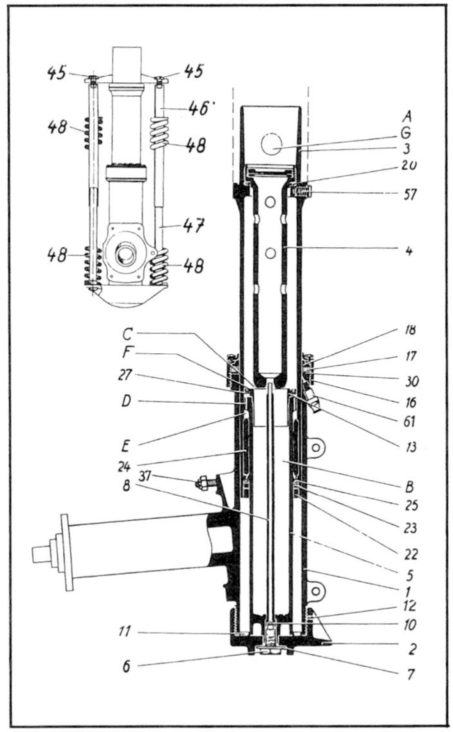

Oben links: Spornfederstrebe der He 51. Der aus dem Rumpf herausragende Teil der Kolbenstange wurde durch eine Ledermanschette abgedeckt.

Rechts: Aufbau des Öldämpfers und der beiden Federstreben mit Radachse.

He 100

Dieser, vorallem aerodynamisch hochwertige Jäger, hatte ein in den Tragflächen gelagertes Einziehfahrwerk mit Bremsrädern 650 × 150. Die Federbeine wurden nach innen hydraulisch über Knickstreben eingefahren. Auch das Spornfederbein wurde hydraulisch über Knickstreben eingezogen.

Das Hauptfahrwerk der He 100. Am rechten Federbein ist oben der Anschlußbügel für den Hydraulikzylinder zu erkennen, sowie die Knickstreben. Die Fahrwerksrestabdeckung wurde durch das einfahrende Rad mitgenommen, ähnlich wie bei der Fw 190.

He 111

Der Standard-Bomber der Luftwaffe, der aus einem Verkehrsflugzeug entwickelt worden war.

Das Gabelfahrwerk der 111 wurde hydraulisch über einen Knickstrebenrahmen eingezogen. Zusätzlich zu den Arbeitszylindern für die oberen Knickstreben war in der rechten Tragfläche ein Hauptarbeitszylinder gelagert, der über Rollen und Drahtseile, die zu den Achsträgern führten, hochzog. Vom mittleren Gelenk des Knickstrebenrahmens führten Stützstreben zu den Achsträgern der Luft/Federbeine. Dadurch war dieses Fahrwerk sehr steif. Neben der elektrischen Fahrwerksanzeige kam eine mechanische zur Anwendung. Sichtscheiben wurden aus der Tragflächenbeplankung nach oben geschwenkt. An den ersten Mustern der He 111 wurden Bremsräder 1100 × 375 eingebaut. Die späteren Modelle hatten Doppelbremsräder der Größe 1140 × 410.

Die Spornanlage der 111 bestand aus einem ölgedämpften Schraubenfederbein, das hydraulisch ein- und durch einen Federkraftspeicher ausgefahren werden konnte. An den ersten Baumustern kam anstelle des Federkraftspeichers ein Gummiseil zur Anwendung.

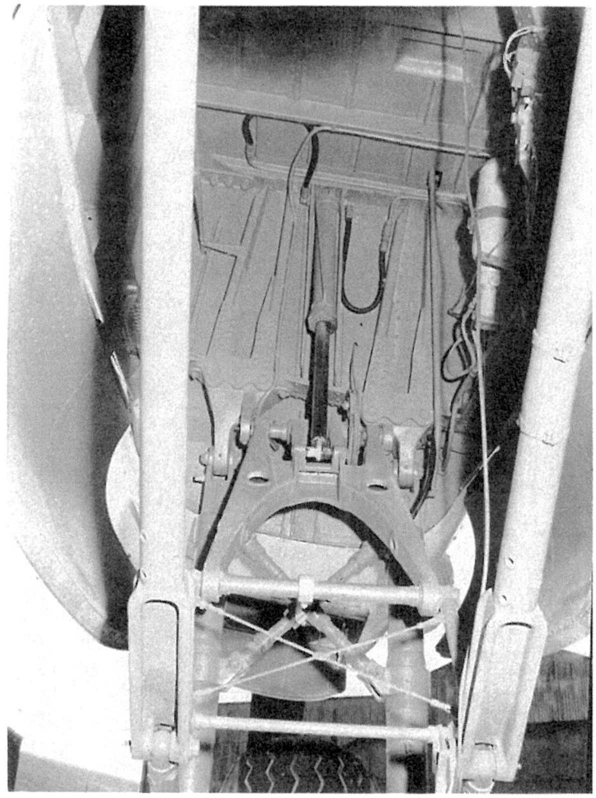

Blick in den Fahrwerksschacht einer He 111. Gut zu erkennen der Knickstrebenrahmen, sowie der hydraulische Arbeitszylinder.

Unten: Übersichtszeichnung für das Fahrwerk der He 111B

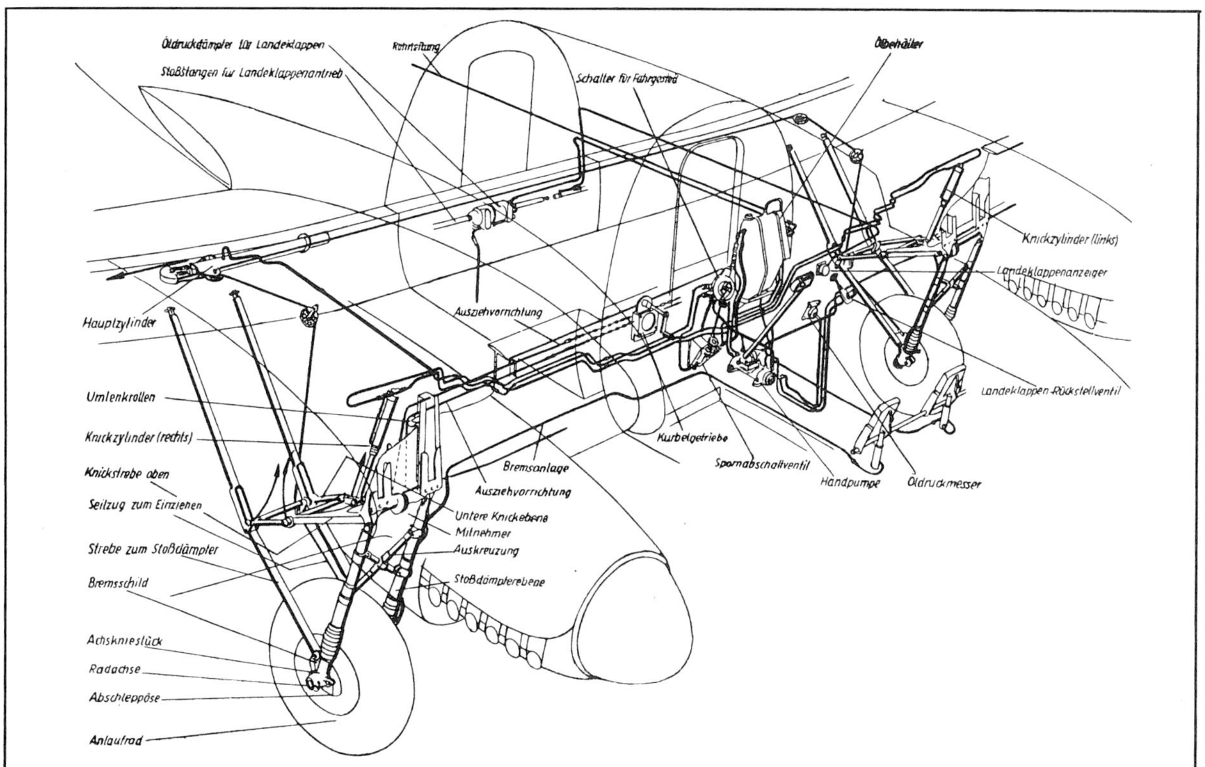

Fahrwerksübersicht mit Notausfahrvorrichtung

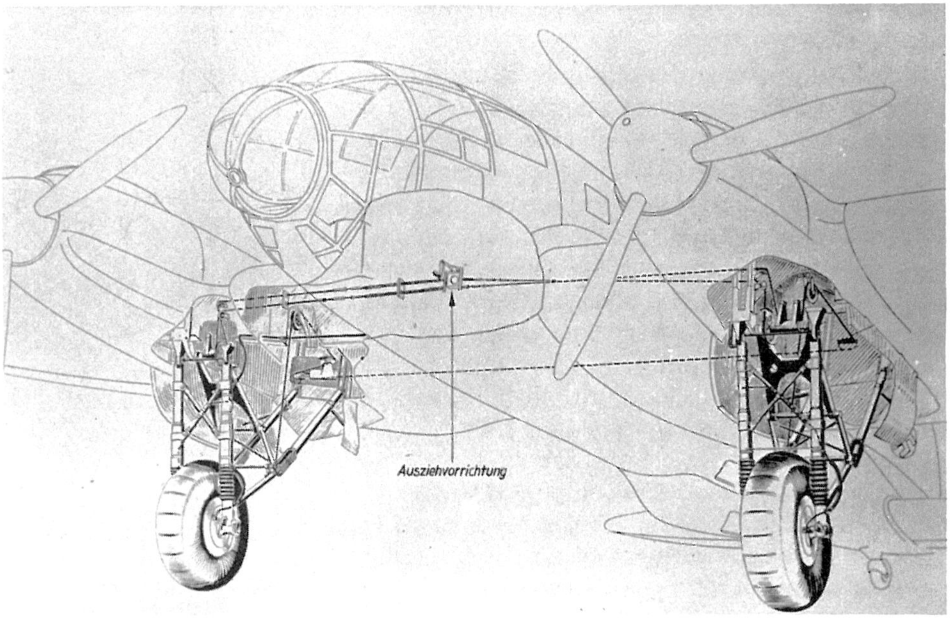

Spornfahrwerk der frühen He 111 Modelle. Ausfahrhilfe über Gummiseil.

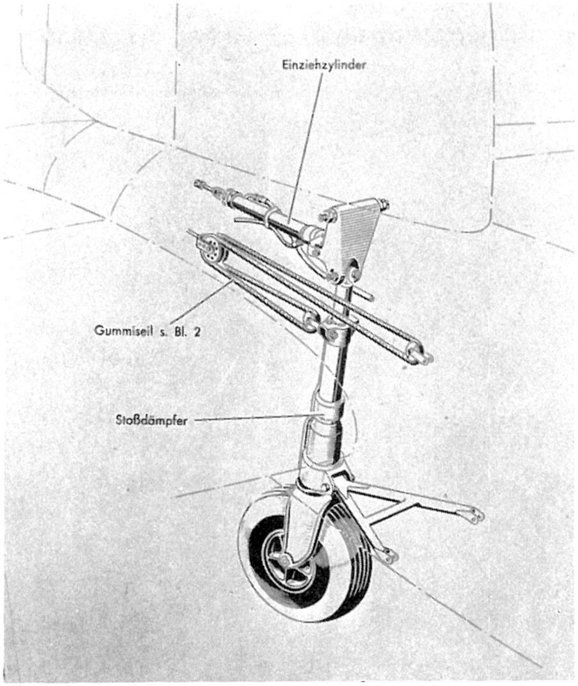

Spornanlage der He 111. Anstelle des Gummiseils wurde ein Federzylinder verwendet.

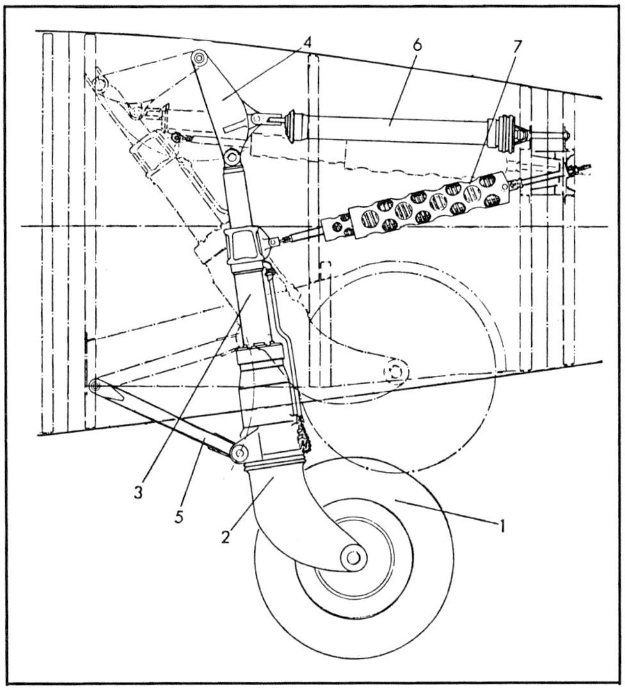

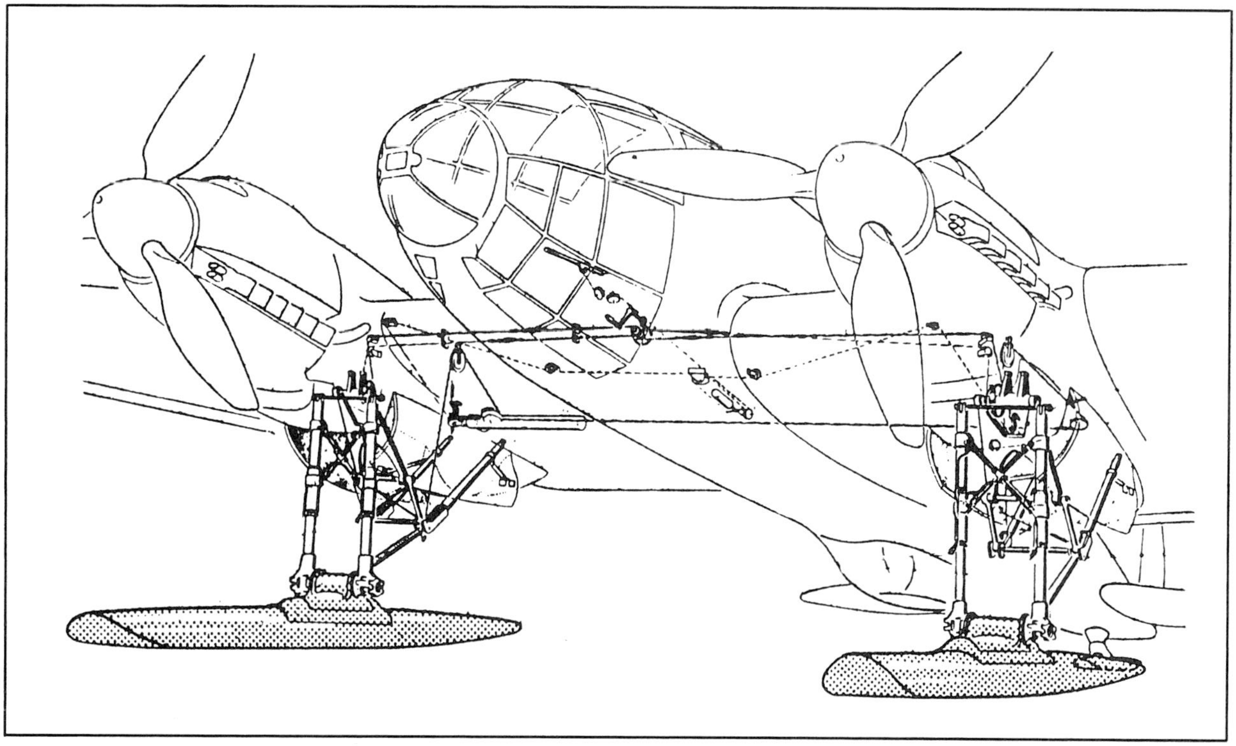

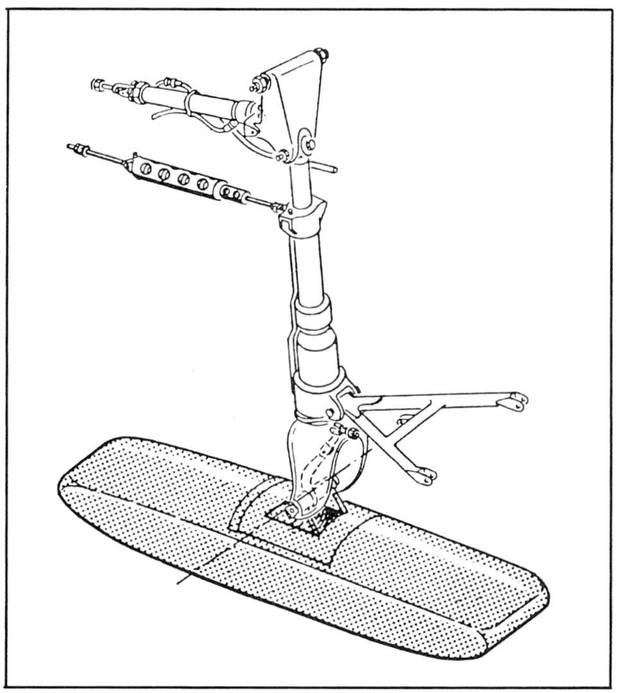

Skianlage für den Wintereinsatz der He 111. Anstelle der Räder wurden die Ski an der Radachse befestigt.

Spornski im Standardsporn der He 111

He 112

Diese Parallelentwicklung zur Bf 109 wurde nur in geringer Zahl gefertigt.
Ein hydraulisch betätigtes Einziehfahrwerk mit Abstützung schwenkte nach außen in die Tragfläche ein. Der Sporn wurde ebenfalls hydraulisch nach hinten hochgezogen.

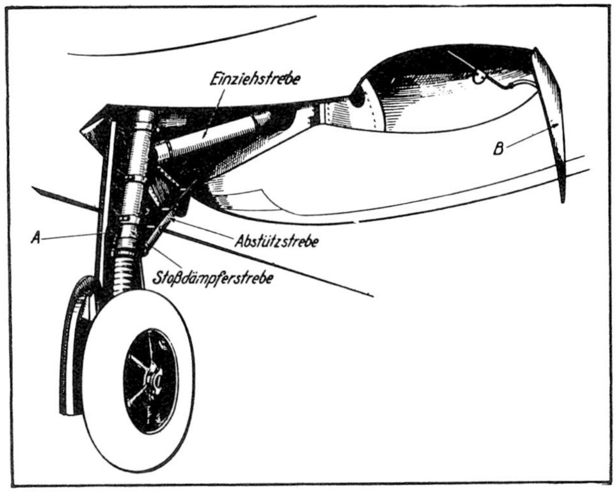

Rechts: Das linke Fahrwerk der He 112. Eine schräg nach hinten laufende Abstrebung stützte das Federbein ab.

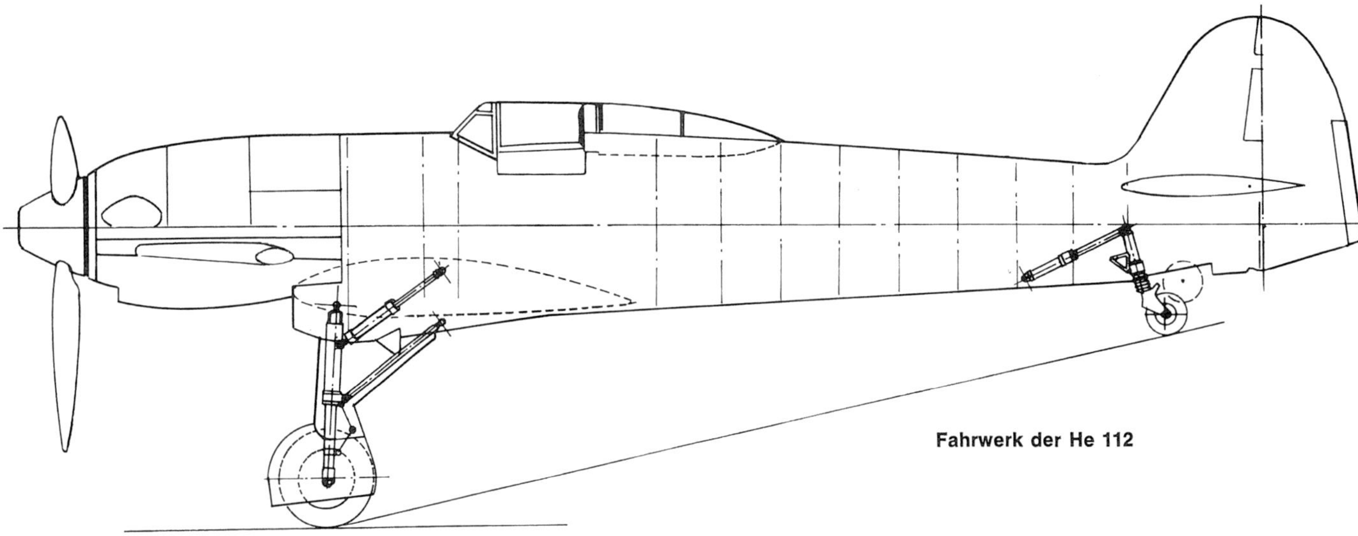

Fahrwerk der He 112

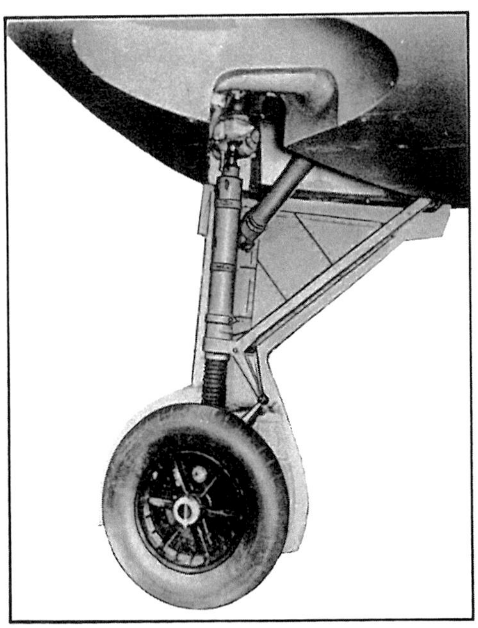

Links außen: Die Fahrwerksabdeckung war mit dem Federbein und der Stützstrebe verbunden. Daneben: Das Spornfederbein der He 112. Die Radgabel war aus Elektronguß.

He 118

Der Stuka-Entwurf von Heinkel kam gegen die Ju 87 nicht zum Zug.
Das hydraulisch einziehbare Fahrwerk schwenkte wie bei der 112 von innen nach außen in die Tragfläche. Die Luft/Ölfederstreben waren in Schmiedestücken gelagert, Bremsräder 815 × 290 wurden verwendet.

Rechts: Das rechte E-C Federbein der He 118

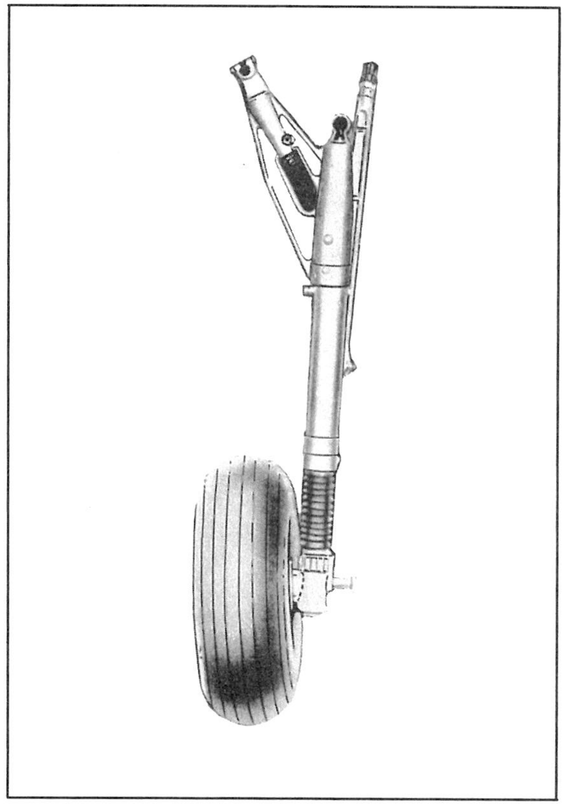

Die untere Aufnahme zeigt das Fahrwerk der He 118. Auch hier hat das Federbein eine Abstrebung nach hinten. Die Restabdeckung wurde durch den einfahrenden Reifen mitgenommen.

He 162

Kurz vor Ende des Krieges ging dieser Heinkel-Strahljäger in unterirdischen Montagebetrieben noch in Serie. Das Fahrwerk der He 162 war teilweise von vorhandenen Mustern übernommen. So waren die Federbeine und Räder aus der Bf 109 K. Auch die Hydraulikzylinder für die Fahrwerksbetätigung waren von der Bf 109. Das Bugfederbein wurde von VDM neu entwickelt. Es war ein Luft/Ölbein mit außenliegendem hydraulischem Flatterdämpfer. Eine Kraftspeicherfeder unterstützte den Arbeitszylinder. Im eingefahrenem Zustand befand sich das Bugrad unter einer Verkleidung in der Kanzel zwischen den Steuer-Bremspedalen; durch ein Sichtfenster konnte der Pilot erkennen, ob das Rad eingefahren war. Im ausgefahrenem Zustand wurde aus der Rumpfspitze ein Kontrollstift nach oben herausgeschoben und vor der Kanzelhaube sichtbar. Das Hauptfahrwerk wurde hydraulisch über Knickstreben und Federunterstützung ein- und ausgefahren.

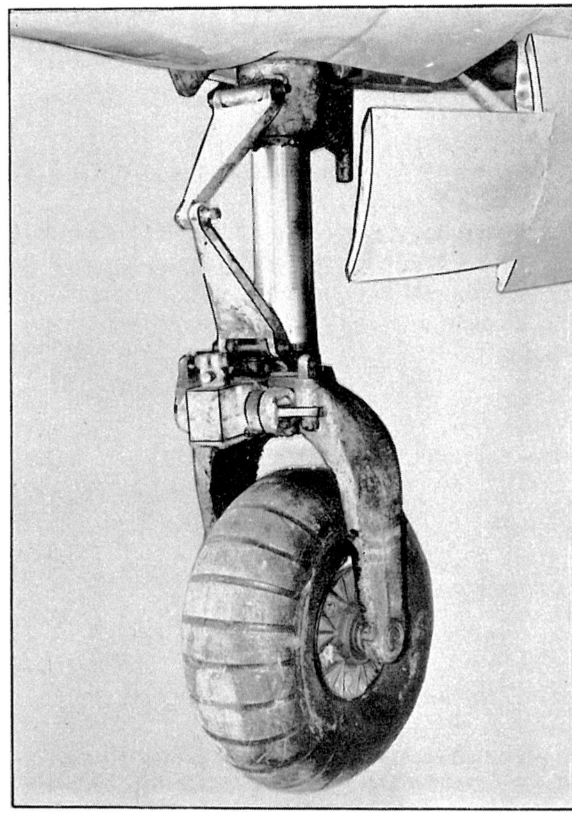

Bugfahrwerk der He 162. Das Spornrad 380 × 150 saß in einer Stahlgußgabel. Vor der Gabel der hydraulische Flatterdämpfer.

Das Bild unten zeigt das He 162 Bugfahrwerk von rechts. Der Scherenlenker stellte die Verbindung von dem starren Teil des Federbeins zum Flatterdämpfer her. Der an einem Ausleger angeschweißte Bolzen hinter dem Federbein nahm beim Einfahren die federbelastete Knickstrebe der Abdeckung mit.

Blick von vorne auf das Bugfahrwerk der He 162

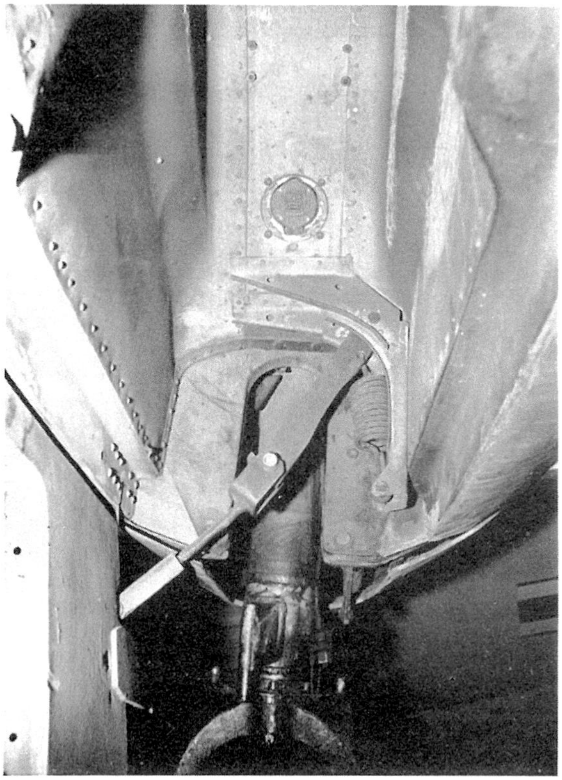

Oben links: Blick in den Fahrwerksschacht, gut zu erkennen die Knickstrebe der Abdeckung. Beim Ausfahren übernahm die Zugfeder das Öffnen der Klappe. Im oberen Teil des Radkastens der elektrische Außenbordanschluß.

Rechts: Das voll eingefederte rechte Hauptfahrwerk der He 162. Das Bremsrad und Federbein stammten von der Bf 109 K.

Links: Blick von hinten in den Fahrwerksschacht der He 162. Die beiden kräftigen Federn unterstützten den Ausfahrvorgang.

Unten: Dieses Bild zeigt den Anschluß des hydraulischen Arbeitszylinders am Federbein und an einem Ausleger des Knickstrebenlagerrohres.

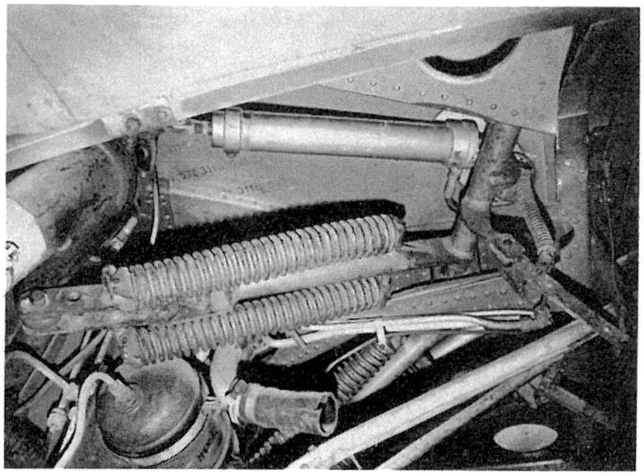

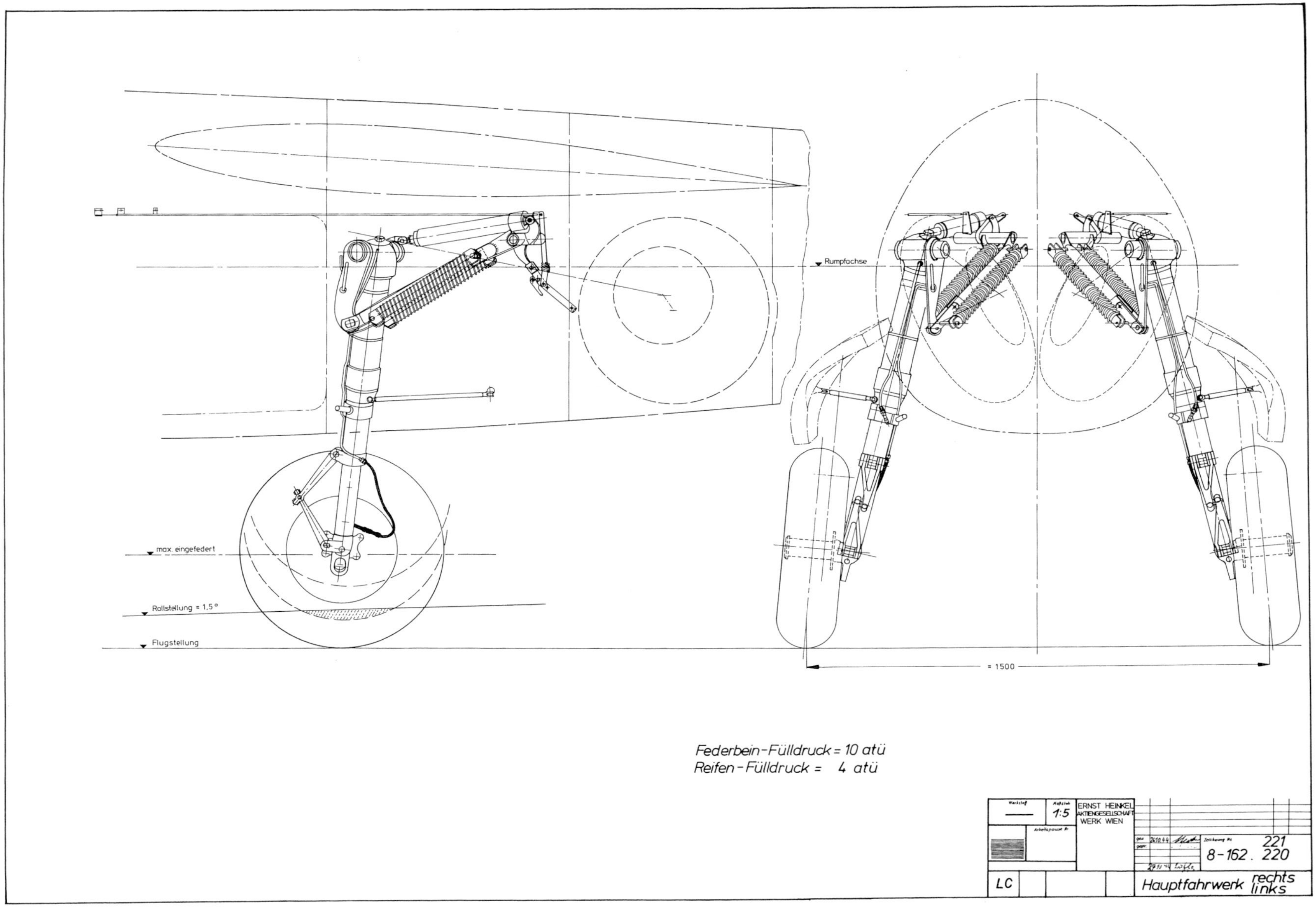

Übersichtszeichnung Hauptfahrwerk He 162

He 177

Einziger Fernbomber der Luftwaffe, der in Serie gefertigt wurde.
Ausgerüstet mit 2 DB 610 Doppeltriebwerken. Entsprechend einem Abfluggewicht von über 30 t war das Fahrwerk der He 177 ausgelegt. Vier Hauptfahrgestelle waren in zwei Gruppen unter den Doppelmotoren angebaut und wurden hydraulisch, bei gleichzeitiger Verkürzung, seitlich in die Tragfläche eingezogen. Bei den einzelnen Mustern kamen unterschiedliche Federbeine zum Einbau. Reine Luftfederstreben mit Öldämpfung und zusätzlicher Schraubenfeder. Diese waren an den Stützbeinen durch einen 5 cm breiten roten Ring und die Aufschrift »Federbein« gekennzeichnet.
Das hydraulisch einziehbare Spornfederbein hatte Ringfederung. Es kamen zwei verschiedene Spornräder zum Einbau. Bei der A 1 das Rad 780 × 260, an späteren Mustern die Größe 875 × 320.
Die Doppelbremsräder des Hauptfahrwerks, die gruppenweise bremsbar waren, hatten bei der A 1 die Größe 1200 × 420, später 1220 × 445.

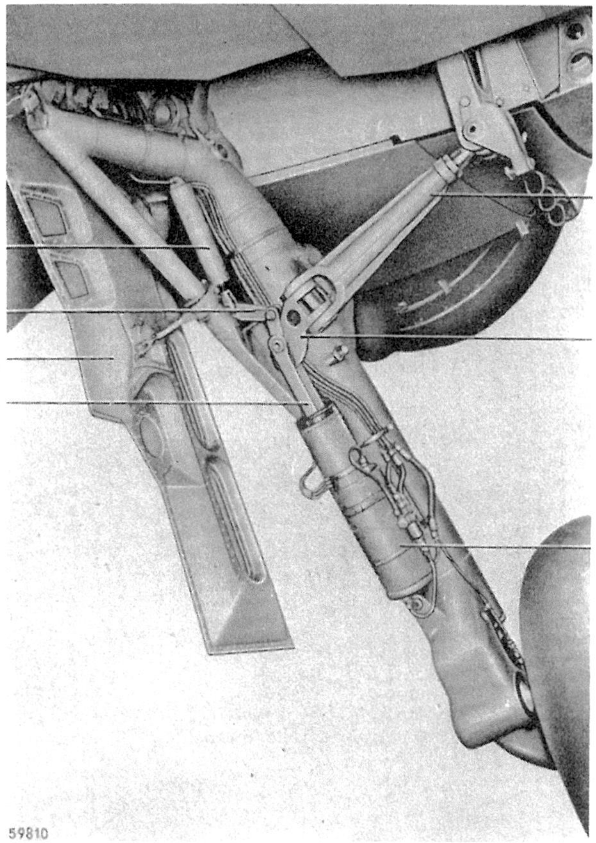

Rechte äußere Fahrwerkshälfte während des Einfahrens. 1 Große Knickstrebe, 2 Stützbeinverkleidung, 3 Kurbel, 4 Einziehzylinder, 5 Druckfedergehäuse, 6 Kolbenstange, 7 Kleine Knickstrebe.

Fahrwerksübersicht He 177

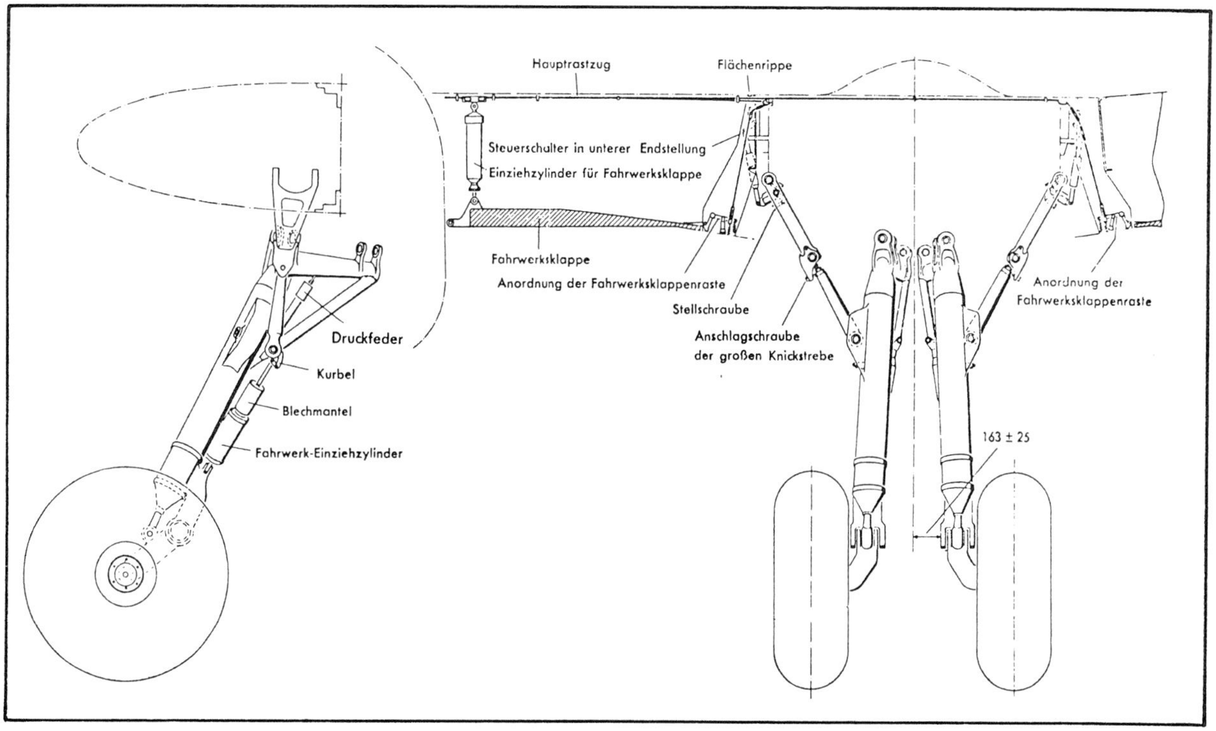

Links: Fertigung der He 177 bei Arado. Die rechten Hauptfahrwerkshälften sind bereits montiert. – Rechts: Dieses Bild zeigt die Anschlußpunkte des linken Hauptfahrwerks.

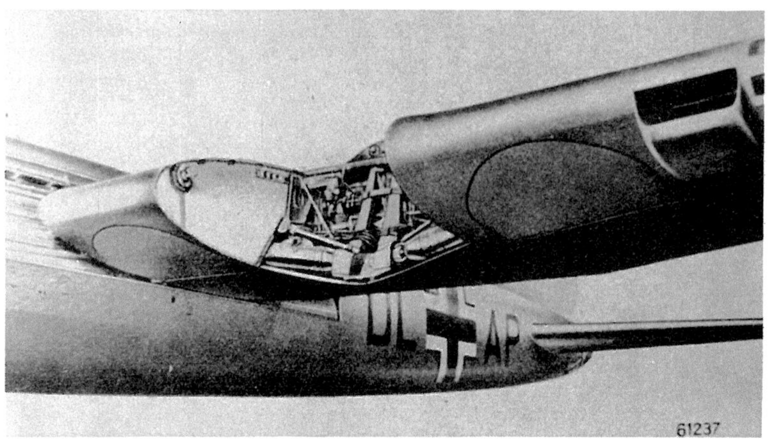

Einfahrvorgang linkes Fahrwerk He 177

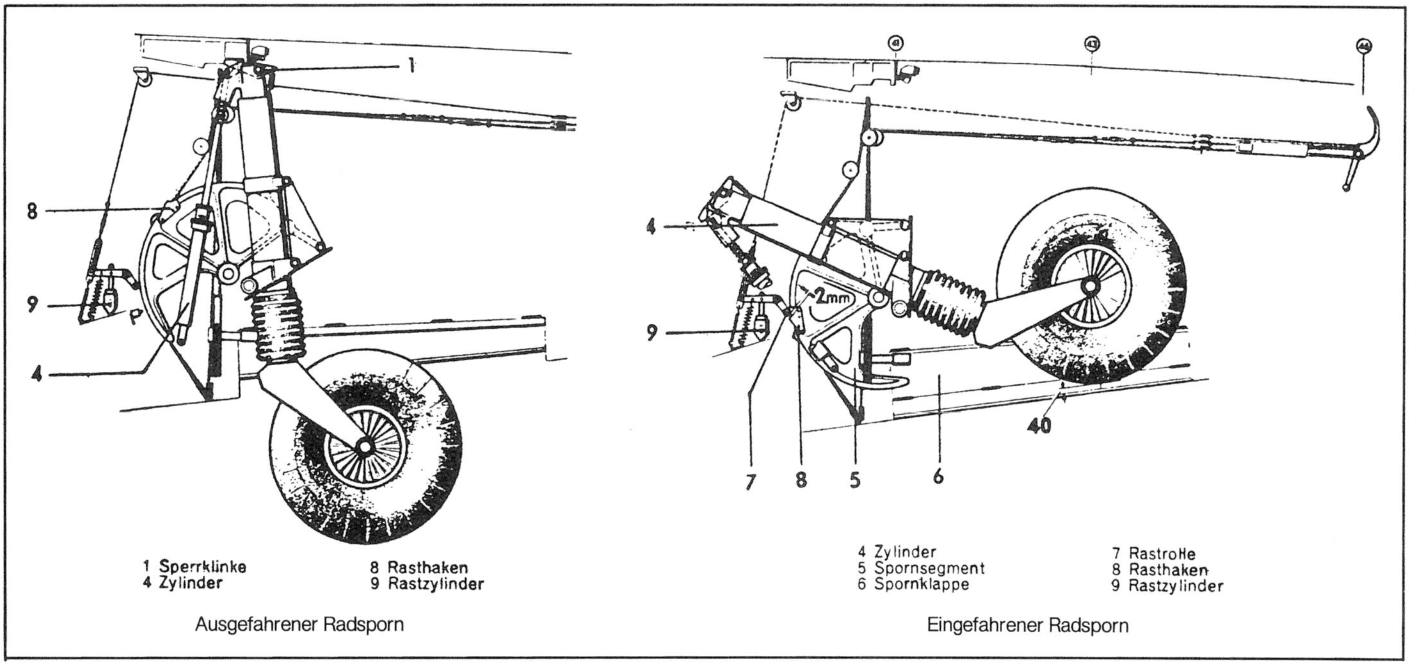

Spornanlage He 177

He 219

Der fortschrittlichste Kolbenmotor-Nachtjäger, der 1944 noch in Serie ging, war die He 219.

Das Fahrgestell bestand aus dem Hauptfahrwerk und dem Bugfahrwerk. Das Hauptfahrwerk hatte je zwei Doppelbremsräder der Größe 840 × 300 und wurde hydraulisch, über Knickstreben und Kraftspeicher, nach hinten in die Motorgondel eingefahren. Die Federbeine waren als Luftelemente mit Fettdämpfung ausgeführt. Das Bugfahrwerk hatte ein nichtbremsbares Rad der Größe 770 × 270. Das Bugbein hatte einen Federdrehdämpfer, der das Flattern verhindern sollte und die Radgabel in Geradstellung hielt. Eine zusätzliche Öldämpfung für den Drehdämpfer wurde im Versuchsbetrieb erprobt, aber nicht in Serie übernommen. Das Federbein hatte Luftfederung und Fettdämpfung. Das Einziehen erfolgte hydraulisch über Knickstreben und Kraftspeicher. Das Rad mußte beim Einfahren um 90° gedreht

Blick von vorne auf das rechte Hauptfahrwerk der He 219 mit den beiden Doppelbremsrädern 840 × 300.

werden. Dies erfolgte durch eine Einrichtung im Kopf der Radgabel.

Ein federbelasteter Hebel mit Rolle, der über einen Rasthaken und Anschlag das Auslenken auf je 60° begrenzte, wurde beim Einfahren, nach Auftreffen an einer Führung, im Rumpf angelenkt und um 90° gedreht. Beim Ausfahren sorgte der Drehdämpfer wieder für die Geradstellung des Rades.

Rechts oben: Blick von vorne auf das rechte Hauptfahrwerk der He 219. Weit ausladent die Führungsbügel für die Klappenbetätigung

Unten: Gelenkschwinge mit Radachsen am Federbein der He 219

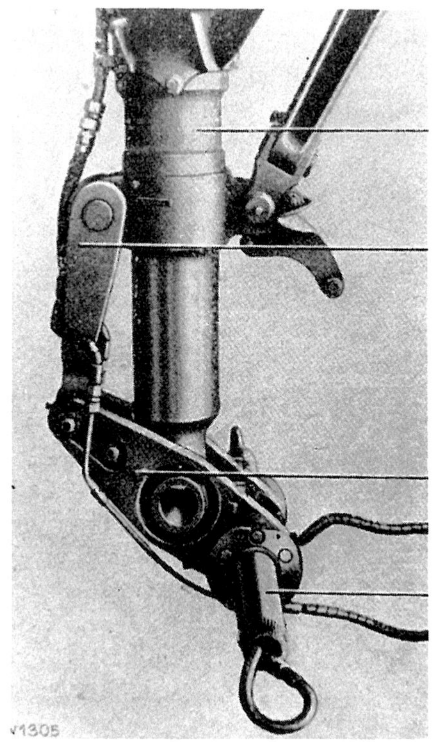

Einfahrvorgang des Bugfahrwerk He 219

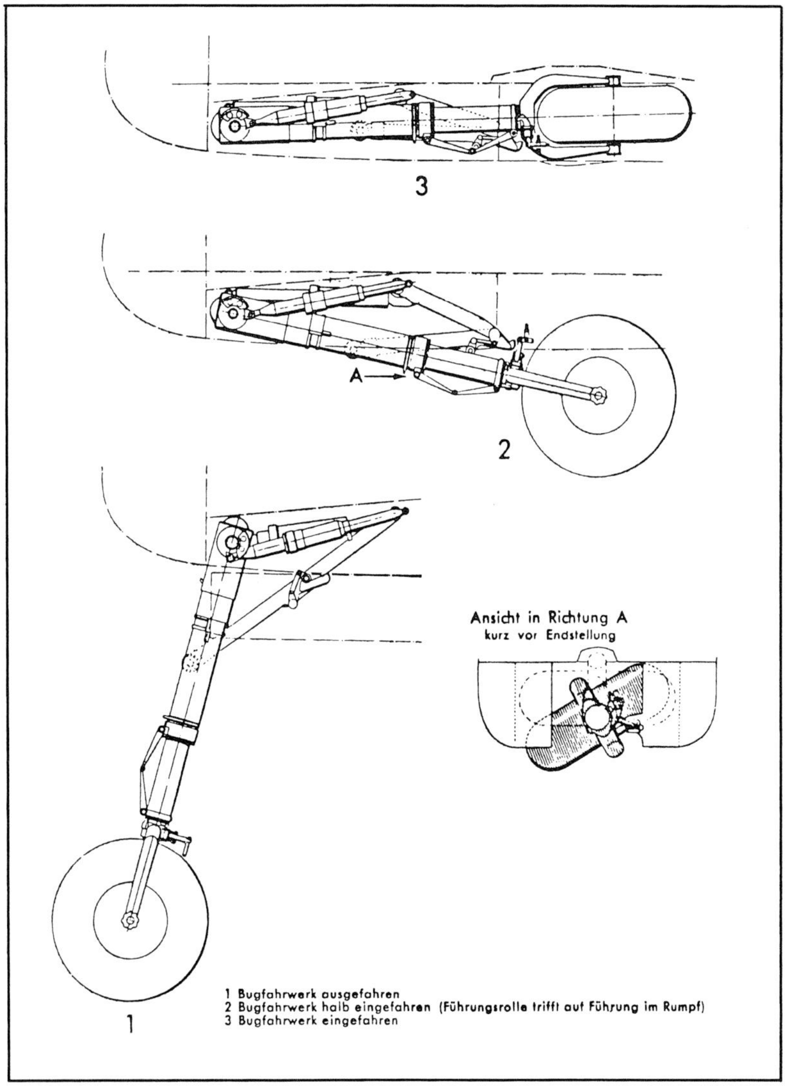

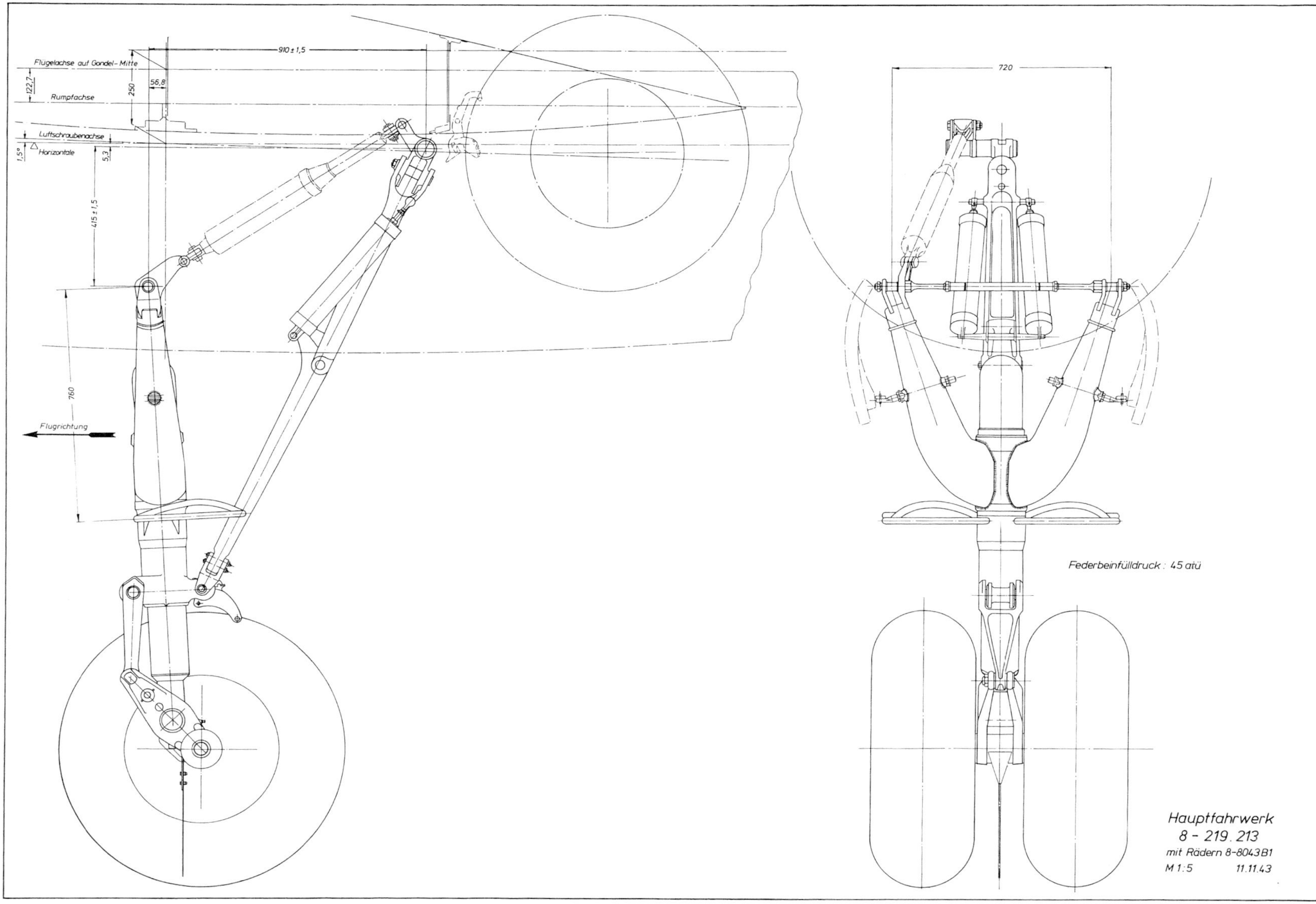

Übersichtszeichnung Hauptfahrwerk

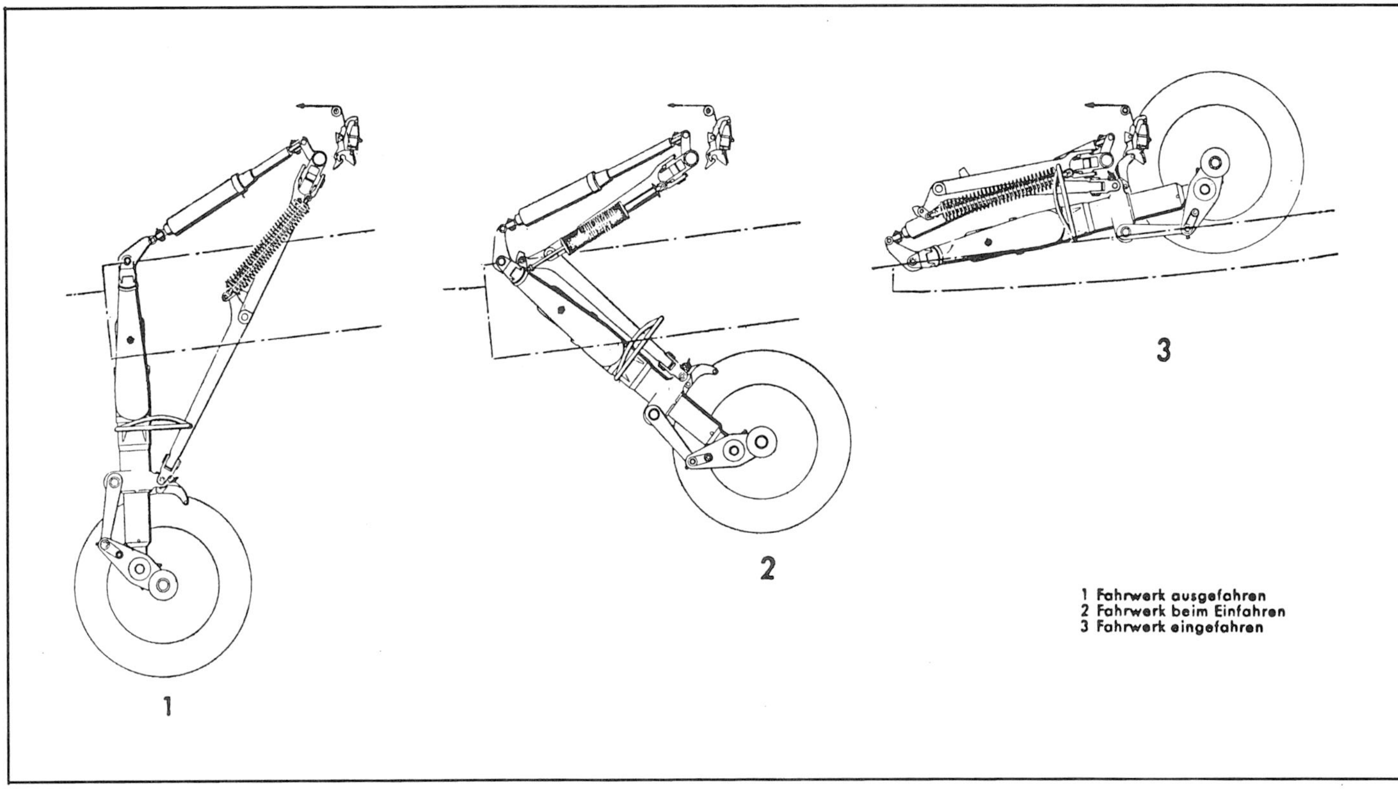

Einfahrvorgang Hauptfahrwerk He 219

Übersichtszeichnung, Hauptfahrwerkseinbau in der Höhenjägerentwicklung der He 219 der Hü 211.

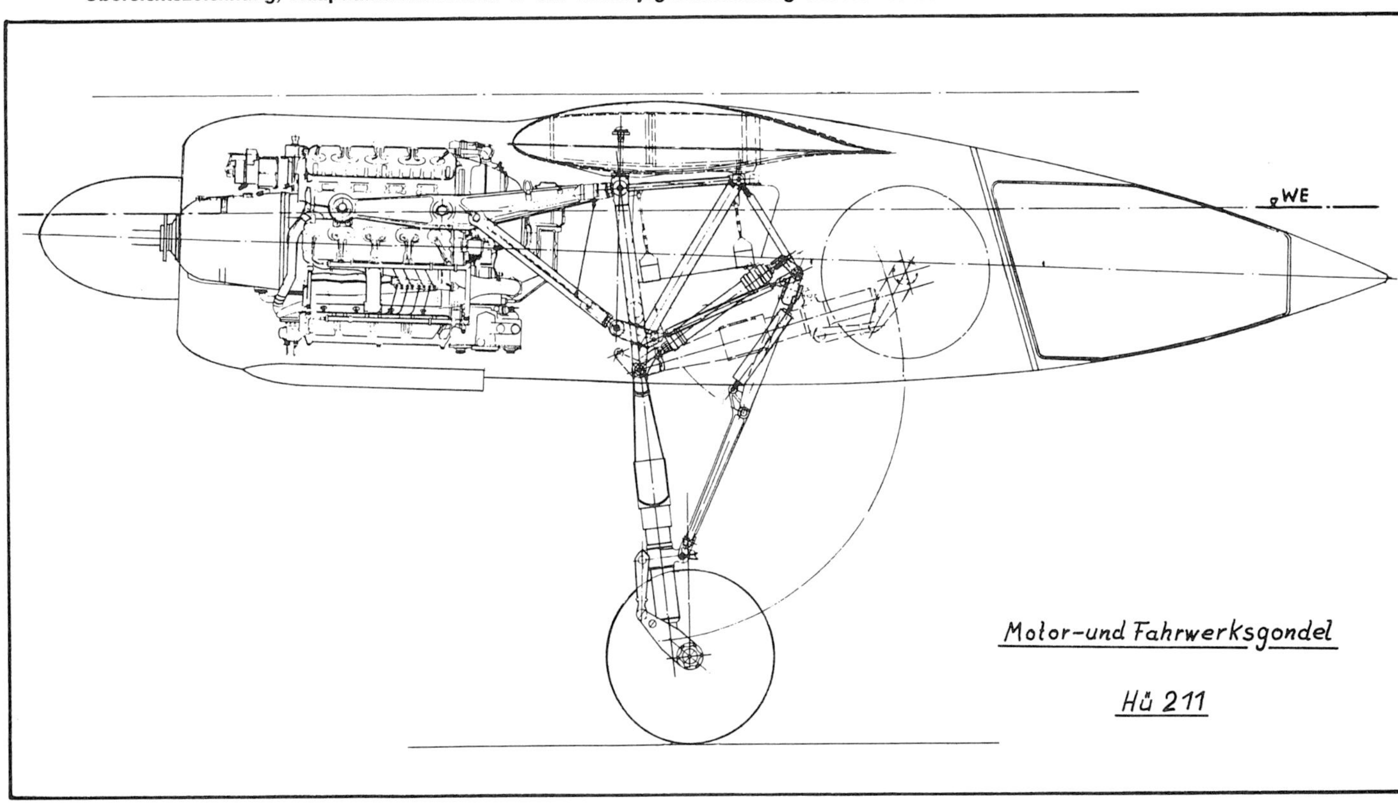

He 280

Zweistrahliger Heinkeljäger, der zugunsten der Me 262 wieder aufgegeben werden mußte.
Das Fahrwerk mit Bugradanordnung wurde hydraulisch betätigt. Die beiden Haupfederbeine waren mit Schleppschwingen ausgerüstet. Beim Einfahren über Knickstreben und Kraftspeicher wurden die Räder um 90° geschwenkt.

Unten: Zwei Bilder des rechten Hauptfahrwerks der He 280 nach einer Außenlandung.

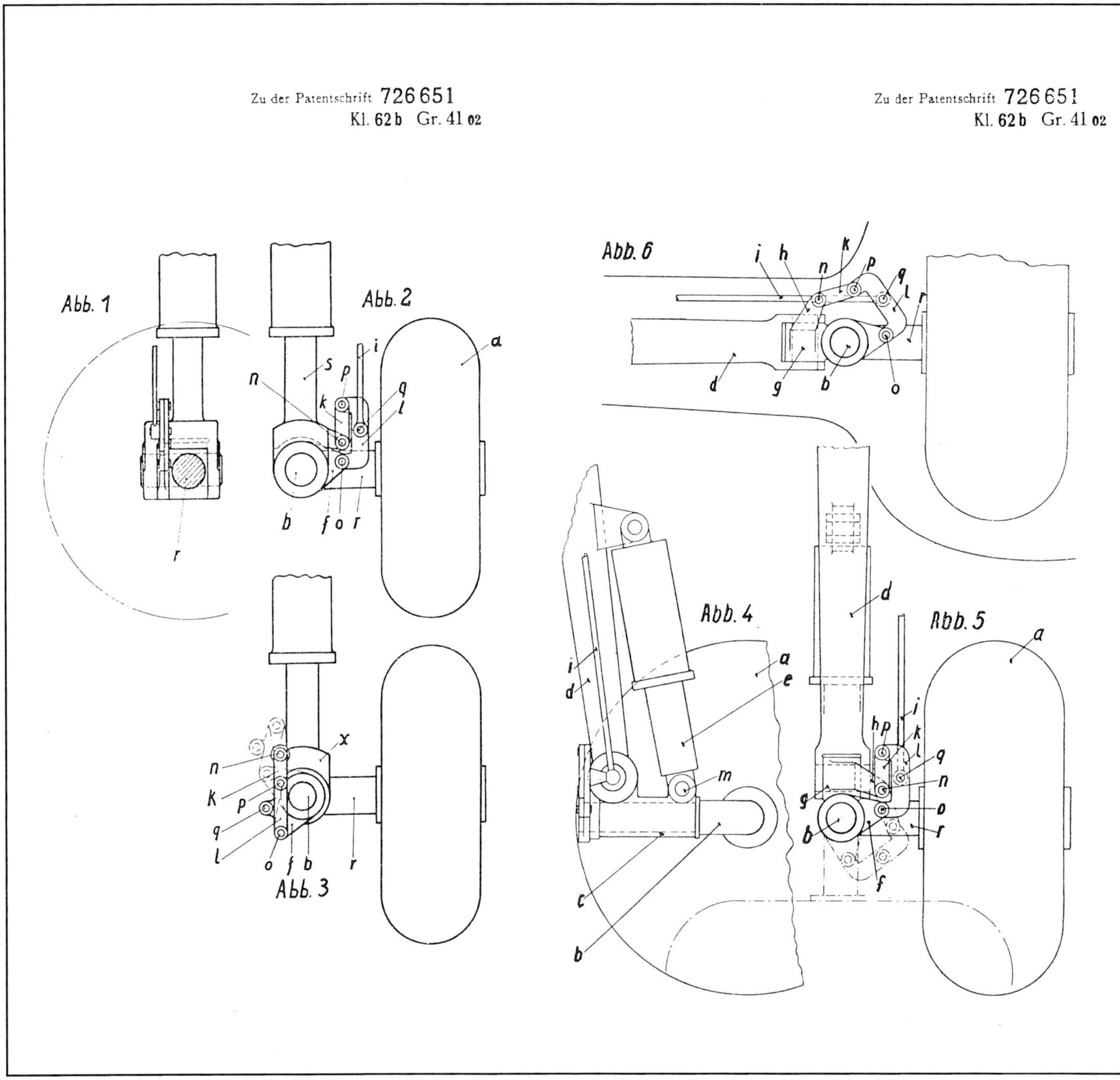

Schemazeichnung aus der Patentschrift für das Hauptfahrwerk der He 280.

He 343

Dieser vierstrahlige Bomber wurde aus der Ar 234 C abgeleitet, jedoch vergrößert, kam aber nicht mehr zur Ausführung .Verschiedene Versionen wurden untersucht. Die Fahrwerksanordnung lehnte sich an die 234 an, wurde jedoch überarbeitet. Das Hauptfahrwerk mit Doppelbremsrädern 1320 × 480 sollte hydraulisch nach hinten einfahren. Für das Bugfahrwerk gab es verschiedene Entwürfe, einmal mit einem Rad 840 × 300, sowie 935 × 345. Das Bugrad war um 100 mm aus der Rumpfmitte versetzt angeordnet.

Bugfahrwerksentwurf für das Projekt He 343

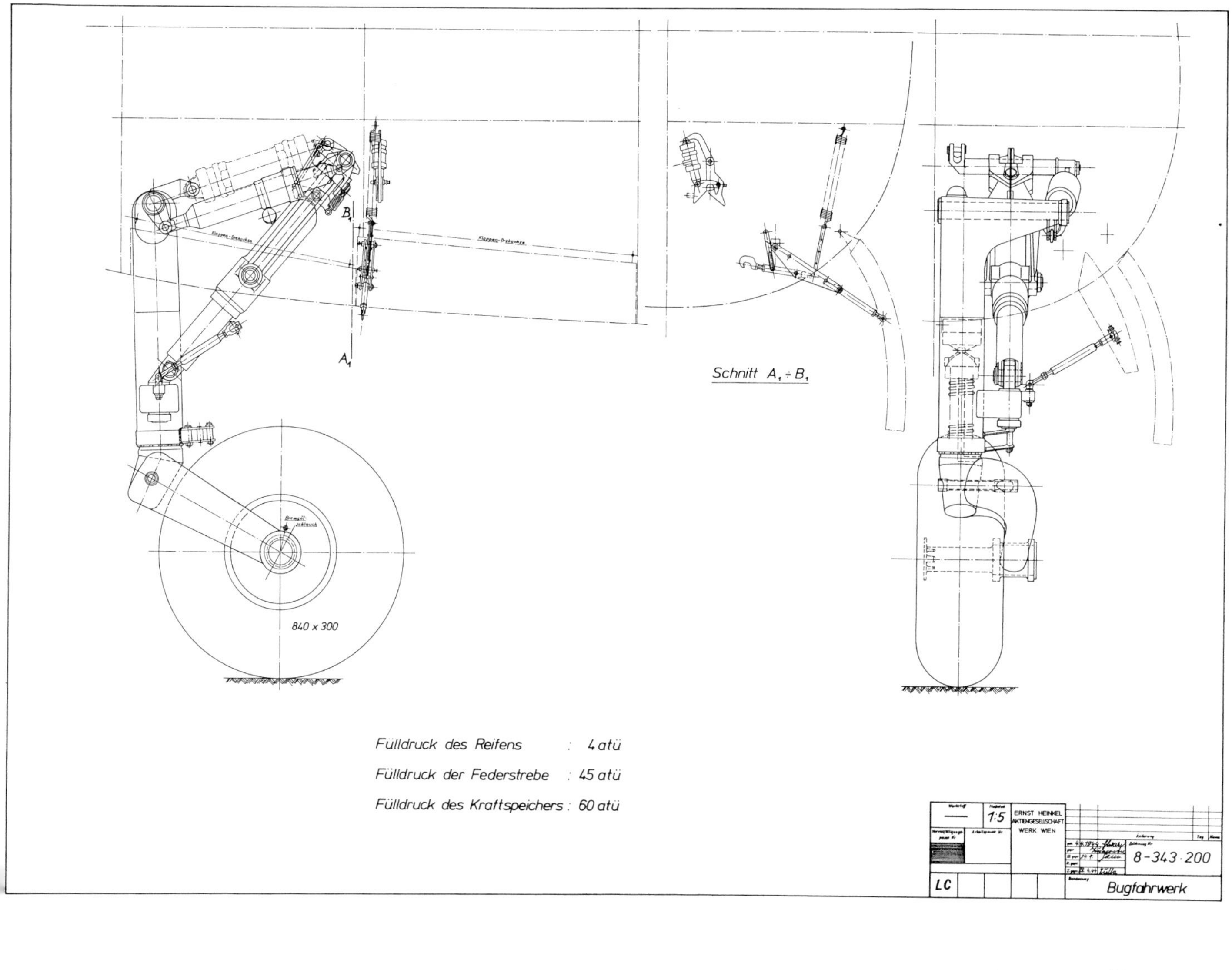

Henschel

Hs 123

Der Vorgänger der Ju 87 als Stuka war die Hs 123. Entsprechend der Entstehungszeit (1934/35) kam ein nicht einziehbares, verkleidetes Fahrwerk zur Verwendung. Die hydraulisch betätigten Bremsräder der Größe 690 × 200 stützten sich über Schwingen gegen Ringfederstreben ab. Der ebenfalls verkleidete Sporn mit Rad der Größe 290 × 110 hatte eine Ringfederung.

1 Federstrebe
2 Achsgabel
3 Rad
4 Lenker
5 Stützrohr
6 Abfangstrebe
7 Beinverkleidung
8 Radverkleidung
9 Kotflügel
10 Anschlußbeschlag am Unterflügel
11 Bremsleitung
11a Spannungsableitungslitze 700 mm lang
12 Verstärkung
13 Schelle

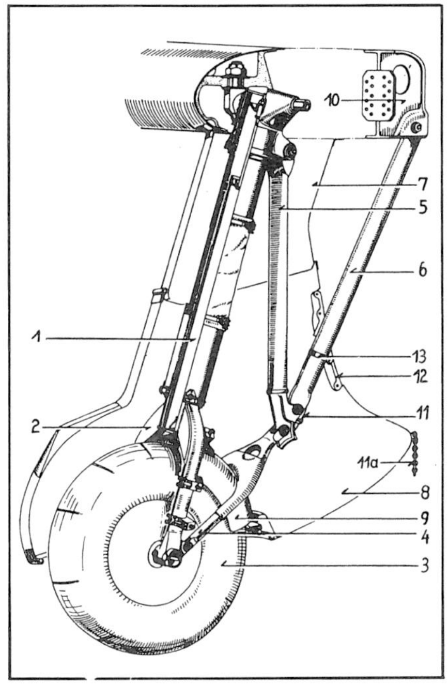

Fahrwerksaufbau der Hs 123

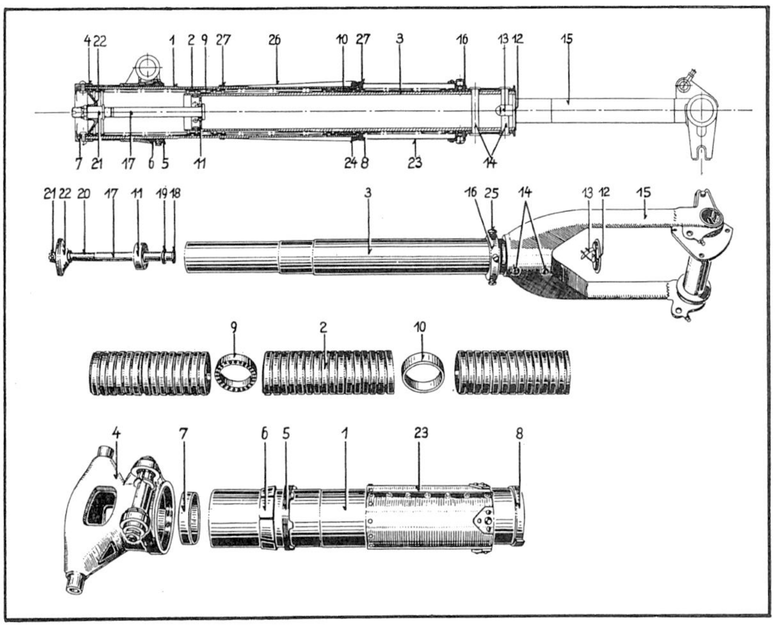

Fahrgestell-Federstrebe im Schnitt und Einzelteile

1 Außenrohr, 2 Ringfeder, 3 Innenrohr, 4 Anschlußschaft, 5 Ringmutter, 6 Klemmring, 7 Druckring, 8 Blechring, 9 Gleitring, 10 Gleitring, 11 Klappe, 12 Platte, 13 Feder, 14 Nieten, 15 Achsgabel, 16 Druckring, 17 Zugstange, 18, Kopf, 19 Lederscheibe, 20 Gewindezapfen, 21 Buchse, 22 Druckteller, 23 Druckrohr, 24 Ring, 25 Schraube, 26 Lederschutz, 27 Schelle.

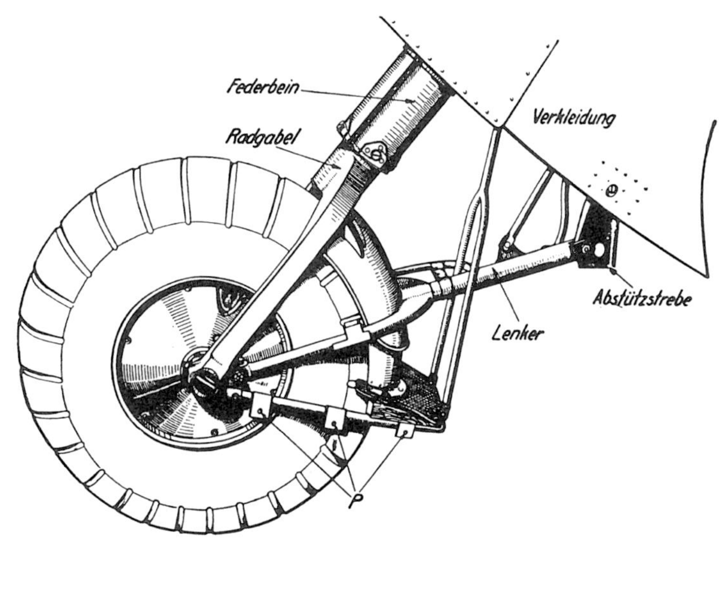

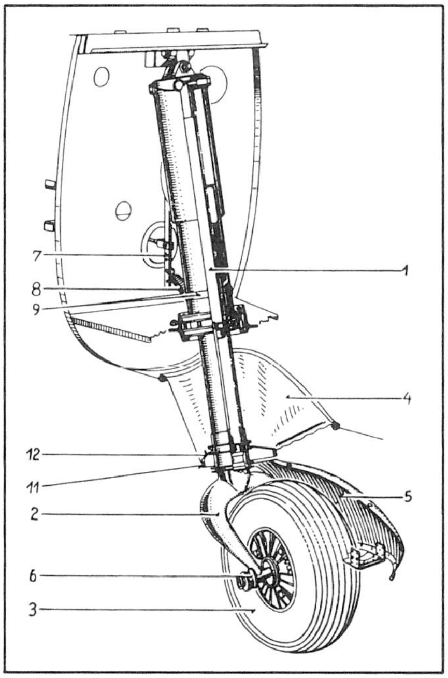

Spornanlage Hs 123

1 Federbein, 2 Sporngabel, 3 Spornrad, 4 Beinverkleidung, 5 Radverkleidung, 6 Rollen, 7 Feststellhebel, 8 Feder, 9 Schelle, 11 Schelle, 12 Spornring

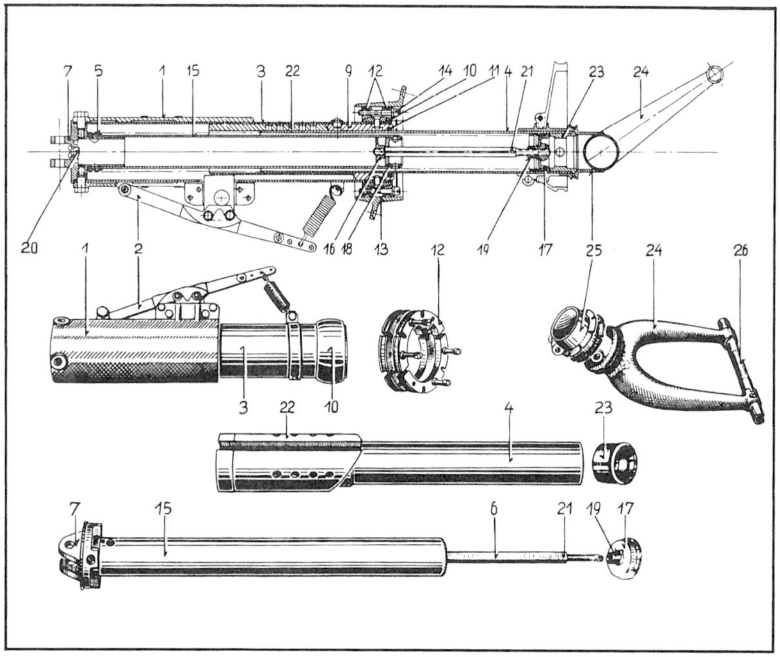

Spornfederbein im Schnitt mit Einzelteilen

1 Feststellhülse, 2 Feststellhebel, 3 Außenrohr, 4 Innenrohr, 5 Ringfedersäule, 6 Zugstange, 7 Gabelkopf, 9 Lagerbuchse, 10 Kugelbuchse, 11 Filzring, 12 Klemmring, 13 Spornlager, 14 Bolzen,, 15 Rohr, 16 Spannplatte, 17 Spannplatte, 18 Ring, 19 Stahlbuchse, 20 Schraube, 21 Splint, 22 Führungsbuchse, 23 Bundring, 24 Sporngabel, 25 Anschlußstutzen, 26 Steckachse.

Hs 126

1936 entstand dieser Nahaufklärer, der 1942 durch die Fw 189 abgelöst wurde. Die Hs 126 hatte ein sehr eigenwilliges Fahrwerk. Je ein Schwenkbein war an einem Bolzen im Rumpf gelagert und am Zugstangenunterteil des Ringfederzylinders angeschlossen. Beim Durchfedern pendelten die Fahrwerksbeine, unabhängig von einander, nach der Seite. Bei einer Durchfederung von 470 mm ergab dies eine Spurweitenänderung von 2626 mm (Flugstellung) auf 3730 (voll eingefedert). Argus-Scheibenbremsräder der Größe 710 × 220 kamen zum Einbau.
Der Ringfeder-Sporn mit Rad 380 × 150 war verkleidet.

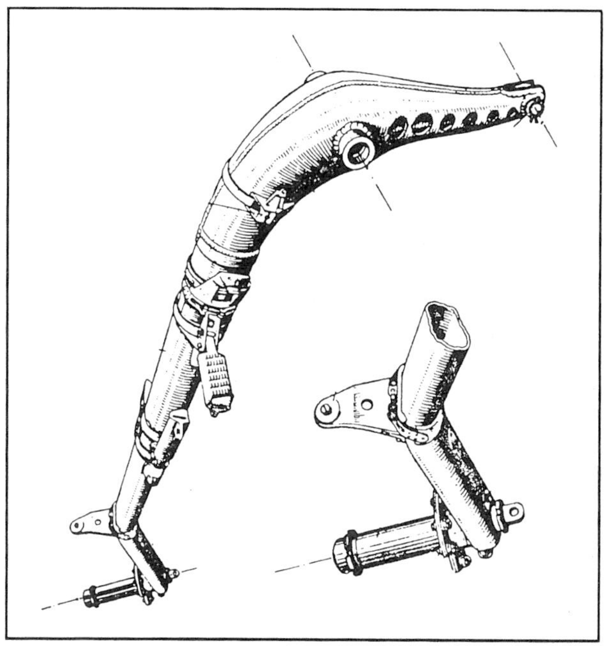

Pendelndes Tragbein der Hs 126-B. Am unteren Ende die Radachse, oben die Lagerstelle und am auslaufenden Teil die Aufnahme für die Federstrebe.

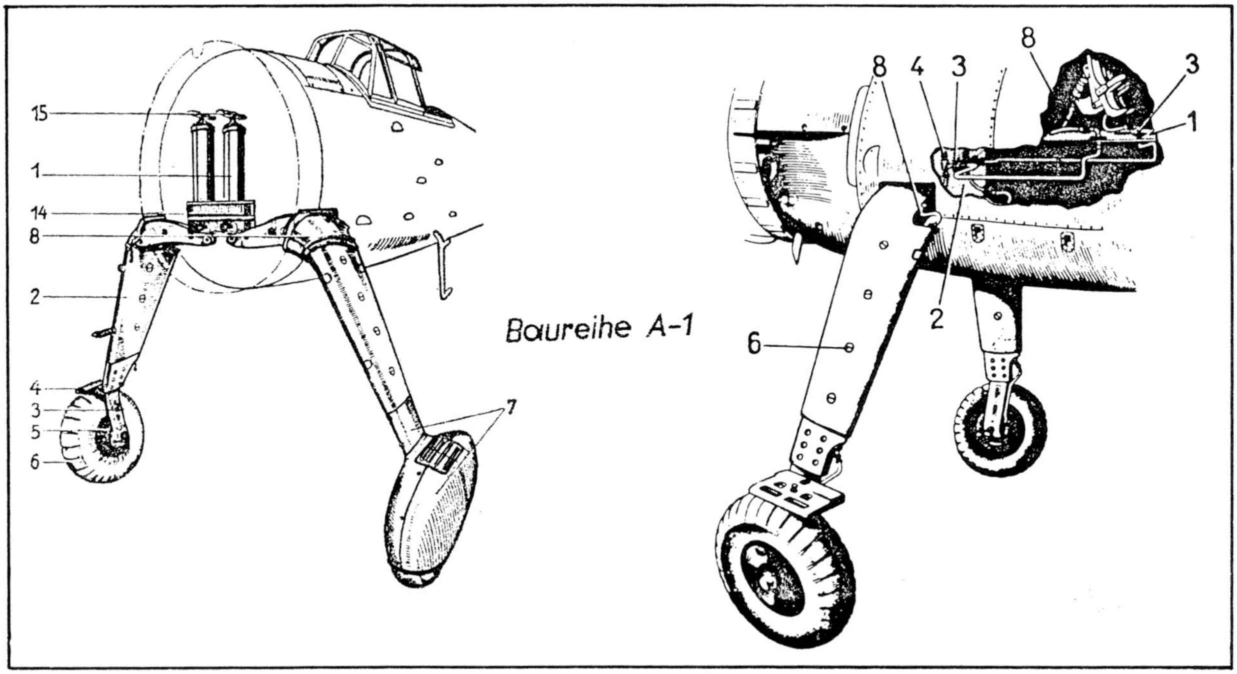

Das Pendelfahrwerk der Hs 126, Baureihe A1

Das gleiche Fahrwerk der Baureihe B1. Bei beiden Ausführungen waren die Federstreben in Rumpfmitte angebracht.

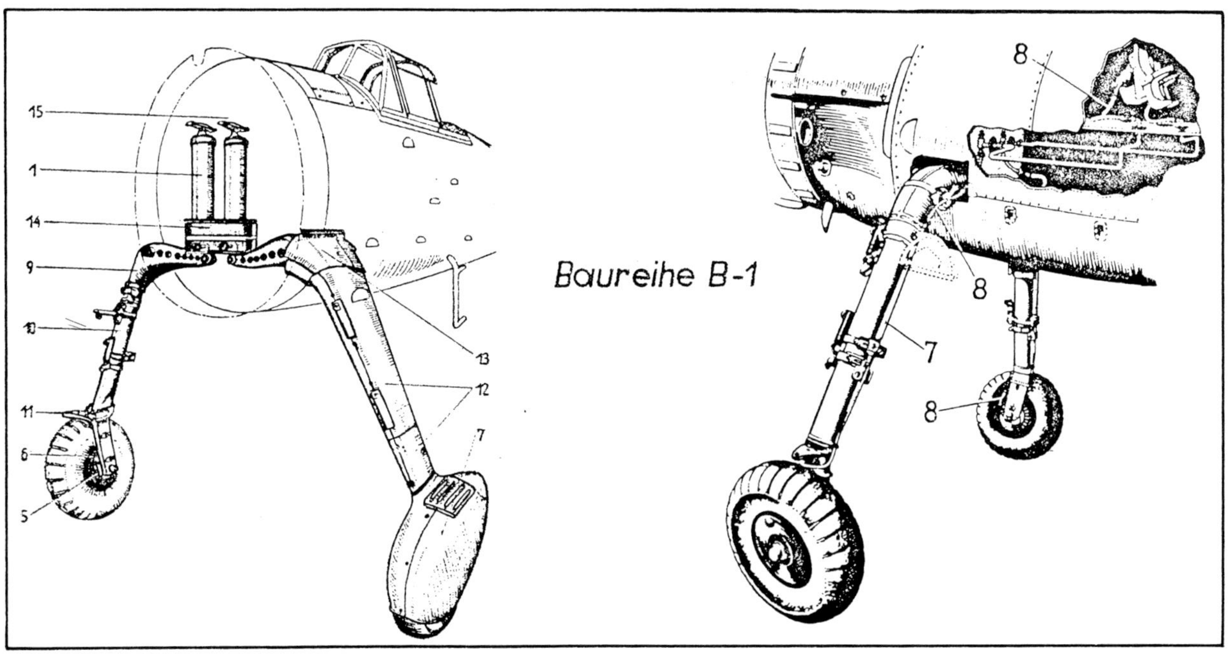

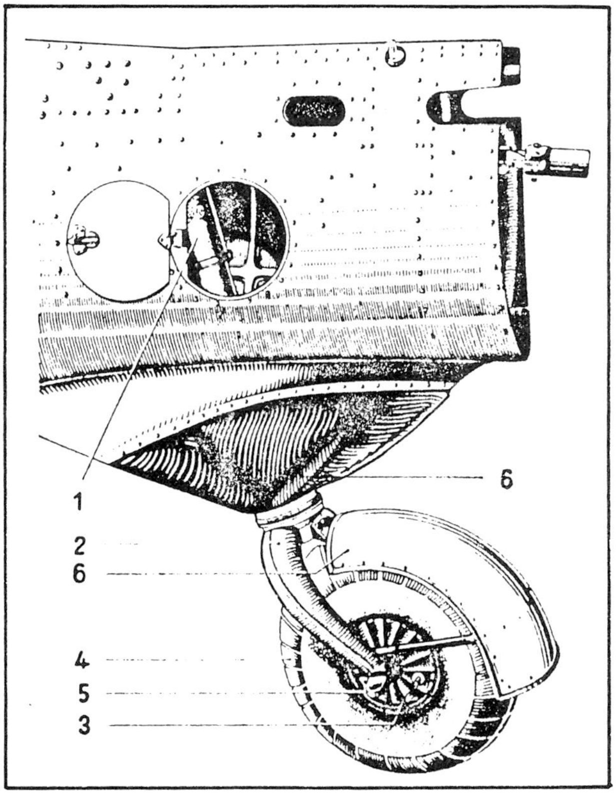

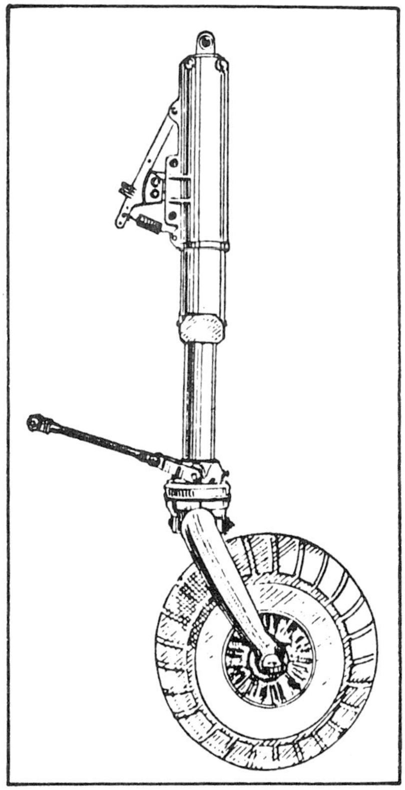

Links: Die Spornanlage der Hs 126 mit Lederabdekkung zwischen Rumpf und Radgabel.

Rechts: Das Spornfederbein der Hs 126 war ähnlich aufgebaut wie das der Hs 123.

Hs 129

Dieses neben der Ju 87 hauptsächlich zur Panzerbekämpfung eingesetzte Schlachtflugzeug hatte ein Einziehfahrwerk, jedoch ragten die Räder zum Teil aus den Radverkleidungen heraus. Die Ringfederbeine wurden hydraulisch über Knickstreben nach hinten in die Motorgondel eingefahren. Die Verriegelung erfolgte in den Arbeitszylindern.
Der nicht einziehbare Sporn war schwingend gelagert und stützte sich gegen eine Ringfederstrebe ab. Ein Rad der Größe 380 × 150 wurde verwendet. Die Bremsräder der A-Reihe hatten die Größe 770 × 270, die B-Serie hatte 840 × 300.

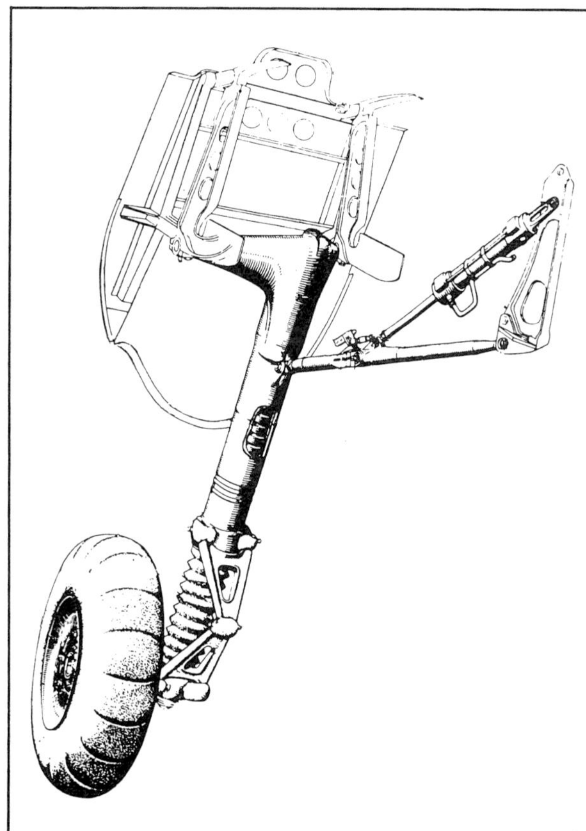

Hauptfahrwerk der Hs 129. Anschluß des hydraulischen Arbeitszylinder an der Knickstrebe.

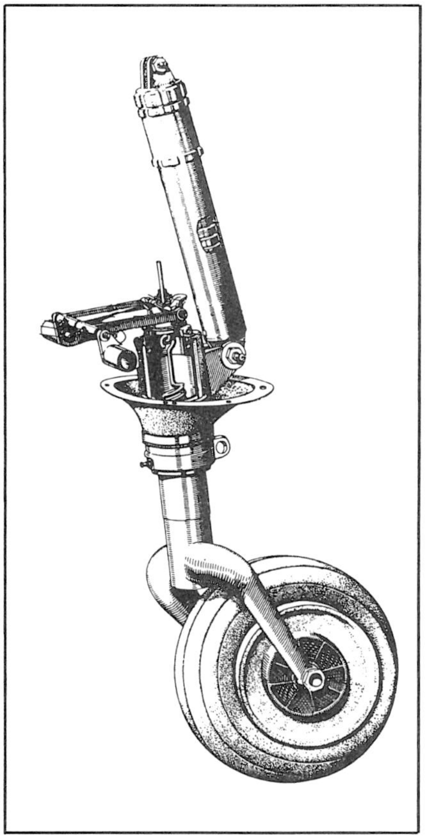

Spornanlage der Hs 129. Die verlängerte Radgabel war an Schwinghebeln gelagert und stützte sich gegen eine Ringfederstrebe.

Junkers

W 34

Dieses einmotorige Fracht- und Schulflugzeug hatte ein nichteinziehbares Fahrwerk mit Dreiecksanlenkung der Achse und Luftfederstreben. Die Bremsen der Räder wurden mechanisch betätigt.
Die ersten Baumuster waren mit gefedertem Schleifsporn ausgerüstet, bei späteren Modellen kam ein Radsporn mit Luftfederstrebe zur Anwendung.

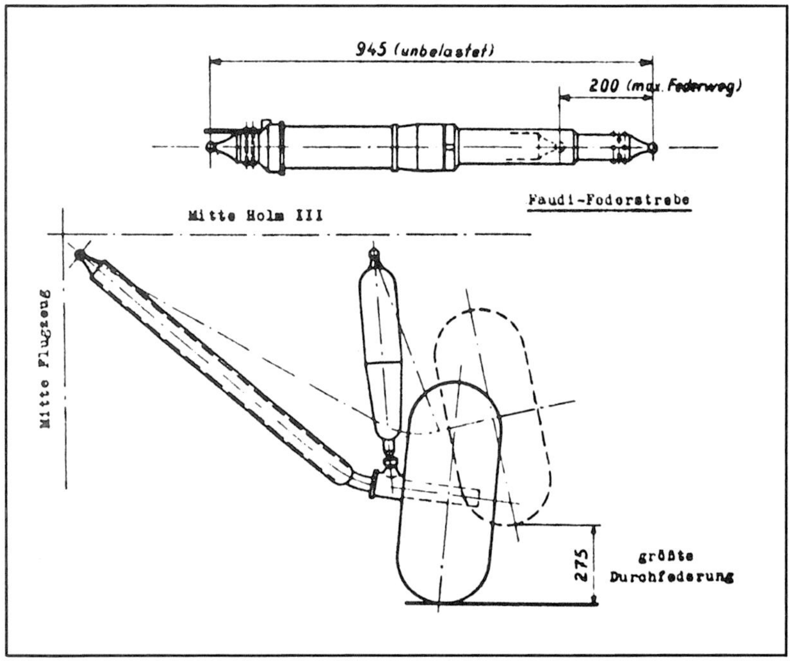

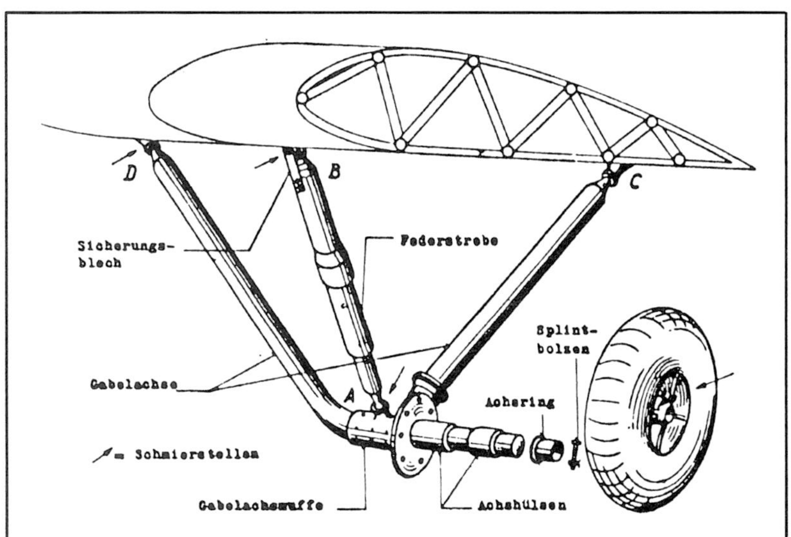

Rechts, oben: Schemazeichnung des Fahrwerks der Ju W 34

Unten: Die Hauptfahrwerksteile der Ju W 34

G 38

Das größte deutsche Land-Verkehrsflugzeug der Vorkriegszeit, die G 38, wurde von der Luftwaffe als Transporter verwendet.
Das Fahrgestell stellte für die Entwicklungszeit dieses 24 t schweren Flugzeuges (1929) eine vollkommene Neuerung dar. Wegen der hohen Belastung mußten vier Räder verwendet werden. Aus aerodynamischen Gründen wollte man die Räder nicht nebeneinander anordnen. Die Tandem-Lösung ergab aber auch Vorteile für den Aufbau der Radfederung. Ein Gitterrahmen aus Elektron konnte um eine horizontale Querachse frei schwingen. Zur Abfederung wurden Gummischnüre verwendet. Neu war auch die Verwendung einer Druckluftbremse, die in Zusammenarbeit mit der Knorr-Bremse AG entwikkelt wurde.
Räder der Größe 1600 × 400 kamen zum Einbau. Der Reifen des Spornrades hatte Kupfergewebeeinlagen, um die elektrostatische Aufladung abzuleiten.

Tandemanordnung des Hauptfahrwerks der Ju 38. Die Räder wurden in einem, um eine Querachse schwindenden Elektrongußrahmen aufgenommen.

Verkleidete Ausführung. Hierbei bewegte sich die Radverkleidung beim Einfedern nach oben.

Ju 52/3m

Die legendäre Ju 52 war das zuverlässigste Verkehrsflugzeug der Vorkriegsjahre und noch lange nach dem Krieg im Einsatz.
Die Luftwaffe verwendete die Ju 52 hauptsächlich als Transporter. Das Fahrwerk war nicht einziehbar und hatte Druckluft-Bremsen für die Räder der Größe 1300 × 300. Über einen Dreiecksverband waren die Räder am Rumpf angelenkt und wurden nach oben über Federbeine abgestützt. Die Verkleidungsbleche des Fahrwerks wurden im Luftwaffeneinsatz meist weggelassen. Für den ursprünglich verwendeten luftstreben-gefederten Schleifsporn kam ein Sporn mit Rad der Größe 500 × 180 zum Einbau. Bei einem Teil der Maschinen war in diesem Rad eine Druckölbetätigte Parkbremse vorgesehen.

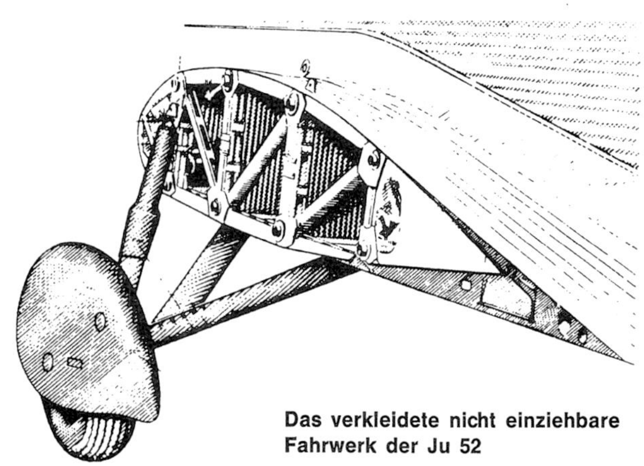

Das verkleidete nicht einziehbare Fahrwerk der Ju 52

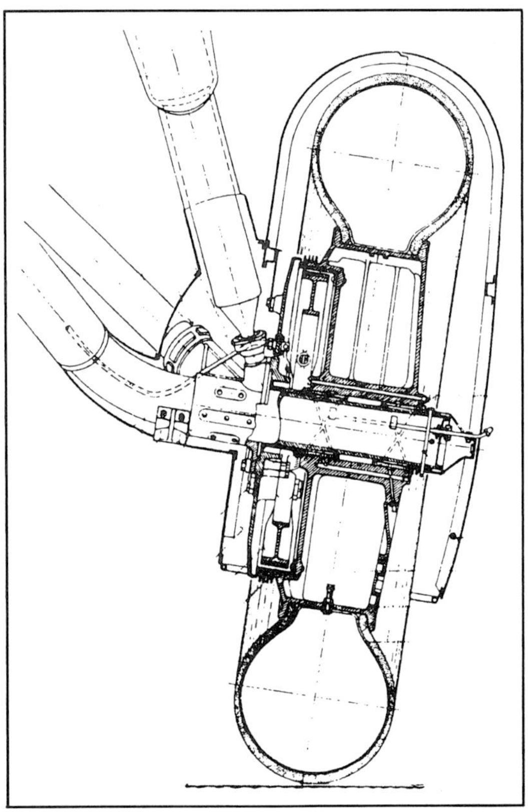

Schnitt durch das Bremsrad 1300 × 300 der Ju 52

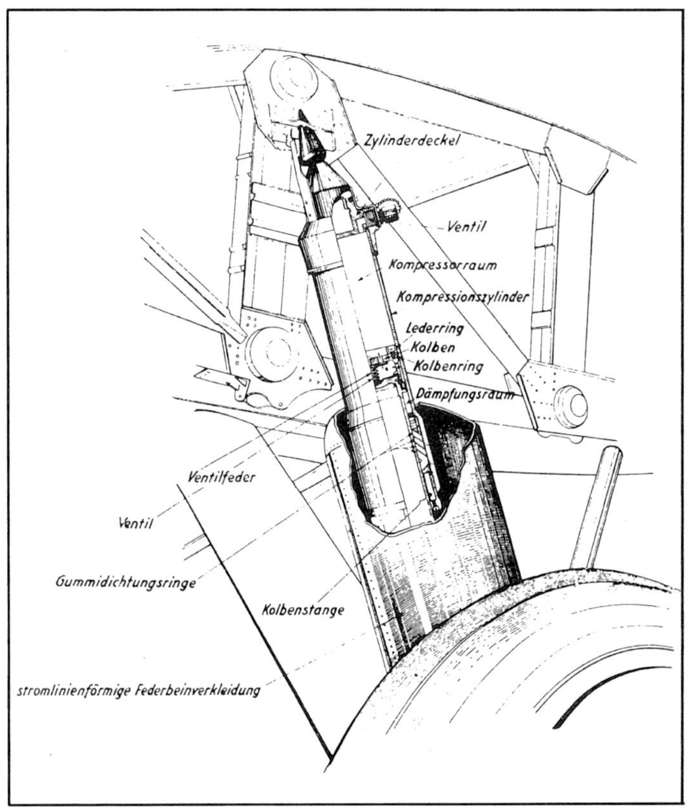

Anschluß der Federstrebe am Tragflächengerüst

Aufbau der Spornanlage der Ju 52. In der ursprünglichen Ausführung mit Schleifsporn, später mit Spornrad und Parkbremse.

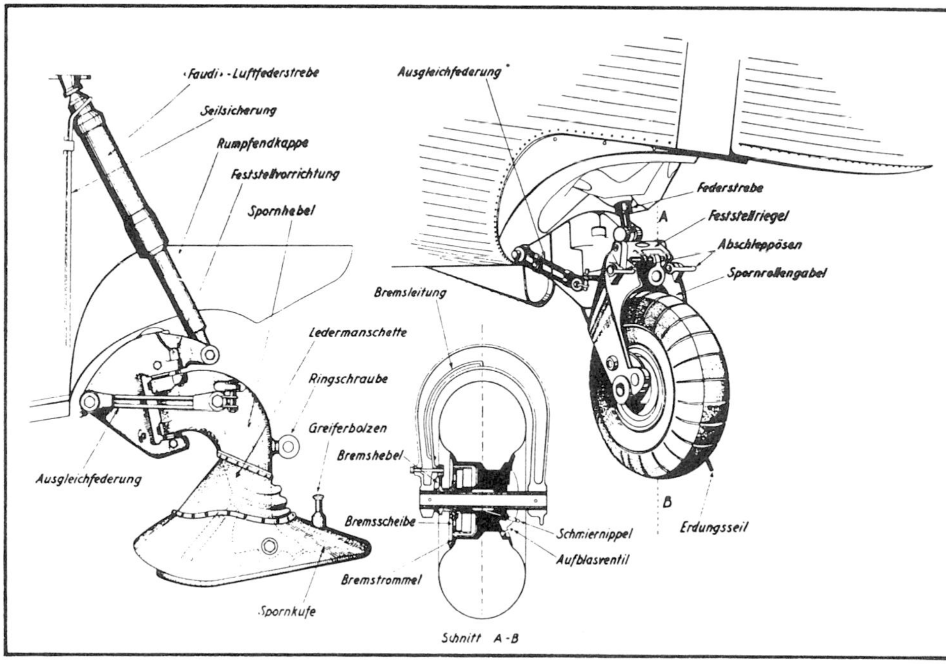

Schlepp-Sporn der Ju 52, damit wurden vorallem Lastensegler geschleppt.

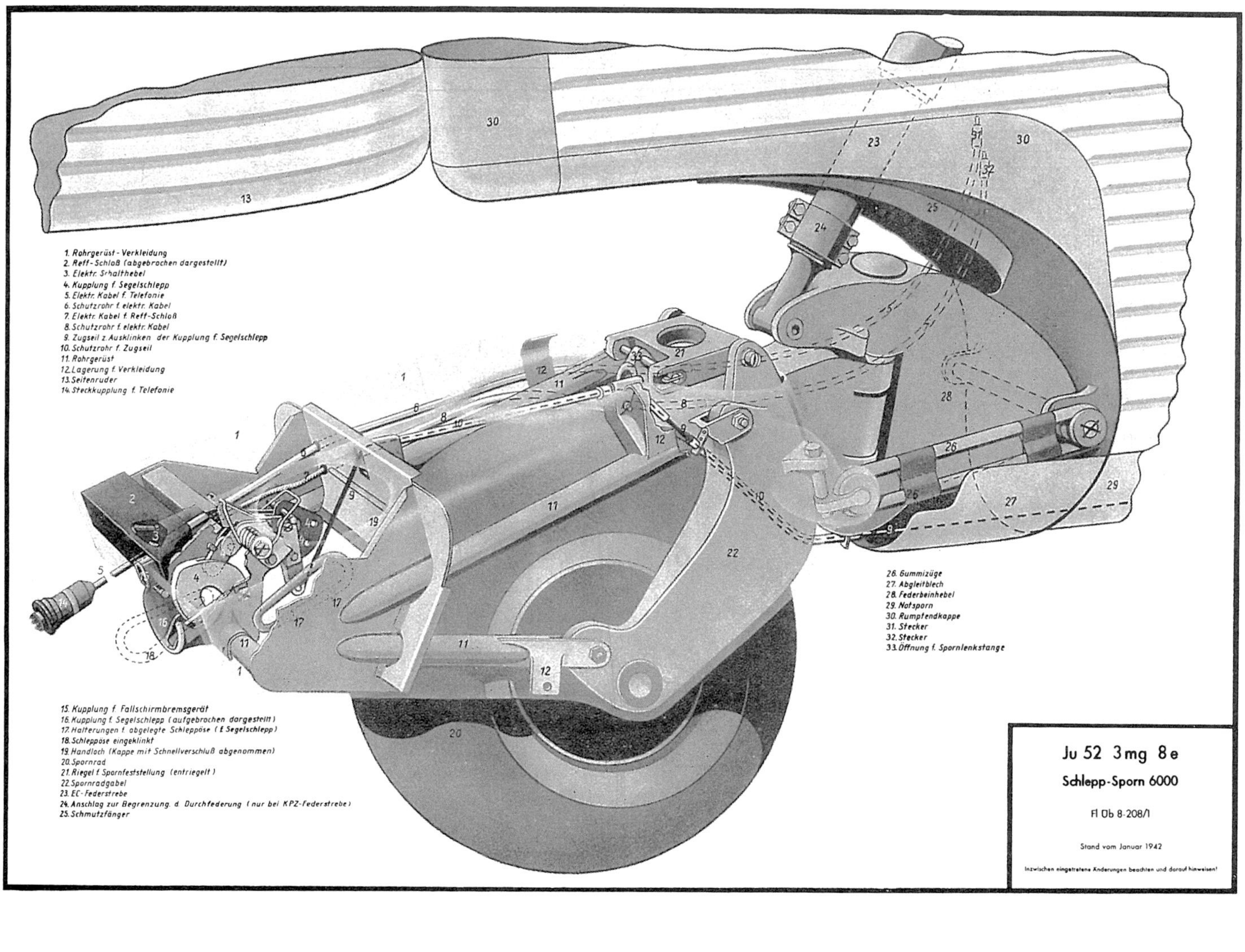

Ju 52/3m mit Schneekufen und Spornkufe

1 Fahrgestell
2 Schneekufen
3 Schneekufenverkleidung
4 Spornradgabel
5 Spornkufe

Versuchsausführung mit kombinierten Kufen-Radfahrwerk

Ju 86

Die als Verkehrsflugzeug entwickelte Ju 86 kam ab 1936 als Bomber zur Auslieferung.
Das Einziehfahrwerk war vom Prinzip her dem der Do 11 ähnlich. Ein Dreiecksverband, der hier gleich als Fahrwerksabdeckung verwendet wurde, nahm die Radachse auf. Diese stützte sich gegen das Luft/Öl/Federbein, welches am oberen Ende in einer Schiene geführt wurde und über eine Spindel elektrisch zum Rumpf hingezogen wurde. Bei späteren Mustern kamen anstelle der Spindel je zwei Hydraulikzylinder zum Einbau. Die Räder der Größe 950 × 350 hatten erst eine Bremse und wurden bei späteren Mustern mit Doppelbremse ausgerüstet. Der Schwinghebelsporn stützte sich gegen eine Luft/Ölfederstrebe und war nicht einziehbar.

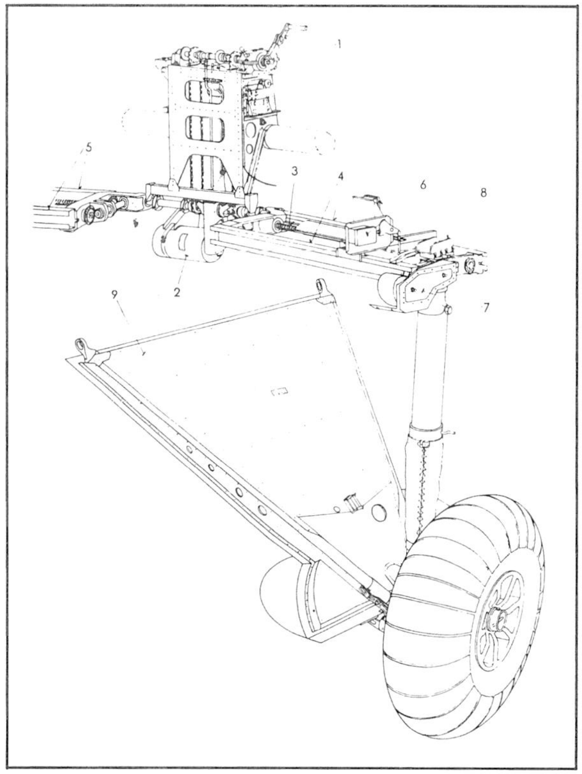

Linkes Hauptfahrwerk der Ju 86 (elektrisch betätigt). Die Fahrwerksabdeckung war gleichzeitig die V-förmige Anlenkung des Federbeins.

Links, oben: Fahrwerksschema der Ju 86
Unten: Schnitt durch das Bremsrad der Ju 86

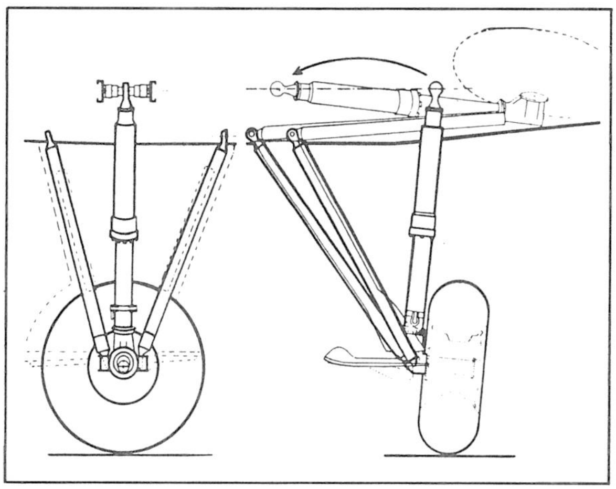

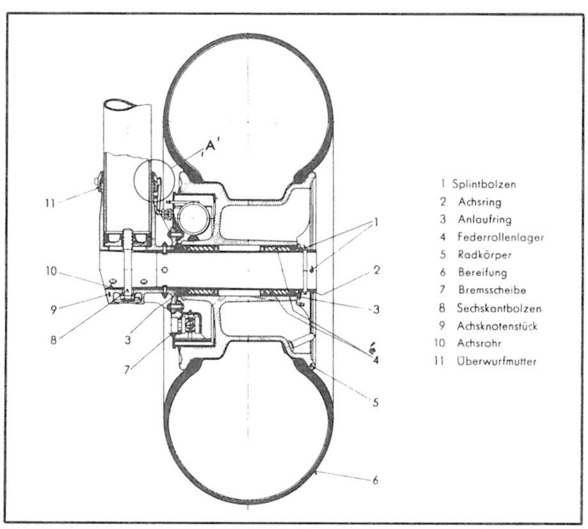

Nicht einziehbare Spornanlage der Ju 86

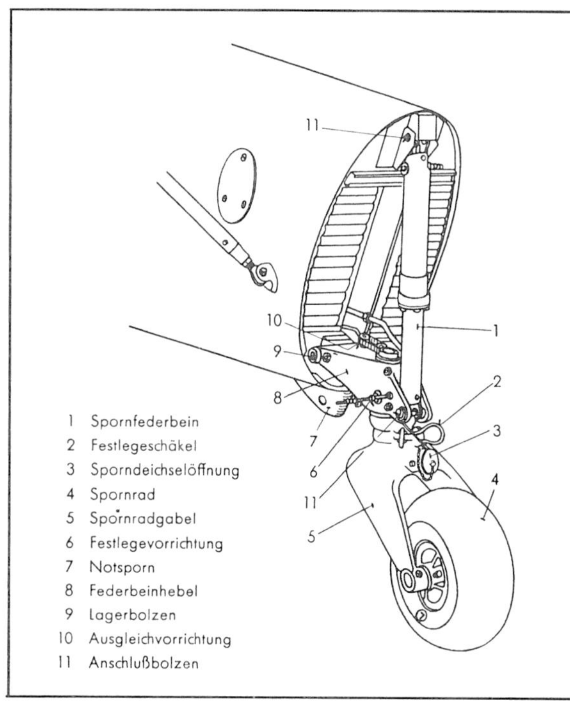

Wenn die Bezeichnung »Stuka« auch heute noch, selbst unter Nicht-Luftfahrtinteressierten, ein geläufiger Begriff ist, so liegt dies an der Berühmtheit der legendären Ju 87.
Drei Grundmuster wurden gebaut. Die Fahrwerke unterschieden sich vorallem an der A und den folgenden Mustern durch die Verkleidung für das nichteinziehbare Fahrgestell. Die A-Varianten hatten ein Schwinghebelfahrwerk. Die Radgabel stützte sich nach oben, über eine Luft/Öl- oder Ringfederstrebe, am Anschlußbeschlag in der Tragfläche ab. Nach hinten wurde die zweite Radgabel in einem Elektrongitterteil abgefangen, an der gemeinsamen Lagerstelle war noch ein Eelektronstützteil angeschlossen, welches zum Anschlußbeschlag der Tragfläche führte. Eine Abfangstrebe nahm die Querkräfte zum Rumpf hin auf. Zur Verkleidung all dieser Teile waren die großen »Hosen« der Ju 87 A notwendig.
Ab dem B-Muster wurde ein Einbeinfahrwerk verwendet. Ringfederbeine mit Radgabel kamen zur Anwendung. Das Bremsrad 815 × 290 war noch das Gleiche wie bei der A. Die zweiteilige Radverkleidung schob sich beim Federn ineinander. Bei der D wurde das Fahrwerk verstärkt, die Radgabel nach vorn gekröpft, und bei den letzten Varianten wurde anstelle der Elektrongabel eine Stahlschweißkonstruktion verwendet. Das Bremsrad hatte nun die Größe 840 × 300.

Das unverkleidete Fahrwerk der Ju 87 A zeigt einen ähnlichen Aufbau wie das Fahrwerk der Hs 123

Die charakteristische große Fahrwerksverkleidung der Ju 87 A. Die Verkleidung der Stützstrebe ist hochgeschoben.

Schwinghebelfahrwerk der Ju 87 A. Der Aufbau des Fahrgestells ist gut zu erkennen, da die Verkleidung noch nicht angebaut ist.

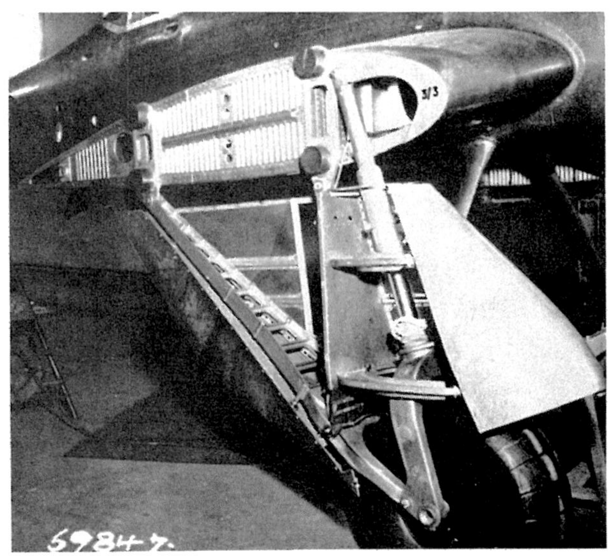

Das unverkleidete Fahrwerk der Ju 87 B. Gut zu erkennen, die Klemmbefestigung der Federstrebe an der Tragflächenrippe

Ab dem Baumuster B wurde das Einbeinfahrwerk bei der Ju 87 eingeführt, mit der nun typischen Verkleidung. Beim Einfedern tauchte die untere Hälfte in die obere Verkleidung ein.

Fahrwerksübersicht Ju 87 D

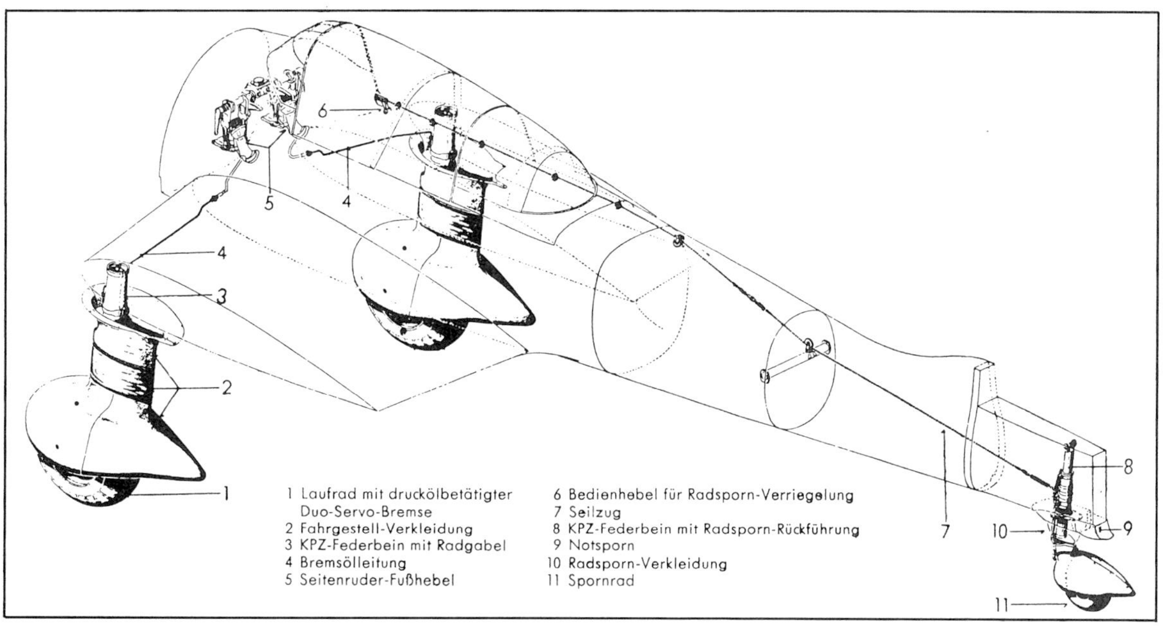

Serienfertigung der Ju 87 D bei Weserflug. Das Fahrwerk ist bereits eingebaut und die Maschine ist ohne Außenflügel rollfähig.

Hauptfahrwerksverkleidung der Ju 87 D

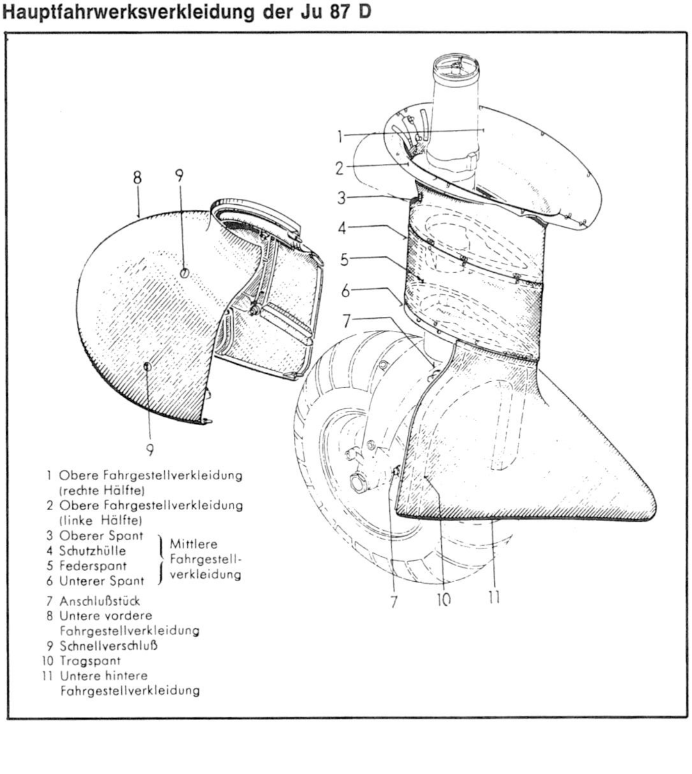

Das teilverkleidete Fahrwerk der Ju 87 D. Zwischen unterer und oberer Verkleidung war hier eine Ledermanschette angebracht. Am Federbein oben ist eine »Jerichotrompete« zu erkennen.

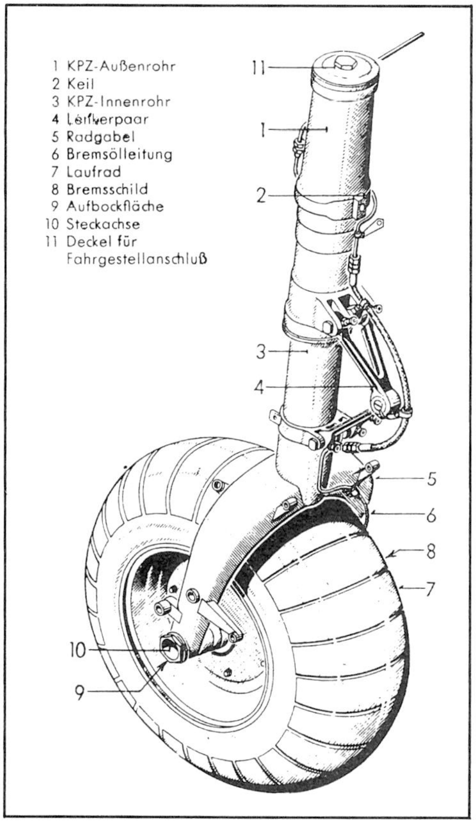

Hauptfahrwerkshälfte der Ju 87 D

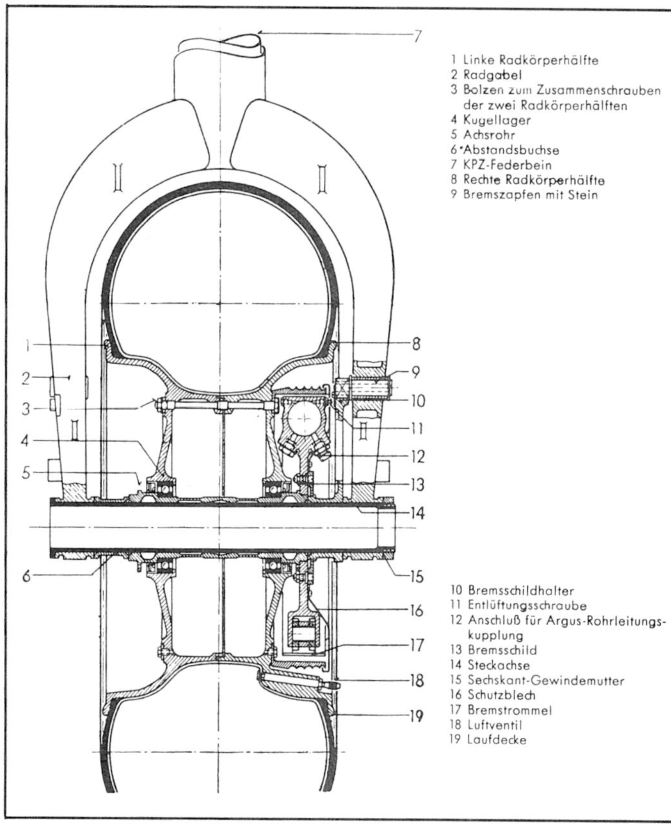

Schnitt durch das Bremsrad 840 × 300 der Ju 87 D

Radspornanlage der Ju 87 V2. Eine Ledermanschette ist zweischen Rumpf und Radgabel angebracht, das Spornrad ist stromlinienförmig verkleidet.

Radsporn-Verriegelung

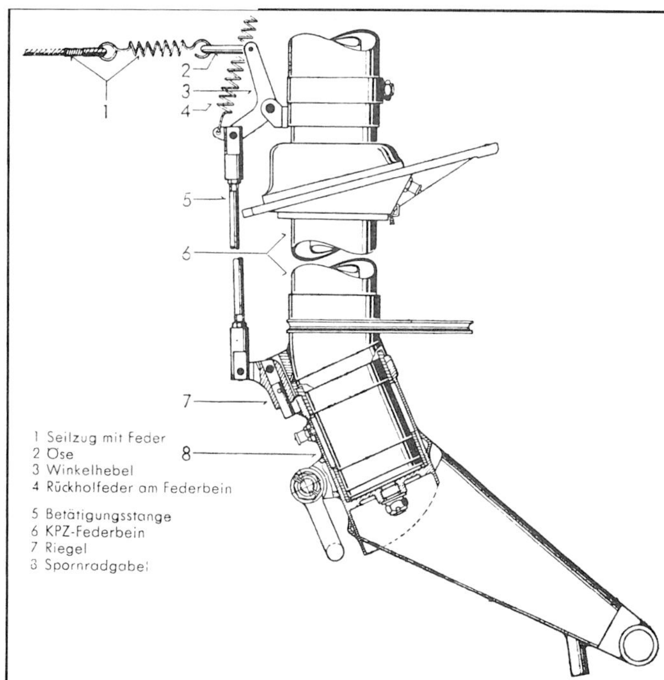

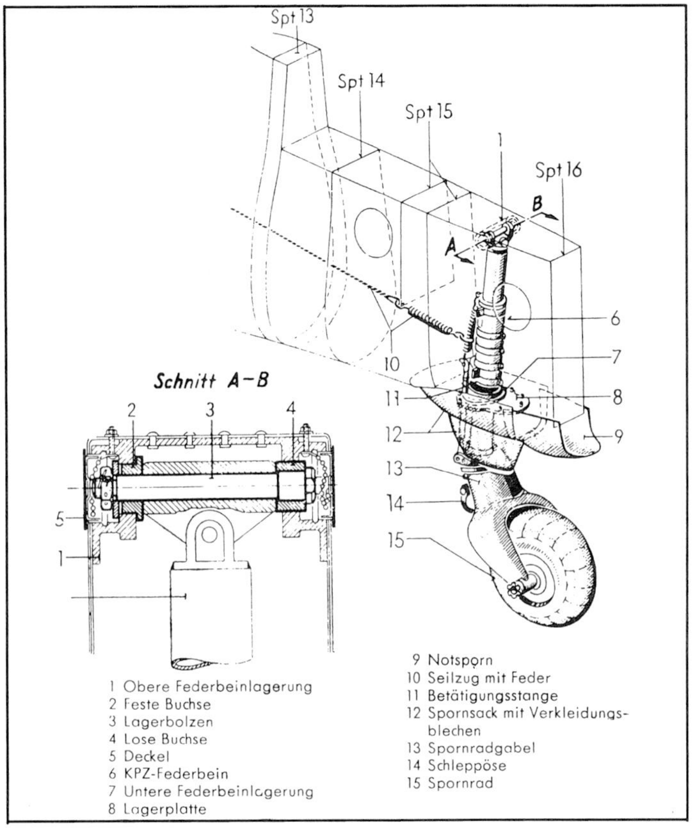

Radspornanlage Ju 87 D

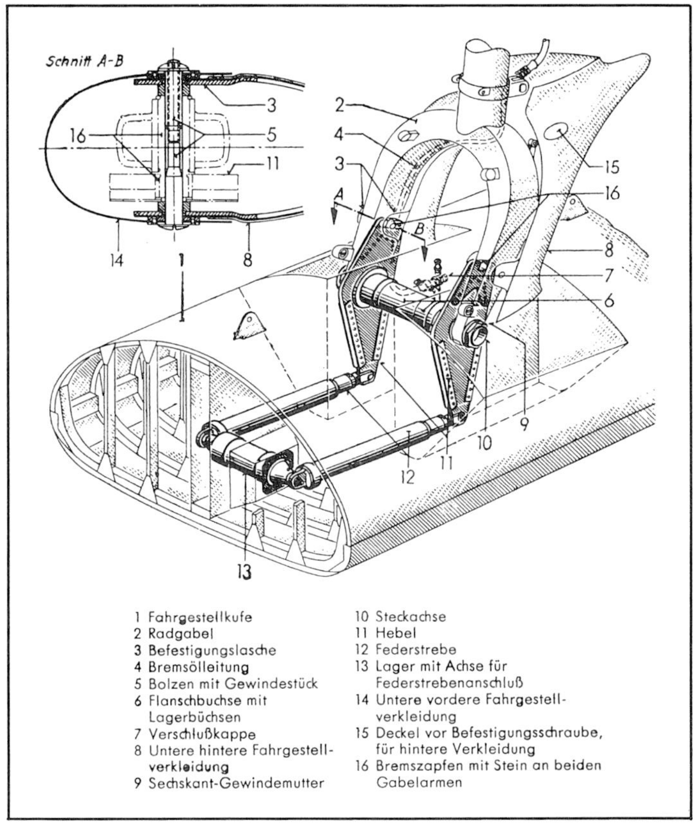

Lagerung der Schneekufe

Ju 87 D-1-trop mit Schneekufen und Spornkufe

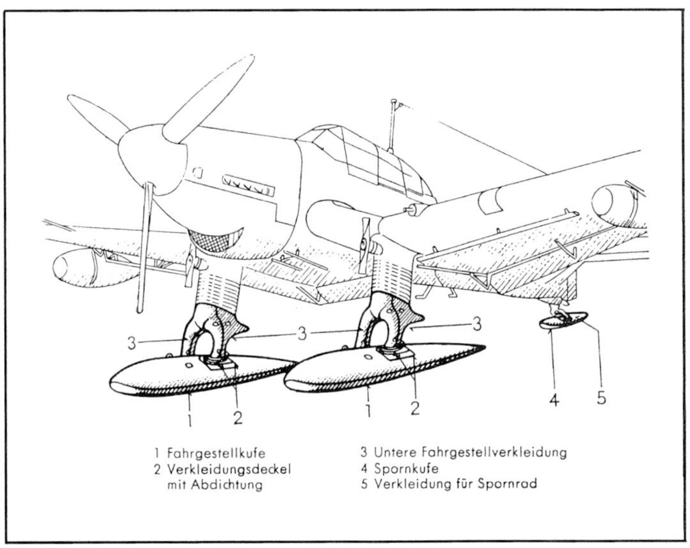

Ju 87 Sporn mit Schleppeinrichtung für Lastensegler

Ju 88

Das meistgebaute deutsche Kampfflugzeug war die Ju 88, 1936 flog das erste V-Muster.
Bis zur V5 waren alle Erprobungsflugzeuge mit einem Gabelfahrgestell ausgerüstet. Ab der V6 kam dann das Einbeinfahrwerk zum Einbau. Beim hydraulischen Einziehvorgang über den Knickstrebenrahmen wurde das Rad um 90° gedreht und in die Motorgondel geschwenkt. Bei der V6 wurden zwei verschiedene, noch weitgehend geschlossene Federbeinrahmen erprobt. Die späteren A-Muster hatten einen Elektronrahmen, der aus der Federbeinummantelung und der Stützstrebe bestand. Im angegossenen oberen Querträger waren zwei Lageraugen eingeschraubt. Bei allen A-Mustern wurden Ringfederbeine verwendet, die 370 mm Federweg hatten. Die wartungsfreien Federelemente waren mit 1800 kg vorgespannt und verplombt. Sie konnten nur vom Hersteller repariert werden. Doppelbremsräder der Größe 1100 × 375 kamen zum Einbau. An späteren A-Mustern wurden Räder 1140 × 410 verwendet. Der hydraulisch einziehbare Schwinghebel-Sporn stützte sich gegen ein Ringfederbein ab.

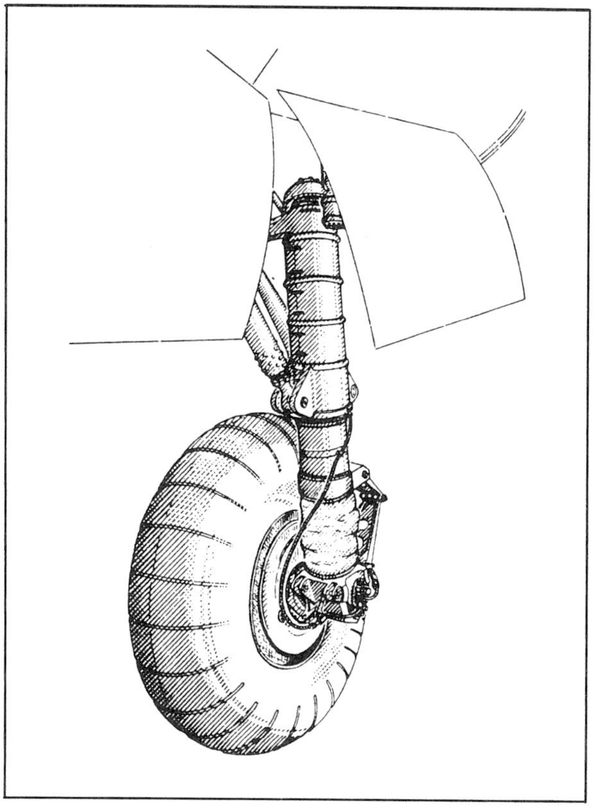

Das linke Hauptfahrwerk der Ju 88 A1-A5 von hinten gesehen.

Linkes Hauptfahrwerk der Ju 88 A1-A5

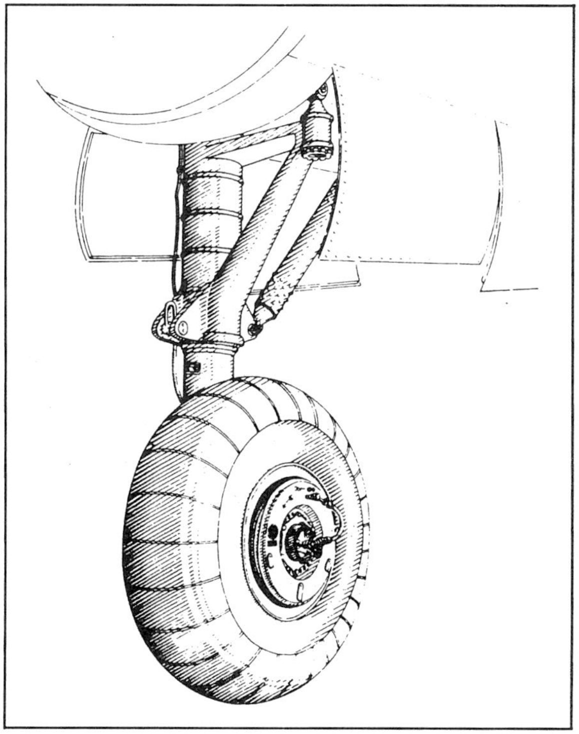

Linkes Federbein ohne Rad Ju 88 A1-A5

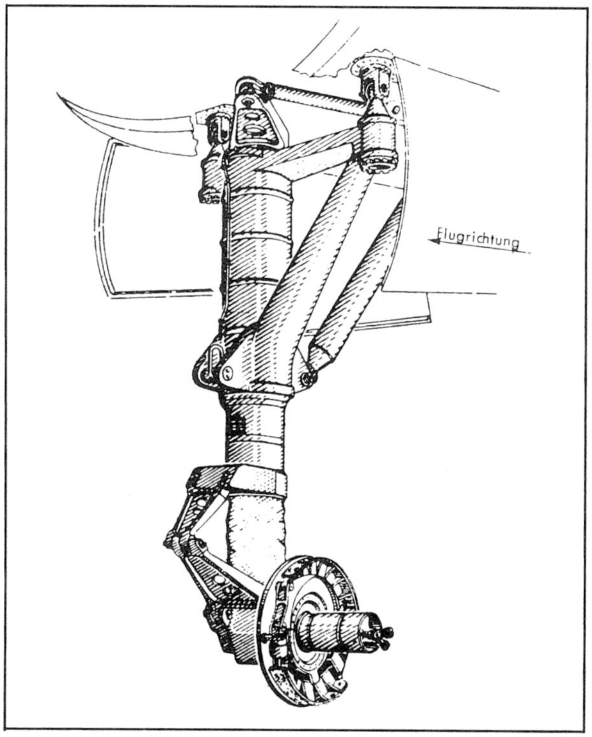

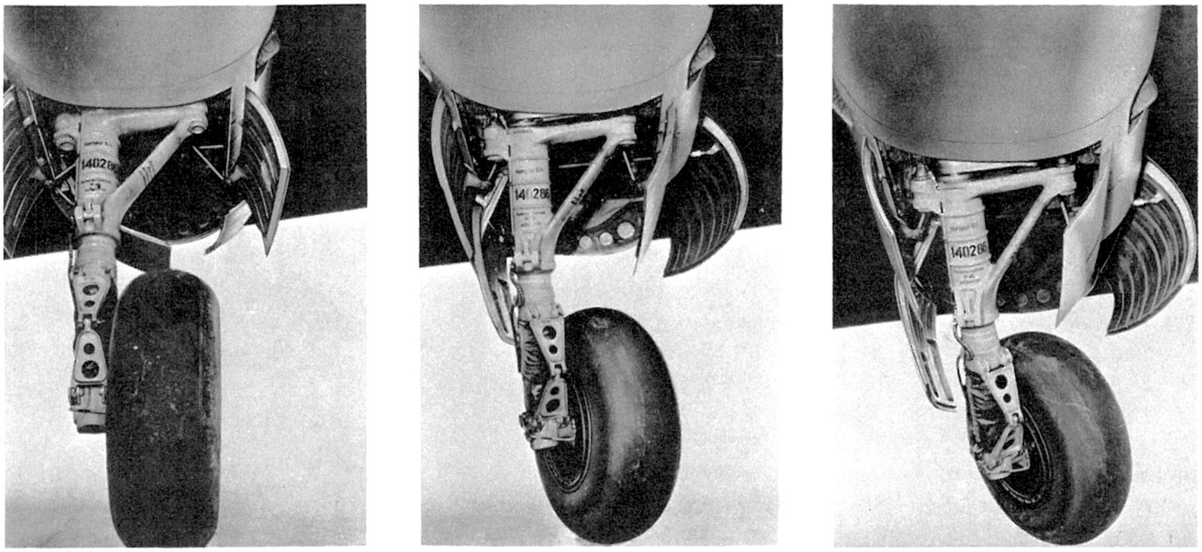

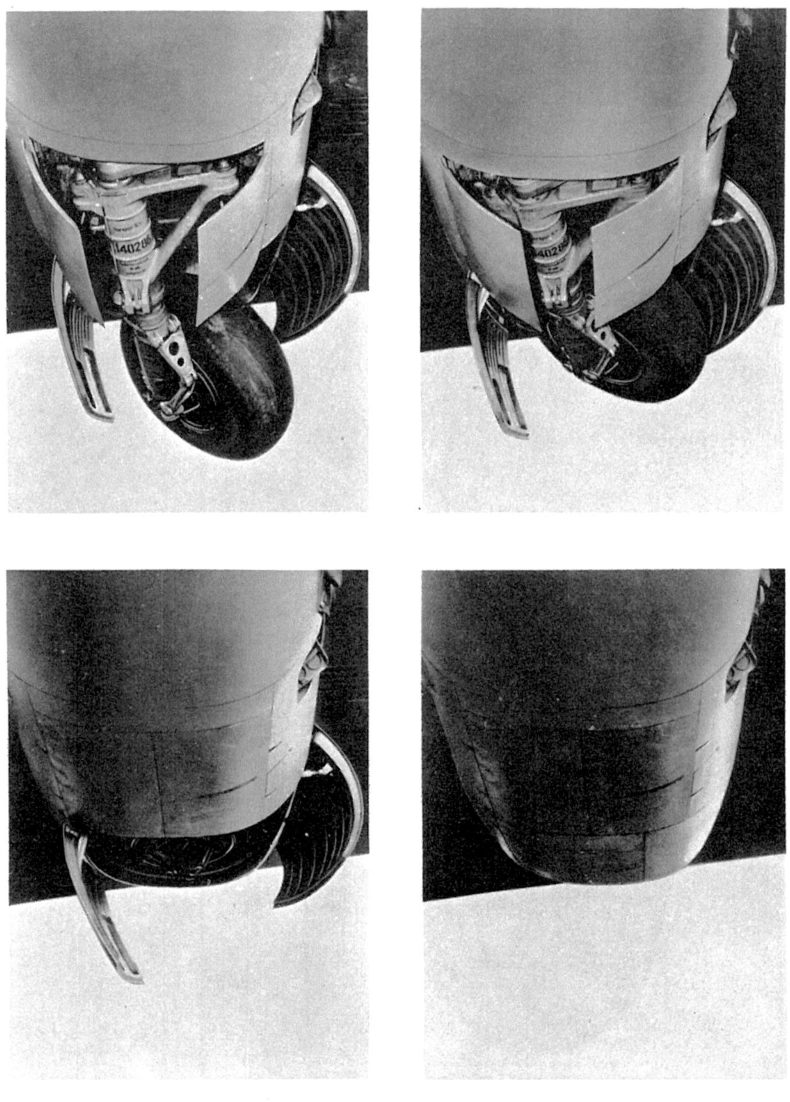

Einfahrvorgang der linken Hauptfahrwerkshälfte der Ju 88 A. Das Rad wurde um 90° gedreht und lag flach im hinteren Teil der Triebwerksgondel.

Ju 188

Die Die Weiterentwicklung der Ju 88 führte zur Ju 188. Deren Fahrwerk war weitgehend von der Ju 88 übernommen. Es kam hier aber ein Luft/Ölfederbein zum Einbau. Aus einem damals geheimen Bericht über Fahrwerksentwicklungen von 1943 geht dazu folgendes hervor:

Fahrwerksentwicklung der Flugzeugmuster Ju 88, Ju 188 und Ju 388.

Die Weiterentwicklung des Grundmusters machte es notwendig, ausgehend von dem Fahrgestell Ju 88 A-4 ein verstärktes Fahrgestell für Ju 188 zu schaffen. Durch Kombination von Teilen dieses verstärkten Fahrgestells mit Teilen des A-4-Fahrgestells schaffte die Firma Junkers ein sogenanntes Einheitsfahrgestell für die aus Ju 88 abgeleiteten Flugzeugmustern, sodaß dieses Einheitsfahrgestell später gleichzeitig als Nachschubfahrgestell gilt.

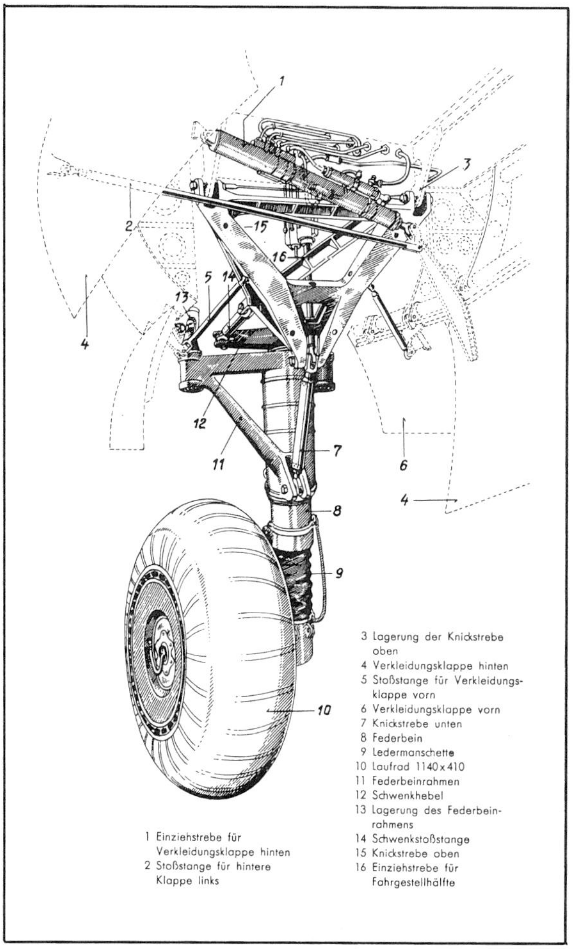

Einheitsfahrwerk für alle späten Ju 88 und alle Ju 188 Muster.

Unten, links: Das linke Hauptfahrwerk einer Ju 188, das im Aufbau dem der Ju 88 gleich war.
Rechts: Blick von hinten auf das linke Fahrwerk der Ju 188.

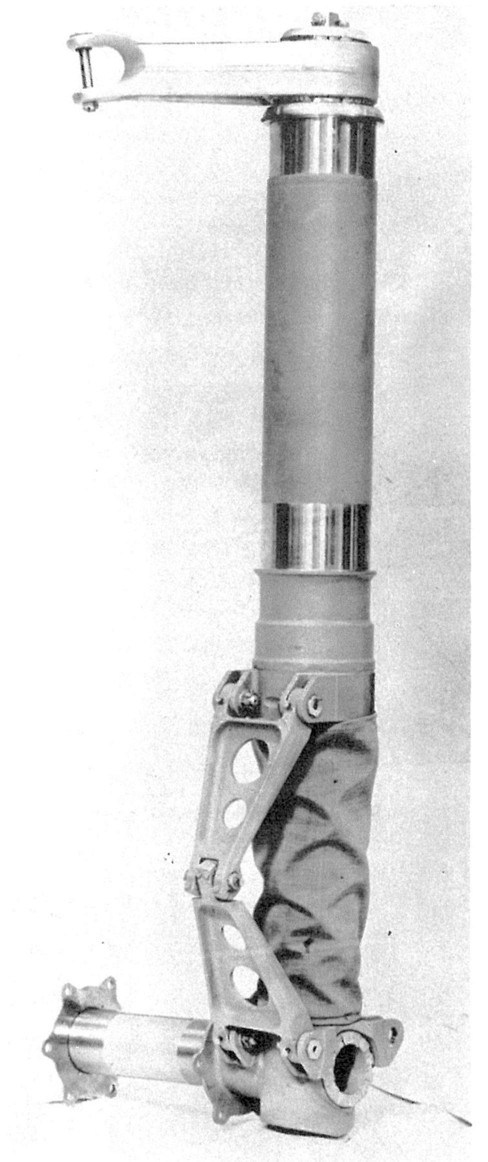

Links: Hauptfahrwerksserienfertigung bei Opel. – Rechts: Das Federbein aus dem Einheitsfahrwerk Ju 88/188. Am oberen Ende der Schwenkarm. Am zylindrischen Teil die beiden Lagerstellen für den Federbeinrahmen.

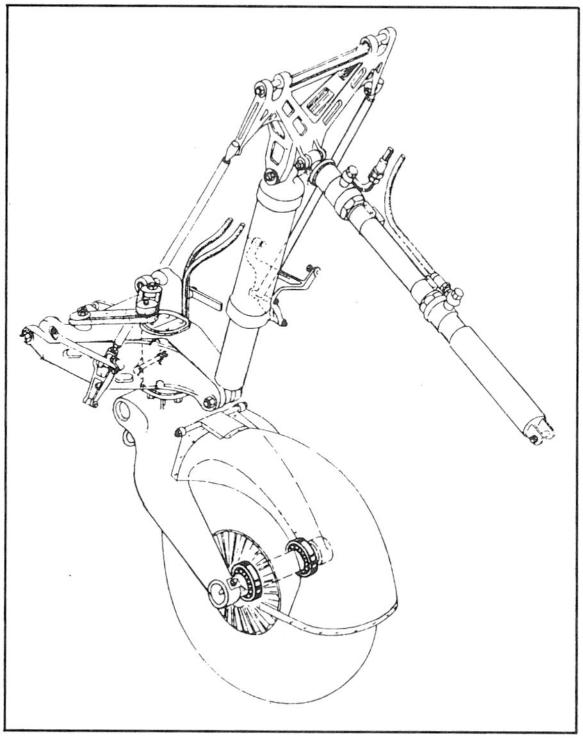

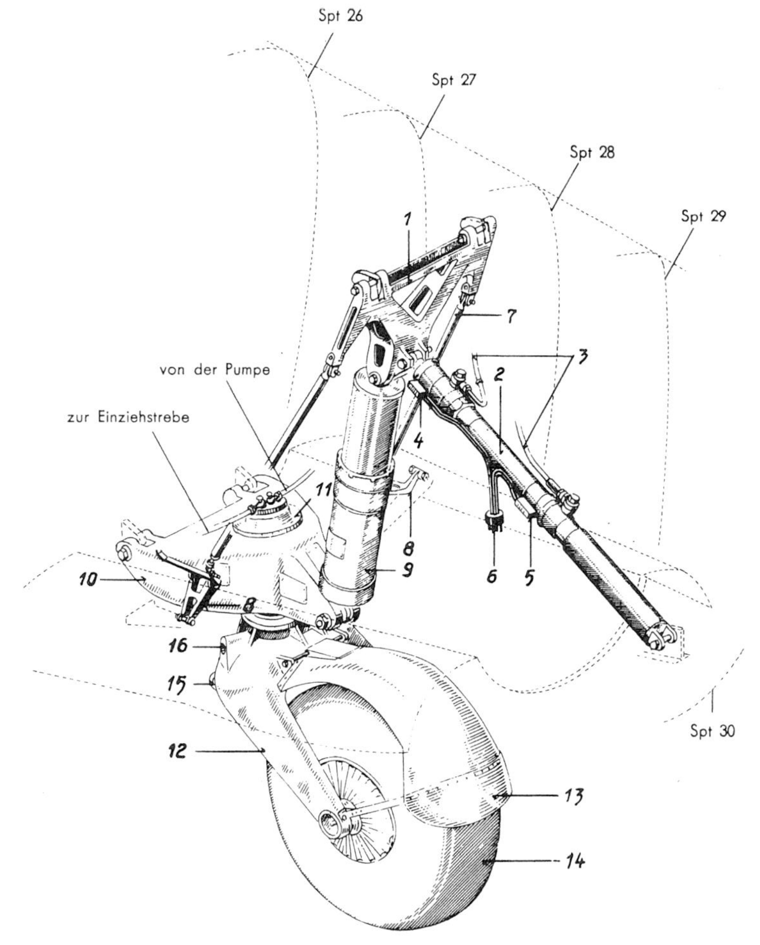

1 Knickstrebe
2 Einziehstrebe
3 Druckölleitungen für Einziehstrebe
4 Verriegelungsschalter eingefahren
5 Verriegelungsschalter ausgefahren
6 Kupplungsstück für Verriegelungsschalter
7 Stoßstange für Verkleidungsklappe
8 Lenker für Klappe
9 Federbein
10 Federbeinhebel
11 Durchflußsperre in Verbindung mit Federrückführung des Spornes
12 Radgabel
13 Schmutzfänger
14 Spornrad 560x200
15 Schäkel
16 Deichselöffnung

Einheitsspornanlage Ju 88/188

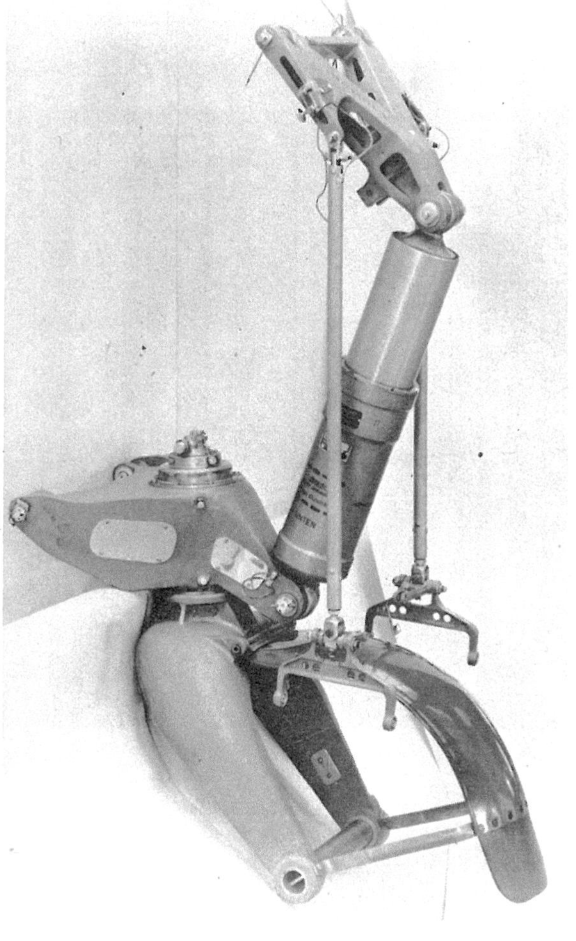

Links, oben: Spornanlage Ju 88/A1-A5. Bei dieser Ausführung erfolgte die Geradeführung über schräg angelenkte Gummischnüre. Die Verriegelung durch einen separaten Riegelzylinder.
Unten: Einheitssporn Ju 88/188. Die beiden Schubstangen mit den Hebelbrücken waren für die Klappenbetätigung.

Ju 89 / Ju 90

Nur zwei Versuchsmuster des viermotorigen Bombers Ju 89 wurden gebaut. Das dritte Versuchsmuster wurde zum Verkehrsflugzeug Ju 90 umgebaut. Die Fahrwerke der beiden Muster waren weitgehend gleich: Luft/Öl-Federbeine waren zu einem Gabelfahrwerk zusammen gefaßt und nach vorn durch eine V-Strebe abgestützt. Ein Hydraulikzylinder, der an den Verbindungs-Gußrahmen angelenkt war, zog das Fahrgestell nach hinten in die innere Motorgondel ein. Dabei wanderte die V-Strebe aus ihrer Verriegelung, in einem Träger, nach hinten. Hydraulisch betätigte Doppelbremsräder kamen zum Einbau. Der Sporn war als hydraulisch einziehbarer Schwinghebelsporn ausgebildet und stützte sich gegen eine Schraubenfederstrebe mit Reibungsdämpfung ab.

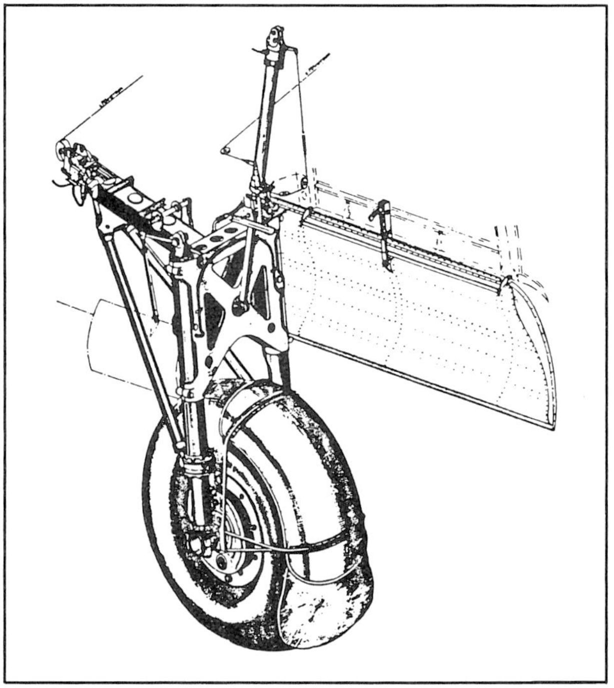

Fahrwerksübersicht Ju 89/Ju 90, die Fahrwerke dieser beiden Muster waren weitgehend identisch.

Hauptfahrwerk der Ju 89.

Hauptfahrwerk der Ju 90. Das Gabelfahrwerk war durch V-Streben nach vorne abgestützt.

Ju 290

Aus der Ju 90 wurde die Ju 290 weiterentwickelt. Dieser Großraumtransporter war ursprünglich als Langstreckenverkehrsflugzeug geplant.
An den letzten Ju 90-Mustern kam ein Fahrgestell zum Einbau, das bereits weitgehend dem der Ju 290 glich.
In einem Elektronrahmen war das Ringfederbein mit Fettdämpfung gehalten, an dessen unterem Ende ein Achsknotenstück mit den beiden Doppelbremsrädern gelagert war. Über einen Knickstrebenrahmen fuhr das Fahrwerk hydraulisch nach hinten ein. Der Schwinghebelsporn stützte sich gegen ein Ringfederbein ab und wurde hydraulisch über einen oberen Knickrahmen eingezogen. Dabei wirkte die Federstrebe als Knickstreben-Unterteil.

Die Ju 290 hatte ein Doppelbremsradfahrwerk mit vorneliegendem Lenker.

Links: Blick von hinten auf das mächtige Fahrwerk der Ju 290 V1. Hier ist der obere Teil der Knickstrebe noch als Gußteil ausgeführt. – Rechts: Hauptfahrwerk Ju 290 A

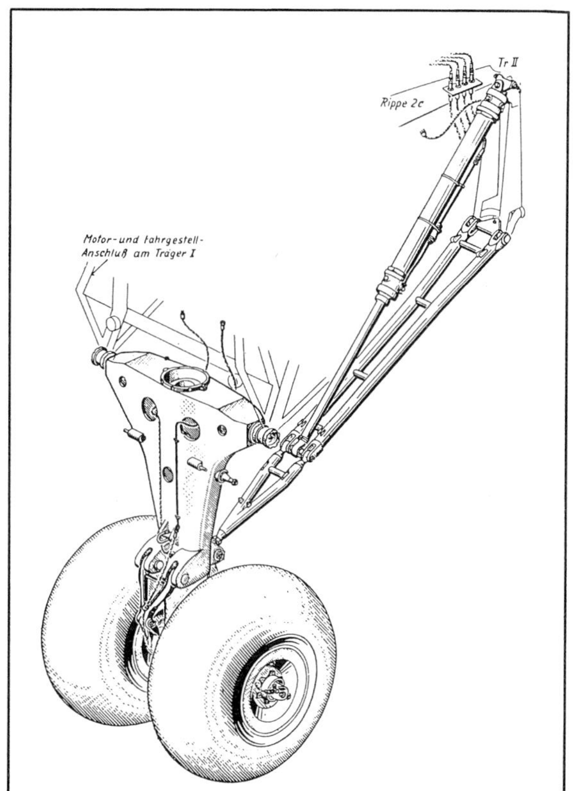

Ju 290 A

Übersicht der Fahrgestell- und Klappenanlage

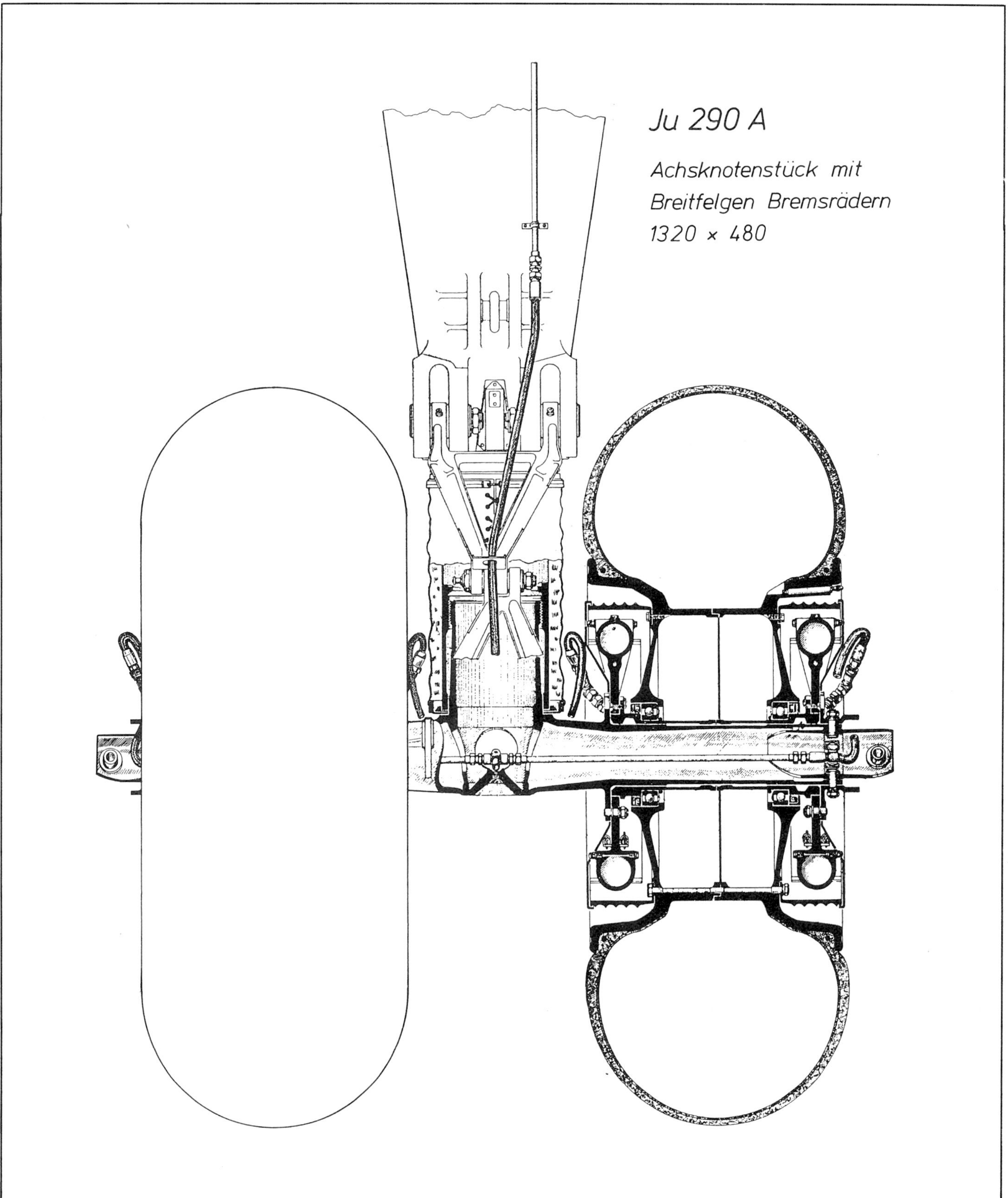
Ju 290 A
Achsknotenstück mit
Breitfelgen Bremsrädern
1320 × 480

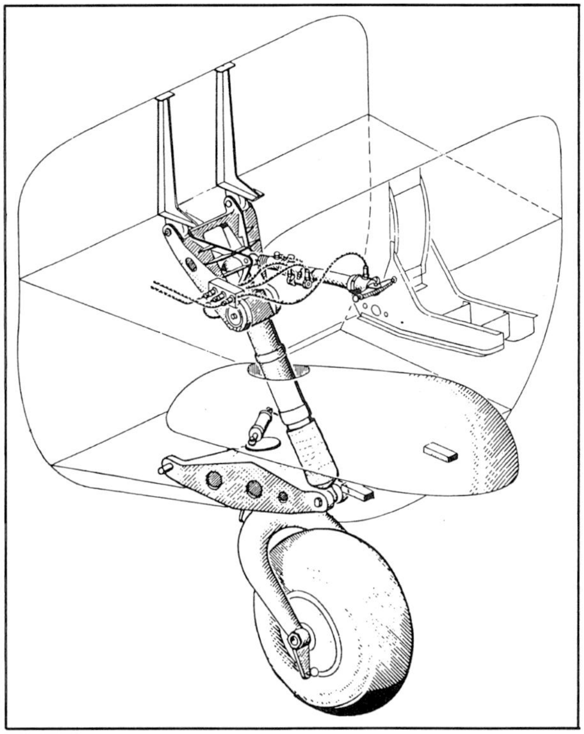

Spornanlage der Ju 290 im Aufbau ähnlich dem der Ju 88.

Ju 252

Auch dieses Flugzeug war als Verkehrsmaschine entworfen worden und wurde nach Ausbruch des Krieges von der Luftwaffe übernommen. Nur 15 V-Muster wurden gebaut.

Das Zwillingsrad-Fahrwerk wurde hydraulisch über Knickstreben nach hinten in die Motorgondel eingefahren. Doppelbremsräder der Größe 1015 × 380 kamen zum Einbau.

Der hydraulisch einziehbare Sporn hatte ein Rad der Größe 630 × 770.

Das Fahrwerk der Ju 252 wurde mit Doppelbremsrädern gebaut. Die Federbeine hatten vorneliegende Lenker und Rohrstützstreben zur oberen Lagerstelle.

Ju 287

Das einzige bis Kriegende fertiggestellte Versuchsmuster der vierstrahligen Ju 287 (mit nach vorn gepfeilten Tragflächen) machte im August 1944 den Erstflug. Aus verschiedenen vorhandenen Modellen war dieser Prototyp aufgebaut: Der Rumpf war der einer He 177 A3, das Leitwerk stammte von der Ju 188 G2.

Das doppelte Bugfahrwerk wurde von zwei erbeuteten amerikanischen B-24-Bombern übernommen, nicht einziehbar, jedoch verkleidet. Das Hauptfahrwerk kam ebenfalls aus der B 24. Für die geplanten Serienmuster war ein neues Fahrwerk in Entwicklung. Im folgenden auszugsweise der Text aus der offiziellen Baubeschreibung vom 19. 9. 44:

»Das Bugfahrwerk ist hydraulisch einziehbar. Das Hauptfahrwerk wird mittels einer starken Einziehstrebe, die im ausgefahrenen Zustand als Abstützstrebe dient, mit dem Gestell in den Flügeln und mit dem Rad in das Rumpfzwischenstück eingefahren. Die Laufräder 1440 × 520 werden beim Einfahren durch einen im Bein befindlichen Einziehzylinder um eine ungefähr in Flugrichtung liegende schräge Achse so geschwenkt, daß sie im Rumpf ungefähr in vertikal Lage kommen. Die Haupträder sind mit Doppelbremsen ausgerüstet.

Das Bugrad ist um eine Achse schwenkbar, die um einen Winkel von rund 12° gegen die Senkrechte nach hinten geneigt ist. Am unteren Teil des Federbeines ist eine neuartige Bremsvorrichtung gegen das Flatter des Rades angebracht. Diese gestattet es, daß das Rad um 360° geschwenkt werden kann, ohne daß Teile gelöst zu werden brauchen. Über eine Kurvenbahn werden zwei Kolben in zwei Zylindern auf und nieder bewegt und dadurch eine unter einem gewissen Überdruck stehende Ölmenge durch eine Drossel hin- und hergeschoben. In der Drossel wird im wesentlichen die Flatterarbeit vernichtet. Das Laufrad hat die Größe 935 × 345. Gelagert ist das Bugfahrwerk unter dem Fußboden des Besatzungsraumes und wird mittels eines Einziehzylinders, der im ausgefahrenen Zustand das Fahrwerk abstützt, nach hinten in einen Raum unter dem Fußboden des Besatzungsraumes eingefahren.

Die Haupträder und das Bugrad erhalten eine Vorrichtung, mit der die Räder durch den Fahrtwind in Umdrehung versetzt werden, um beim Aufsetzen bei der Landung die Reifen zu schonen und das Einfedern des Beines zu verbessern«.

Bugfahrwerksattrappe der Ju 287. Die beiden Zylinder über der Radgabel zeigen den im Text beschriebenen Flatterdämpfer.

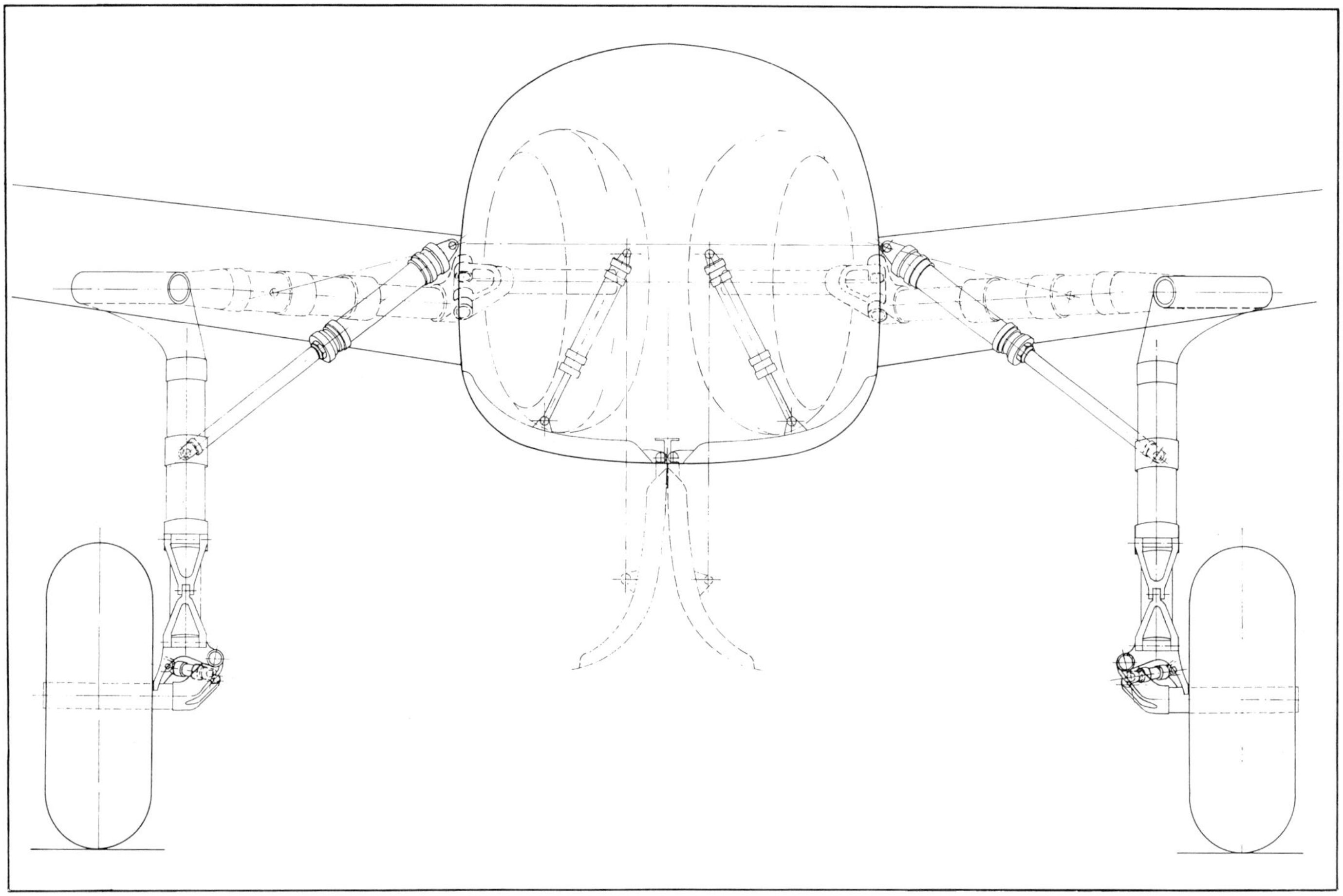

Hauptfahrwerksübersicht Ju 287, gegen die Flugrichtung Die Hydraulikzylinder zwischen Federbeinunterteil und Achsträger schwenkten die Radachsen um 90° beim Einfahren. Die Fahrwerksbetätigungs-Zylinder hatten Kugelverriegelung für die ein und aus Endstellung.
Die Fahrwerks-Restabdeckung hatte eigene Arbeitszylinder.

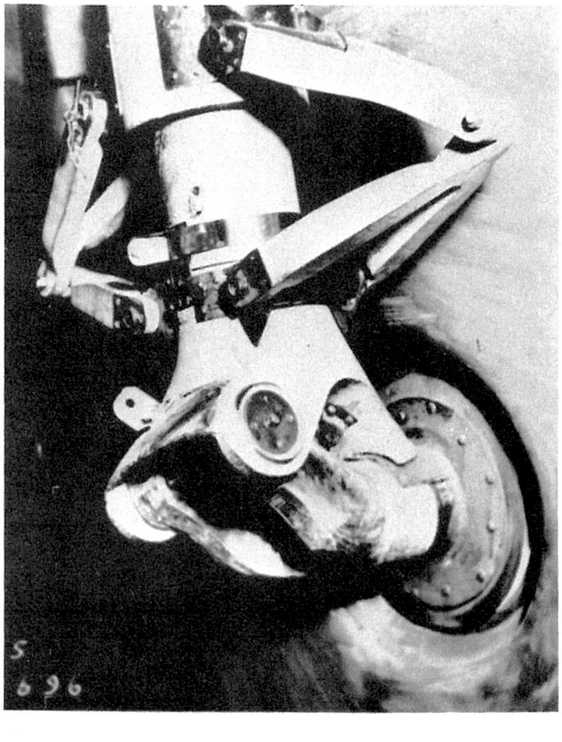

Attrappe des Federbeinunterteils der geplanten Ju 287 Serienausführung mit Doppellenkern und Schwenkeinrichtung für den Achsträger.

Große Hoffnungen setzte man in diese nach der RLM Ausschreibung für das »Bomber-B«-Programm entstandene Junkers-Entwicklung. Die Ju 288 ging aber nie in Serie.

Das Fahrwerk für dieses Muster stellte eine Besonderheit dar.

Ein Y-Träger lagerte mit den oberen Armen drehbar in der Motorgondel. Am unteren Ende dieses Trägers war ebenfalls schwenkbar das Federbein gelagert. Zwei Doppelbremsräder der Größe 1015 × 380 waren auf der durchgehenden Achse montiert. Beim Einfahren wurde eine Knickstrebe von einem Hydraulikzylinder hochgezogen. Der untere Teil der Knickstrebe schwenkte dabei den Y-Träger nach oben. Eine parallel zu diesem Träger angelenkte Schubstange bewegte über Hebel und Zahnsegment ein weiteres Zahnsegment, das auf der Drehachse des Federbeins gelagert war und dieses beim Hochgehen des Y-Trägers um diesen herumschwenkte. Das so zusammengefaltete Fahrwerk nahm sehr wenig Raum in Anspruch.

Der Schwinghebelsporn wurde hydraulisch nach oben geschwenkt und durch zwangsgesteuerte Klappen abgedeckt.

Schematische Fahrwerksübersicht der Ju 288

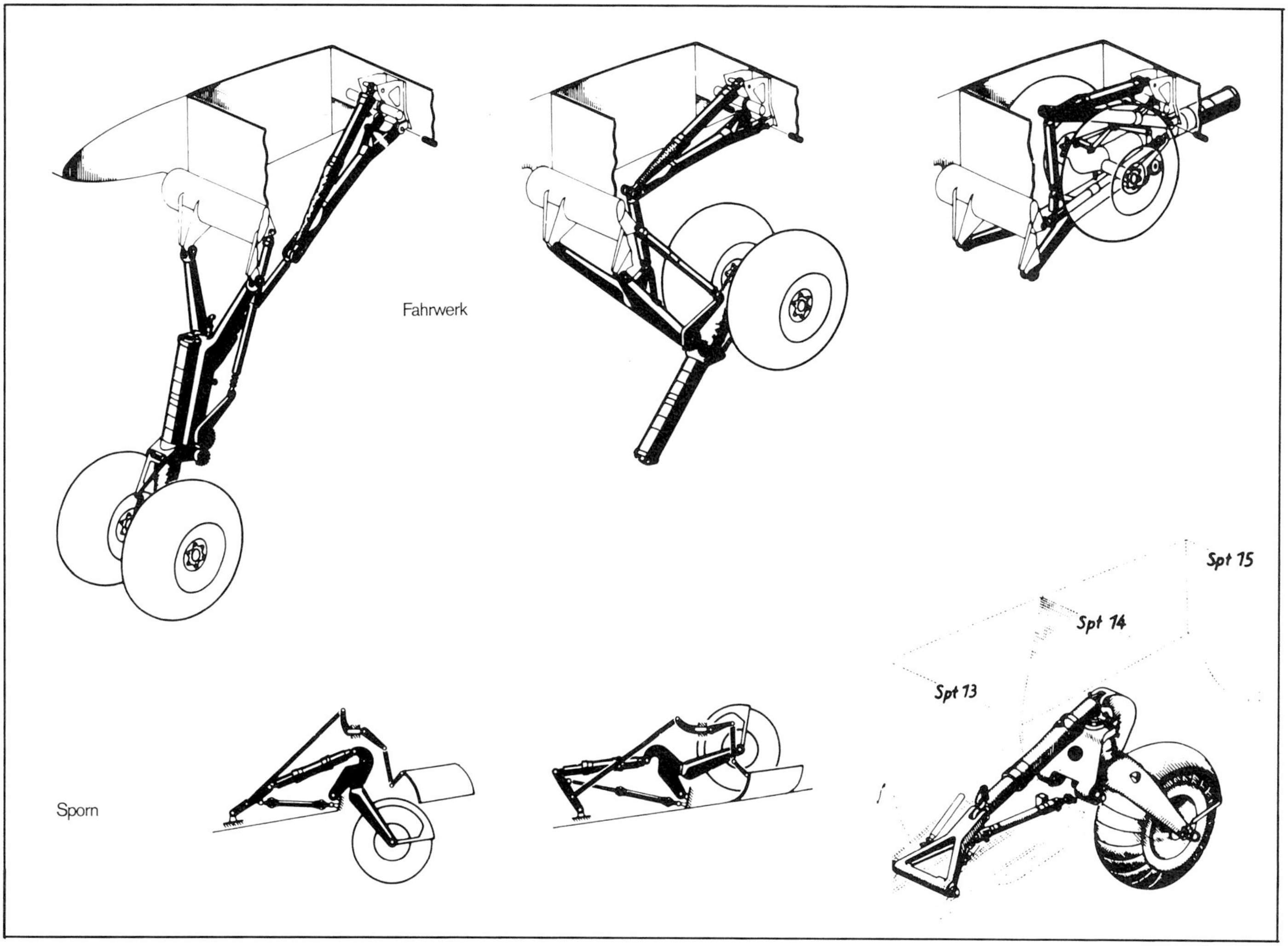

Oben, links: Einfahrvorgang an der Ju 288 V2

Rechts: Blick von schräg hinten auf die aufgebockte Ju 288 V2. Gut zu erkennen die Antriebsstoßstange, die über Zahnsegmente die Federstrebe mit den Rädern um den Tragholm schwenkte.

Auch auf diesem Bild sind die Antriebsteile für den Schwenkvorgang gut zu erkennen. Ju 288 V11

Oben, links: Blick in den Spornradschacht der Ju 288

Rechts: Bei der Erprobung der Ju 288 gab es immer wieder Fahrwerksschäden, wie hier an der V 10.

Ju 352

Der aus der Ju 252 weiterentwickelte Transporter hatte gegenüber seinem Vorgänger ein Einbeinfahrwerk. Die Räder ragten im eingefahrenen Zustand teilweise aus den Fahrwerksabdeckungen heraus. Die Luft/Ölfederbeine mit 360 mm Federweg waren oben breit gelagert. Die Kolbenstange mit Achsträger hatte Doppellenker. Das Ein- und Ausfahren erfolgte hydraulisch über eine Knickstrebe. Doppelbremsräder der Größe 1320 × 480 kamen zum Einbau. Der Ringfedersporn mit Fettdämpfung und 300 mm Federweg wurde hydraulisch ein- und ausgefahren.

Linkes Hauptfahrwerk der Ju 352 V1

Das Hauptfahrwerk der Ju 352 hatte Doppellenker.

Schnittzeichnung durch das Doppelbremsrad der Ju 352 ▶

Links: Ju 352 A, linke Fahrgestellhälfte. – Rechts: Fahrwerksaufbau der Ju 352. Der langhubige Arbeitszylinder war am Verbindungsbolzen der Knickstrebe gelagert.

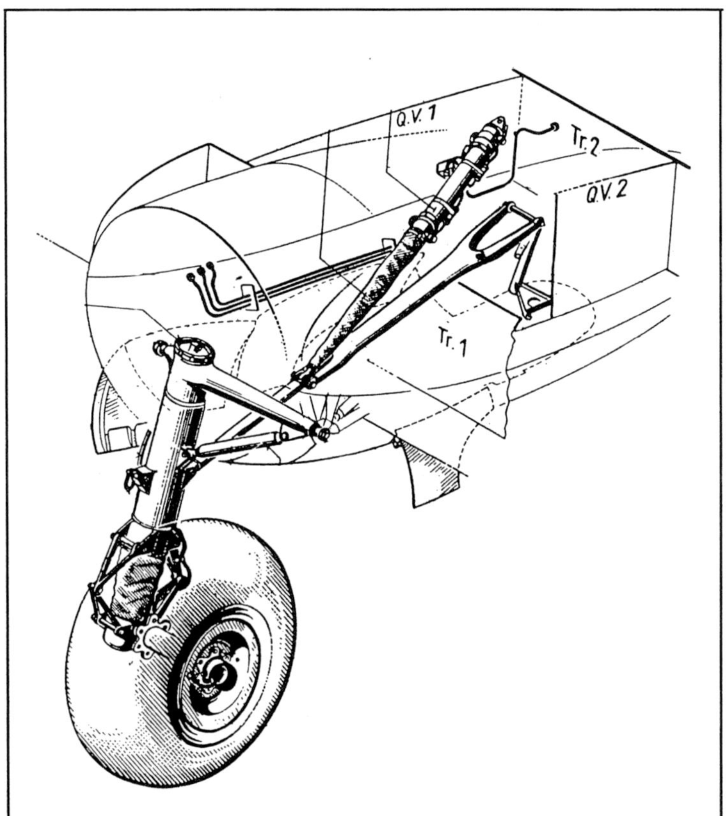

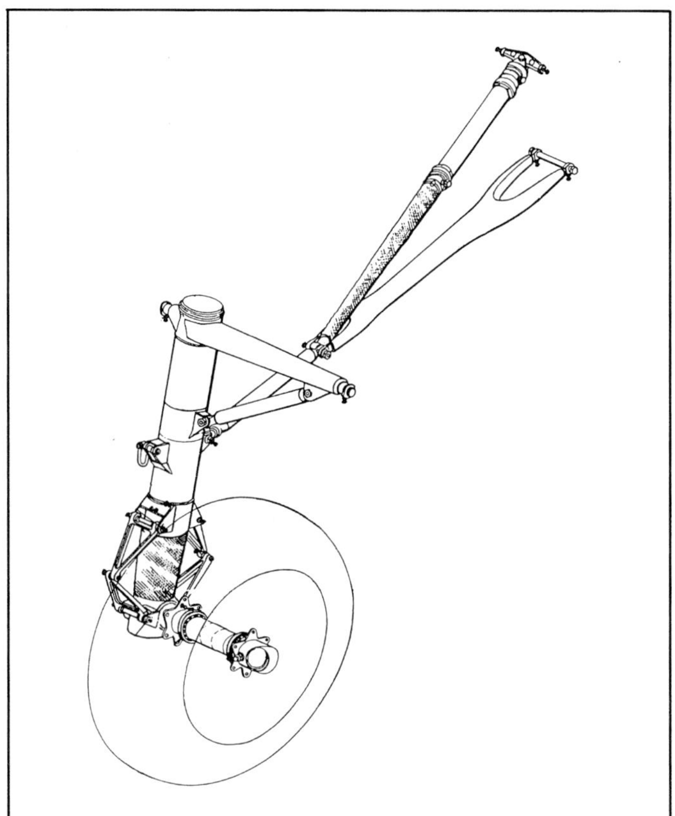

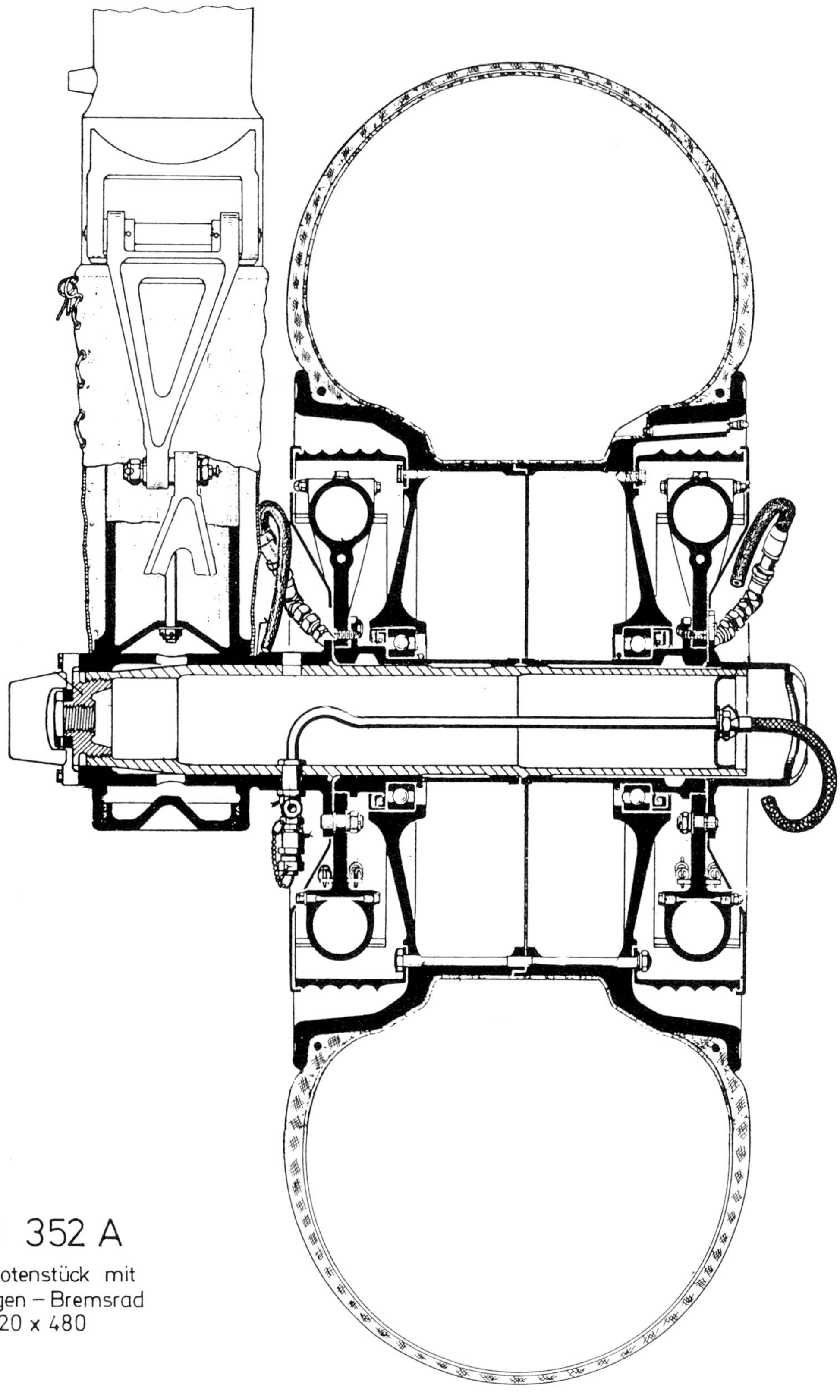

Ju 352 A

Achsknotenstück mit
Breitfelgen – Bremsrad
1320 x 480

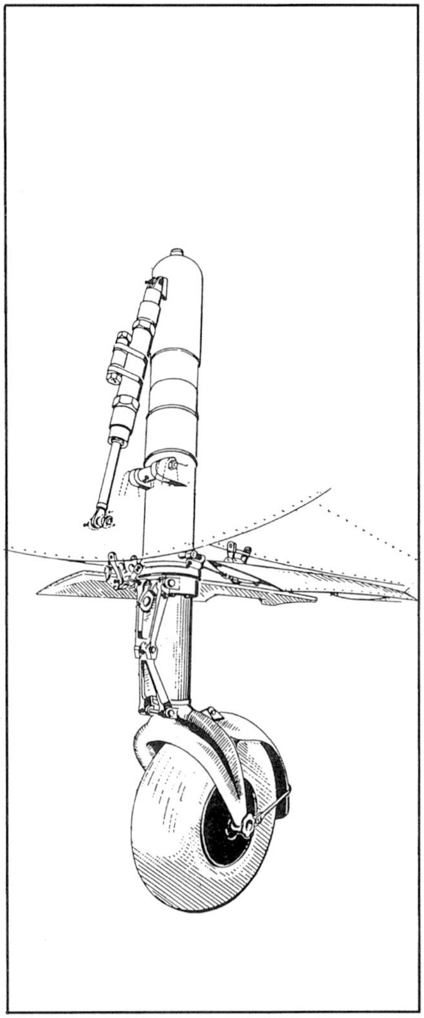

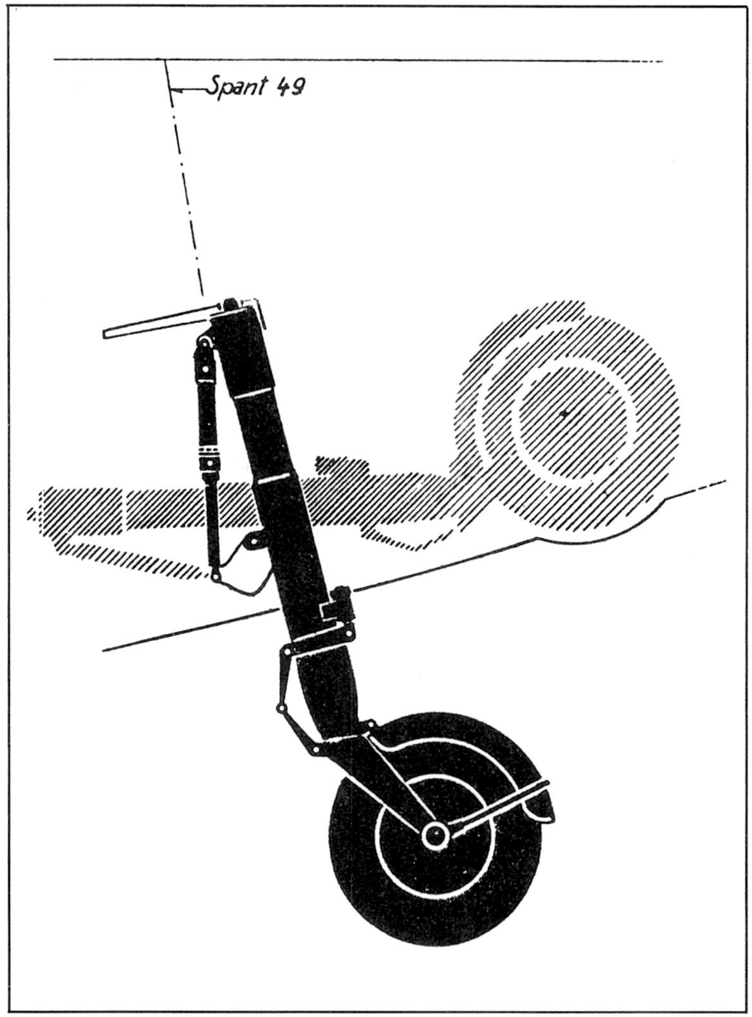

Links: Spornfederbein der Ju 352. – Rechts: Diese Abbildung zeigt ein- und ausgefahrenen Zustand der Spornanlage der Ju 352. Die Anordnung des Arbeitszylinders entspricht der Ausführung der Bf 109.

Das Spornfederbein der Ju 352 hatte eine Radgabel, die als Rohrschweißkonstruktion ausgeführt war.

Messerschmitt AG
(vormals Bayerische Flugzeugwerke)

Bf 108

1934 entstand das Messerschmitt-Sport- und Reiseflugzeug »Taifun«, erstes Messerschmitt-Muster mit Einziehfahrwerk. Bei der Luftwaffe war die 108 als Kurierflugzeug eingesetzt. Das Fahrgestell wurde über ein Einziehgetriebe von Hand ein- und ausgefahren. Durch Vor- und Zurückbewegen eines Handhebels in der Mitte der Kanzel wurde über Wellen die Drehbewegung auf je eine Schnecke übertragen. Am oberen Ende der Federbeine waren Zahnsegmente angeordnet, die von den Schneckenrändern angetrieben wurden. Die Schraubenfederbeine waren ölgedämpft. Hydraulisch betätigte Bremsräder der Größe 545 × 150 kamen zur Verwendung. Der nicht einziehbare Schraubenfedersporn hatte ein Rad der Größe 260 × 85.

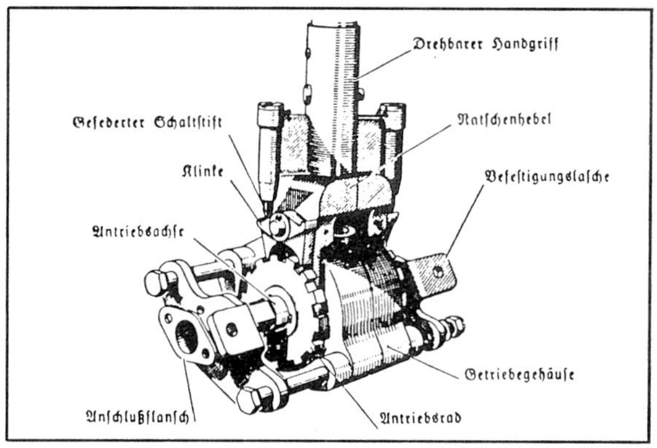

Rechts, oben: Blick auf das linke Hauptfahrwerk der Bf 108.
Mitte: Das Einziehgetriebe der Bf 108

Das Hauptfahrwerk der Bf 108 wurde manuell über einen Handgriff ein- und ausgefahren.

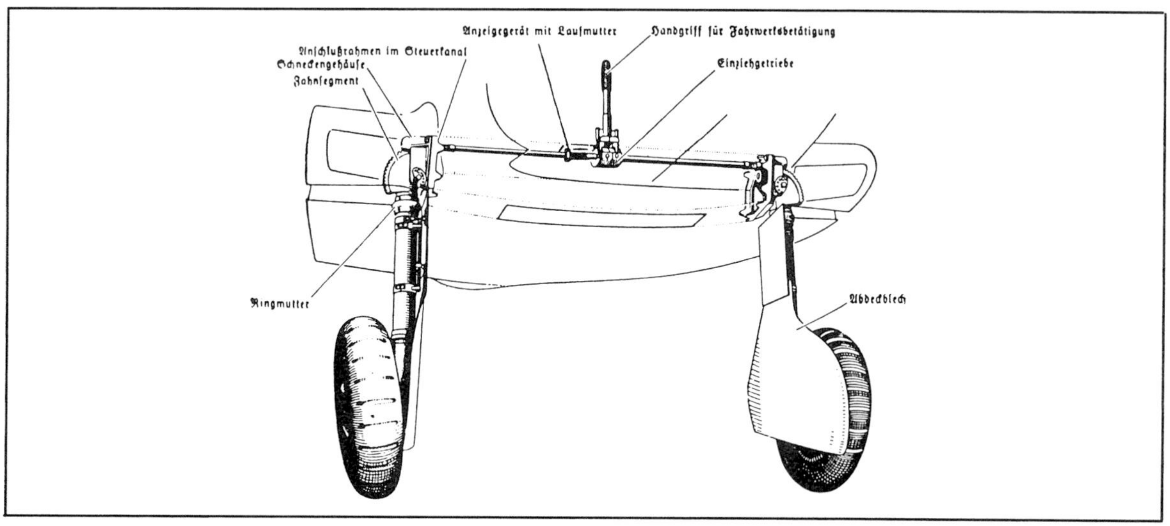

Das rechte Federbein der Bf 108. Oben im Fahrwerksschacht ist das Zanhsegment der Betätigung zu erkennen.

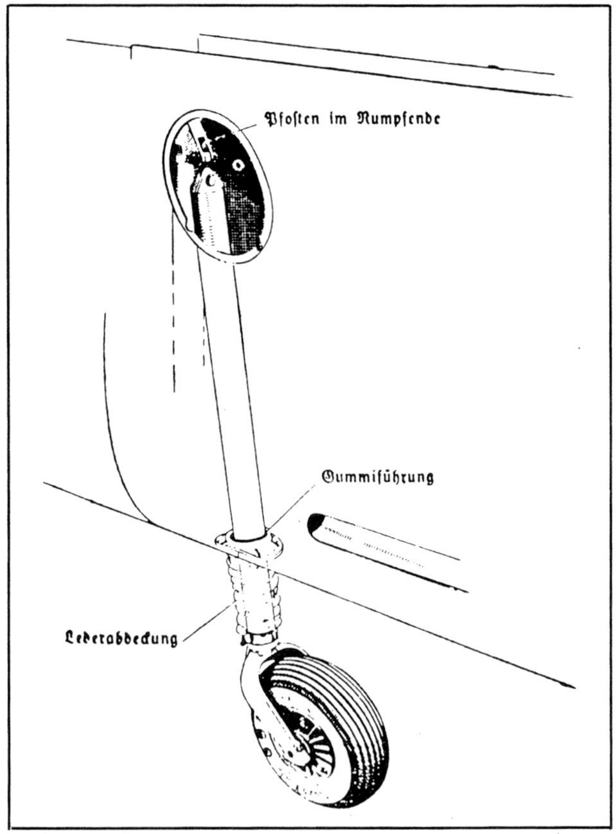

Der einfach ausgeführte Sporn der Bf 108 mit langem Federbein.

Bf 109

Kein anderes Flugzeug der deutschen Luftfahrtgeschichte wurde in größerer Stückzahl gefertigt, über 30000 kamen zur Auslieferung. Vom ersten Versuchsmuster, das 1935 flog, bis zu den letzten Einsatz-Varianten von 1944/45 wurde die 109 ständig weiterentwickelt und verbessert. Das Fahrwerk blieb jedoch vom grundsätzlichem Aufbau her immer gleich. Vieles wurde über die 109 bisher geschrieben, und immer wieder taucht der Hinweis auf, daß das Fahrwerk ein schwacher Punkt der 109 gewesen sei.

Die Anordnung der Federbeine am Rumpf war 1934/35 eine Forderung: das Flugzeug sollte auch ohne Tragwerk mit eigenen Rädern rollbar sein.

Die Höhe des Flächenprofils war bei der 109 nicht sehr groß. Das nach außen in die Tragflächen einfahrende Fahrgestell war kaum unterzubringen. Ein schmales Hochleistungsrad der Größe 650 × 150 mußte verwendet werden. Ein Kunstgriff wurde am Federbein angewandt, die Verschraubung in Federbeinmitte gelegt (am unteren Ende wäre eine Aufdickung aus Platzgründen nicht möglich gewesen).

Das erste an die Luftwaffenverbände gelieferte Muster war die 109 B. Die Luft/Ölfederbeine wurden hydraulisch ein- und ausgefahren. Die Verriegelung erfolgte wie bei allen folgenden Varianten der 109 im ausgefahrenen Zustand über eine federbelastete Sperrklinke und einen Feststellstein am Rumpfanschluß. Im eingefahrenem Zustand wurden die Federbeine über eine Aufhängeklinke, die am Arbeitszylinder angelenkt war, verriegelt. Der Luft/Ölsporn wurde bei der B durch einen Hydraulikzylinder ein- und ausgeschwenkt. Im unteren Spornlenker war eine druckölbetätigte Spornverriegelung eingebaut.

Durch eine Kurvenbahnrückführung im Federbein wurde der Sporn in Geradstellung rückgeführt.
Die Bf 109 D hatte dasselbe Fahrwerk, nur die Einfahrverriegelung an den Federbeinen war geändert.
Bei der Bf 109 E kam das gleiche Hauptfahrwerk wie an der D zum Einbau. Der Sporn war nicht mehr einziehbar, und auch die aufwendige Lenkverriegelung war entfallen.
Das Hauptfahrwerk der Bf 109 F war weitgehend von der E übernommen. Der Sporn wurde bei einem Teil der Maschinen wieder einziehbar ausgeführt, obwohl die Einfahrverriegelung immer wieder Schwierigkeiten machte.
Bei der Bf 109 G gab es verschiedene Änderungen am Fahrwerk, vor allem durch ständig steigendes Startgewicht veranlasst. Die einzelnen G-Varianten wurden auch bei der Truppe und bei den Reparaturbetrieben umgerüstet. Selbst in den offiziellen Unterlagen gibt es z.B. über die Radgrößen unterschiedliche Angaben. So steht im »Kennblatt für das Flugzeugmuster Bf 109 G-1«: »EC-Laufräder mit Tiefbettfelgen für Reifen 660 × 160 (ab Januar 1943). EC-Spornrad mit Flachbettfelge für Reifen 290 × 110 (ab Januar 1943 350 × 135).«

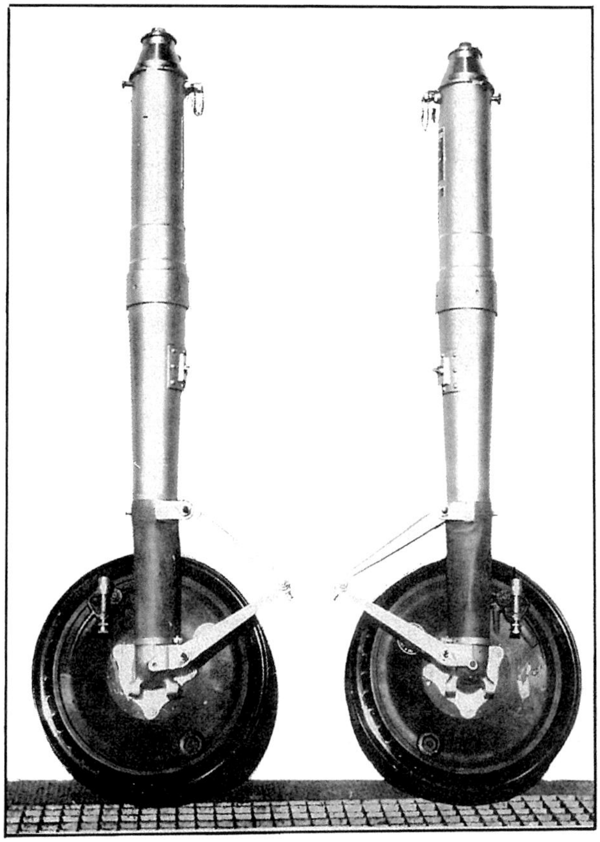

Die beiden Hauptfahrwerksbeine einer Bf 109 D ohne Lagerköpfe und ohne Reifen.

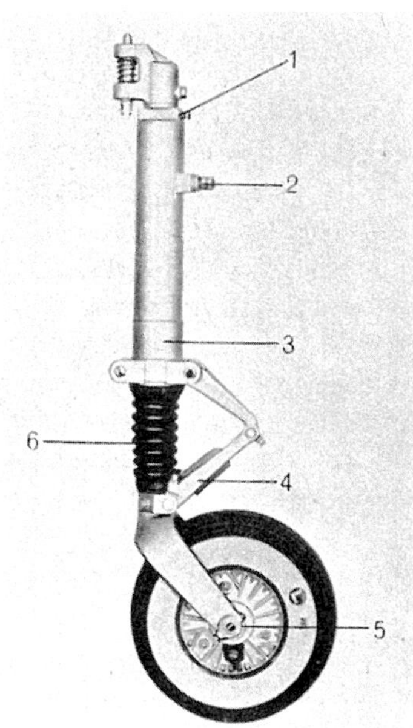

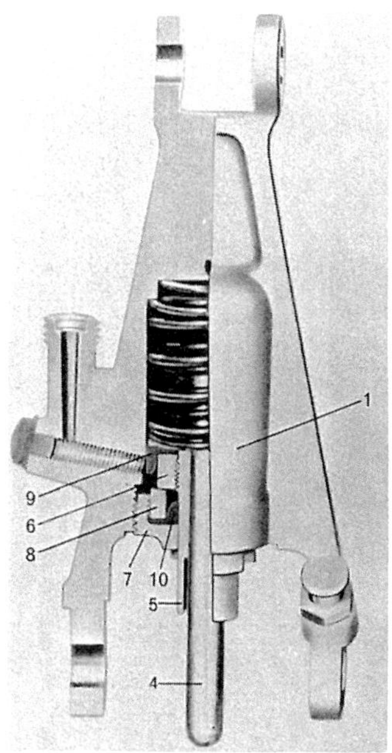

Links, außen: Spornfederstrebe Bf 109 D. Im Unterteil des Lenkers (4) der hydraulische Riegelzylinder für den Spurzwang. Am oberen Ende der gefederte Zapfen für die Ausfahrverriegelung.

Daneben: Unterteil des Lenkers der Bf 109 D. In diesem Teil war die Spornverriegelung eingebaut. Der Zapfen (4) wurde durch eine Feder in eine Bohrung der Radgabel gedrückt. Die Entriegelung erfolgte durch Drucköl.

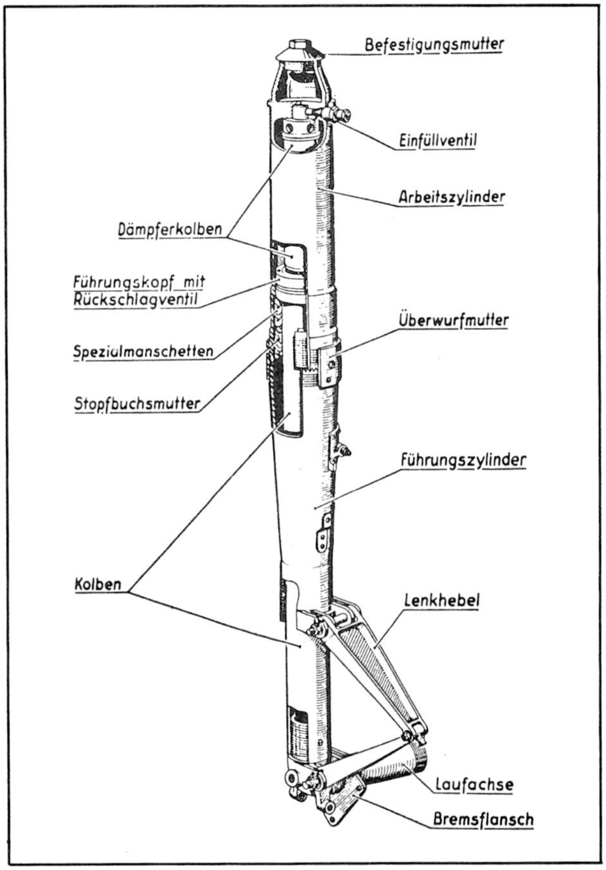

Federbein einer Bf 109 E. Wie an allen 109 Federbeinen war die Verschraubung in der Mitte.

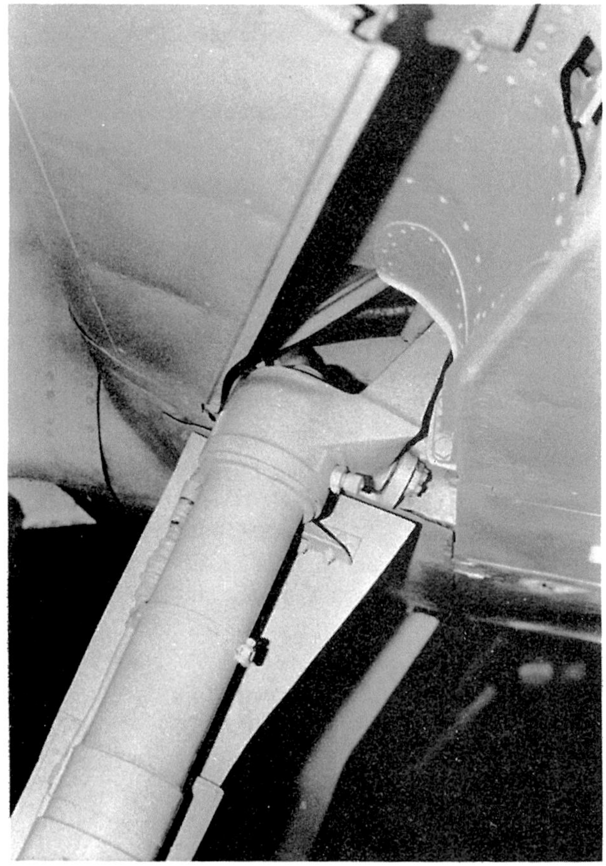

Das Federbeinoberteil einer Bf 109 E. Der Arbeitszylinder war an dem nach oben ragenden Ausleger angelenkt.

Fast unversehrt ragt das rechte Federbein aus den Trümmern einer am 13. 1. 39 abgestürzten Bf 109 E.

In einer Änderungsanweisung für das Fahrwerkshandbuch der G 1 ist folgendes zu lesen:
»Der Austausch der kleinen gegen die großen Bremsräder ist nur nach Durchführung der Änderungsanweisung Bf 109 Nr. 280 bzw. nur bei bereits serienmäßig geänderten Flugzeugen (erkenntlich an vorhandener Beule in der Tragflächenbeplankung) möglich.«
Ab der G-5 war das große Rad serienmäßig eingebaut. Erstmals ab der G-10 kam das für die K-Reihe nochmals geänderte Laufrad der Größe 660 × 190 zum Einbau. Dies erforderte eine noch größere Ausbeulung der Tragfläche nach oben und hinten. Nachdem an den G-Mustern verschiedene Varianten von Radabdeckungen hydraulisch betätigt wurden, kam bei der K eine Restabdeckung zum Einbau, die ähnlich wie an der Fw 190 vom einfahrenden Rad geschlossen, über Seilzug und Klinken verriegelt und durch eine gespannte Feder geöffnet wurde.
Der Sporn der 109 K war gegenüber der G-Ausführung vereinfacht und verlängert, jedoch wieder einziehbar mit Abdeckklappen, die vom einfahrenden Sporn verschlossen und durch Federn geöffnet wurde.

Fahrwerk der Bf 109 F

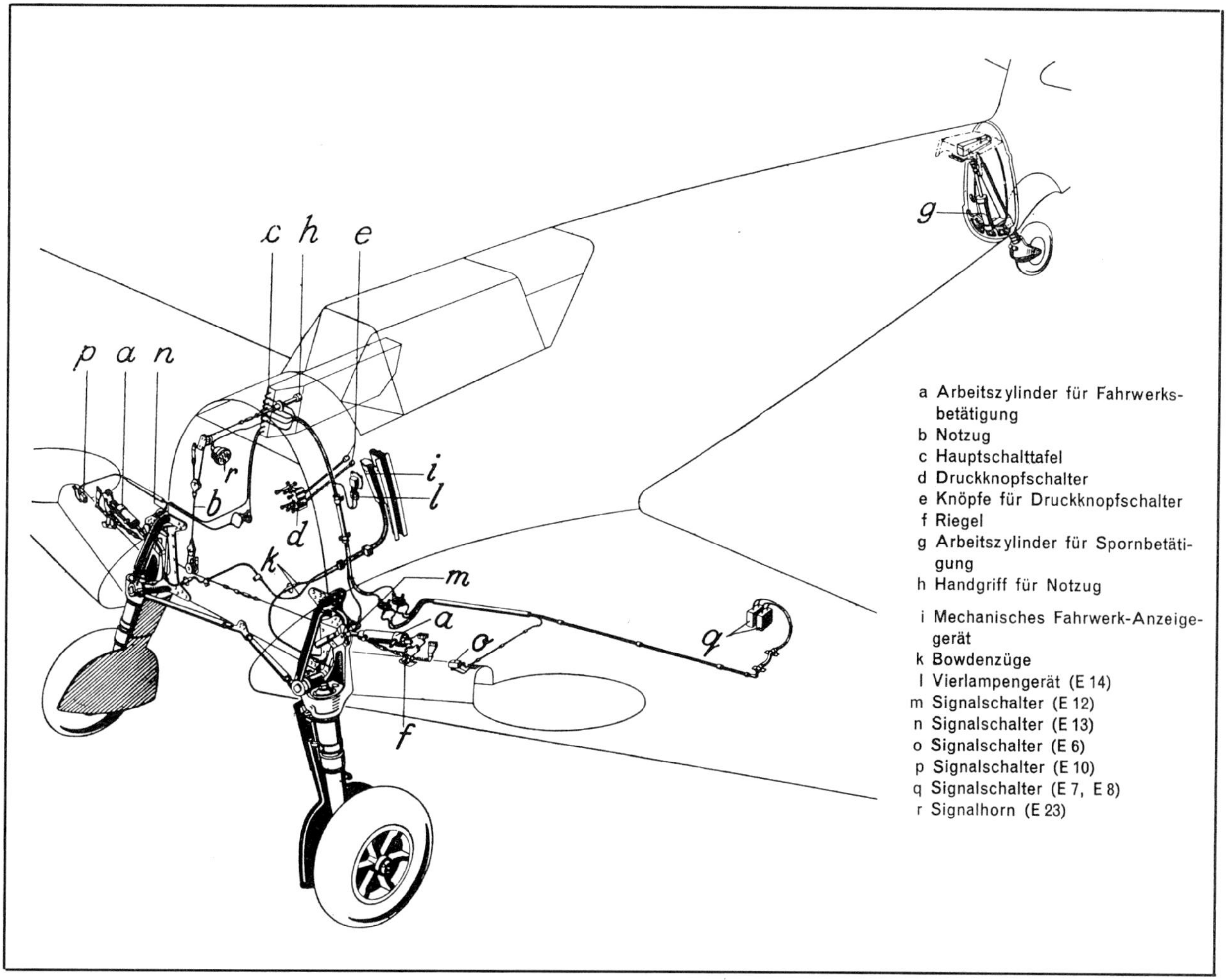

Diese Zeichnung zeigt den Aufbau der linken Fahrwerkseinheit der Bf 109 F.

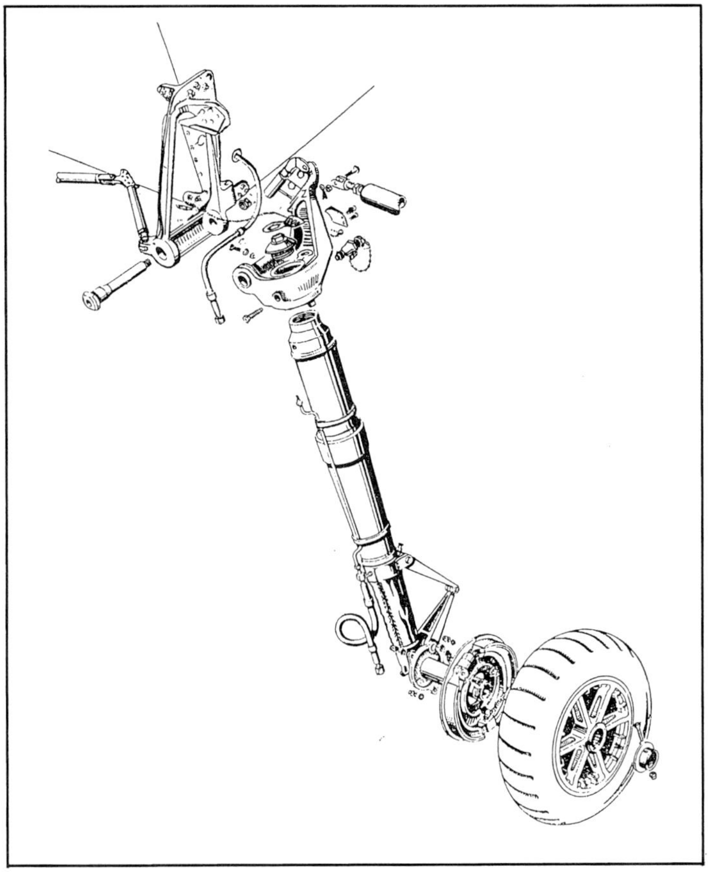

Unten, links: Der hydraulisch einziehbare Sporn der Bf 109 F. – Rechts: Nichteinziehbare Ausführung des Spornaggregates der Bf 109 G.

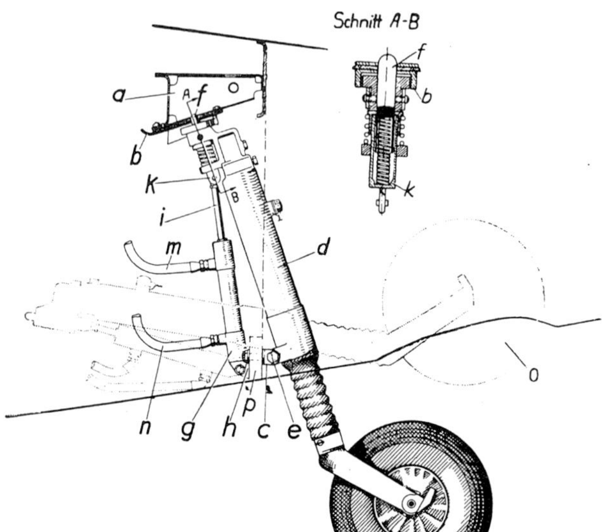

a Obere Spornhalterung
b Spornlagerplatte
c Augenbolzen
d EC-Federbein
e Sechskantbolzen
f Sperrbolzen
g Arbeitszylinder
h Lagerauge
i Kolbenstange
k Anschlußbolzen
m Druckölschlauch
n Druckölschlauch
o Lage des Spornrades im eingezogenen Zustand
p Beschlag

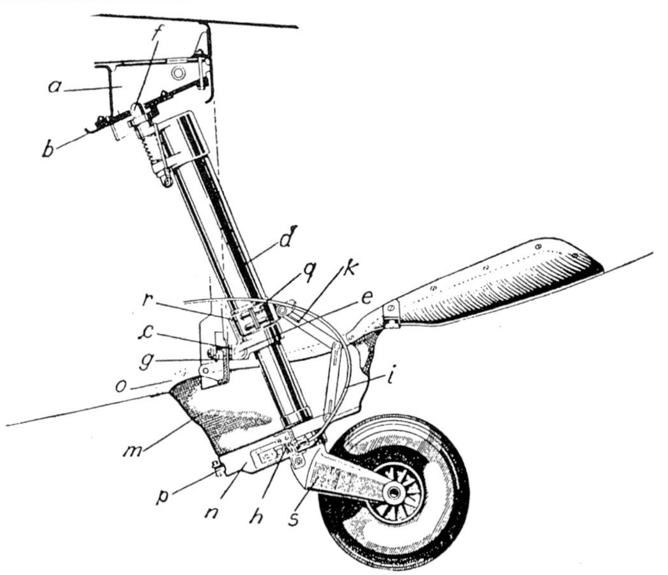

a obere Spornhalterung
b Spornlagerplatte
c Augenbolzen
d EC-Federbein
e Sechskantbolzen
f Sperrbolzen
g Beschlag
h Spornverriegelung
i Bowdenzug
k Lenker
m Ledermanschette
n Verkleidung
o Rahmen
p Beruband
q Klemmschraube
r Klemmschelle
s Spornradgabel

Auf diesem Teilschnittmodell ist die Lagerung des Spornbeines der Bf 109 G gut zu erkennen.

Unten, links: Um bei der Landung die Sicht zu verbessern, wurde für die Bf 109 G eine Spornverlängerung als Umrüstsatz geliefert. – Rechts: Spornverriegelung.

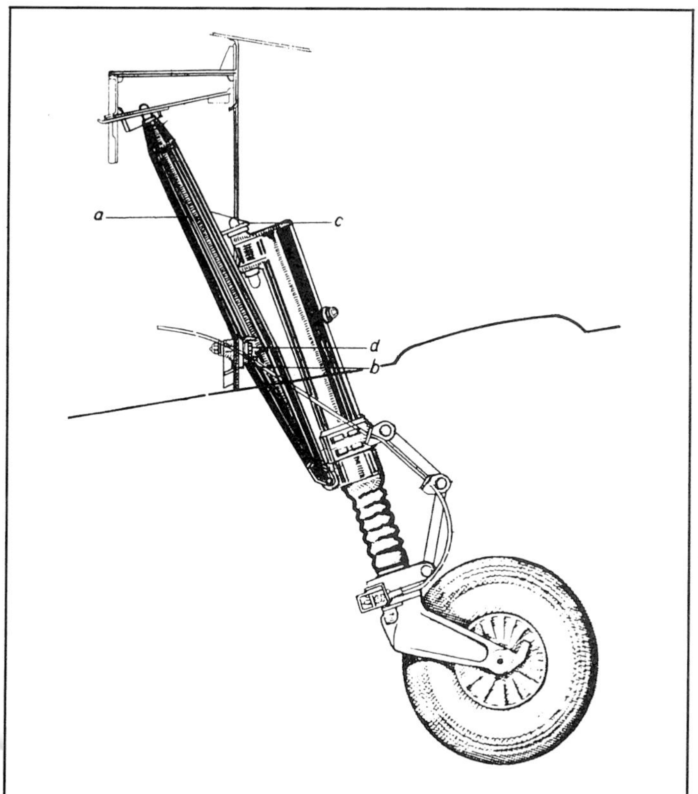

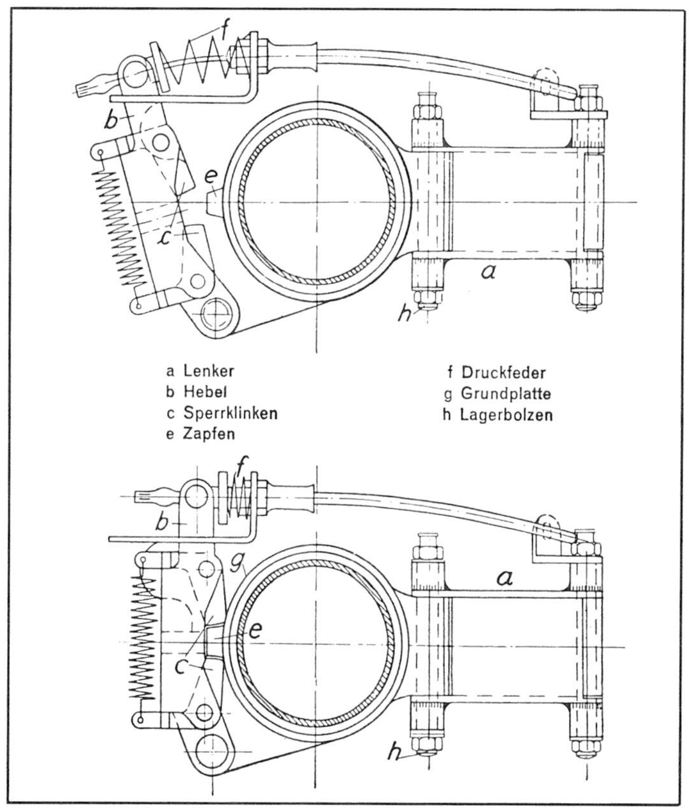

1 Arbeitszylinder für Fahrwerksbetätigung
2 Aufhängeklinke
3 Restabdeckung
4 Spornverriegelung
5 Spannschloß
6 Handhebel für Spornverriegelung
7 Handgriff für Fahrwerknotzug
8 Verriegelung der Restabdeckung
9 Seilrollen für Fahrwerknotzug

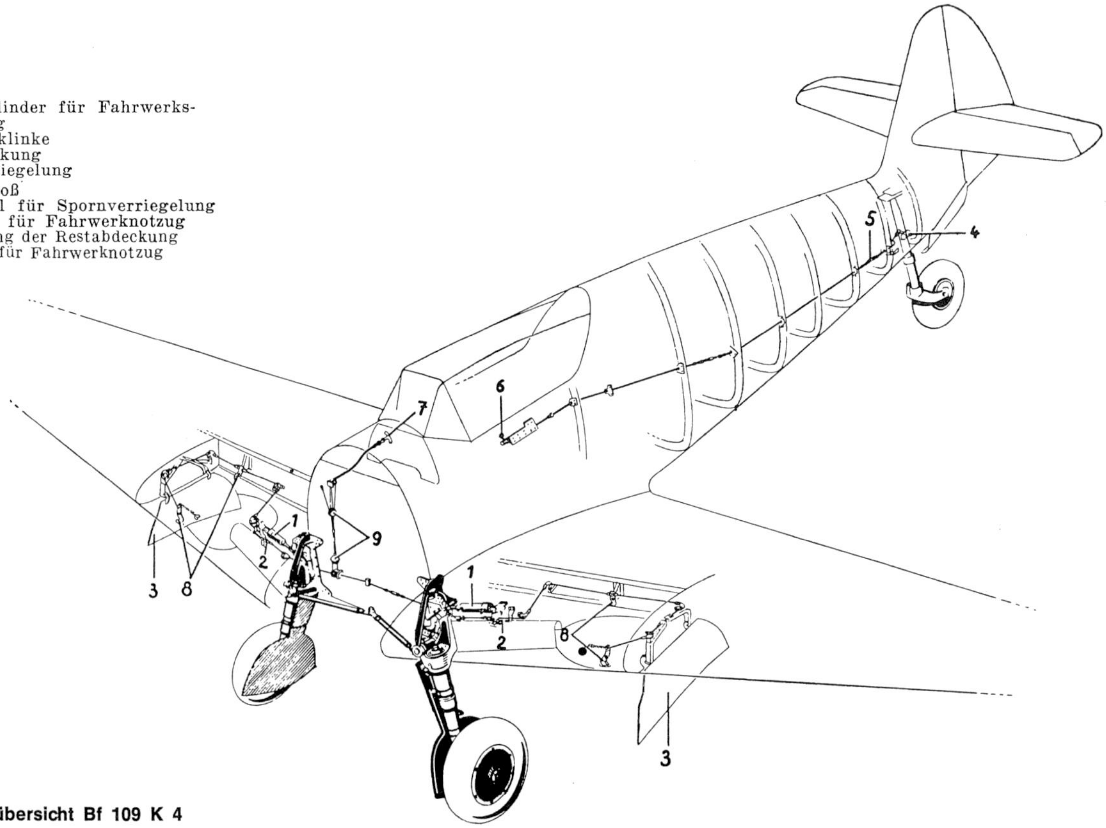

Fahrwerksübersicht Bf 109 K 4

Hydraulisch betätigte Restabdeckung der Bf 109 G-1

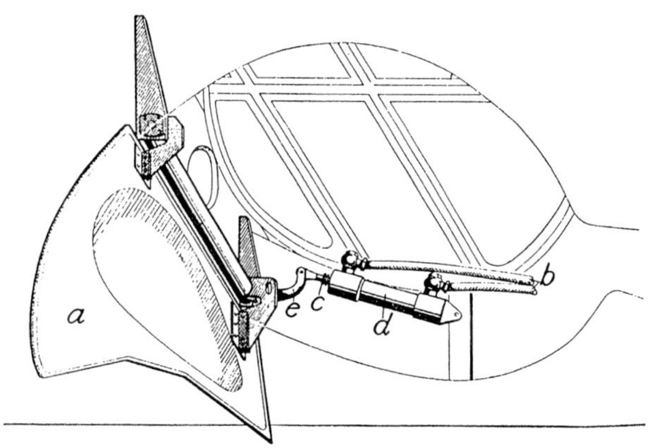

a Restabdeckung
b Druckölleitungen
c Kolbenstange
d Einziehzylinder
e Anschlußhebel

An der Bf 109 K wurde die Restabdeckung durch den einfahrenden Reifen geschlossen.

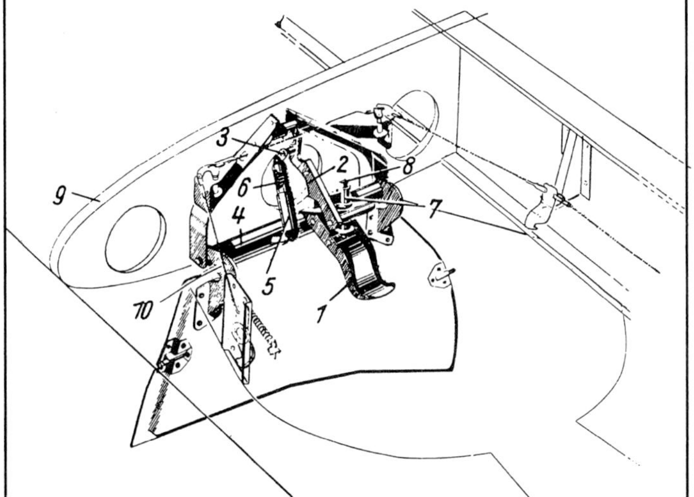

1 Mitnehmer
2 Hebel
3 Hebel
4 Klappenwelle
5 Federhülse
6 Druckfeder
7 Verstellschraube
8 Mutter
9 Rippe. 6
10 Klappenanschluß

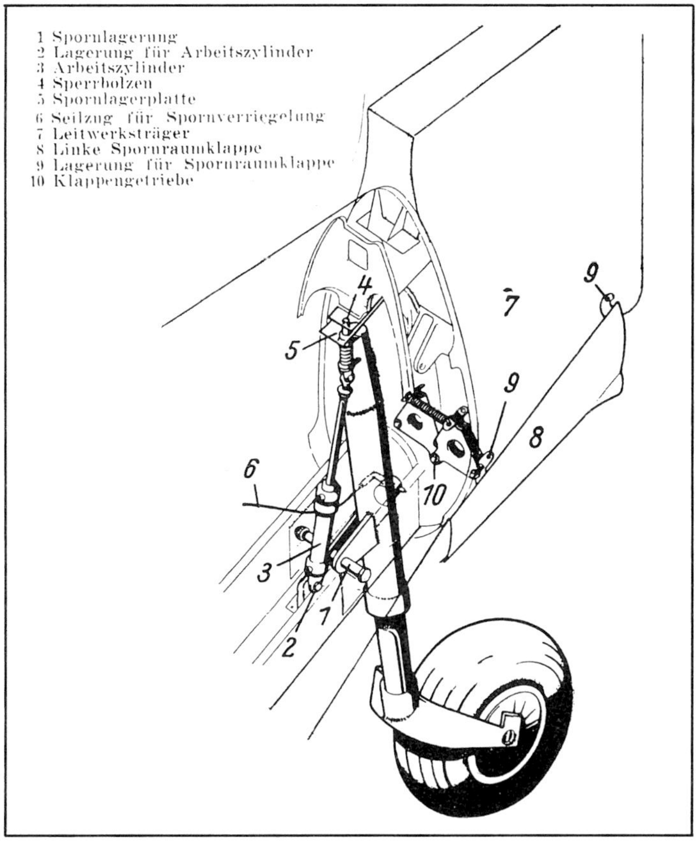

Hydraulisch einziehbarer Sporn der Bf 109 K

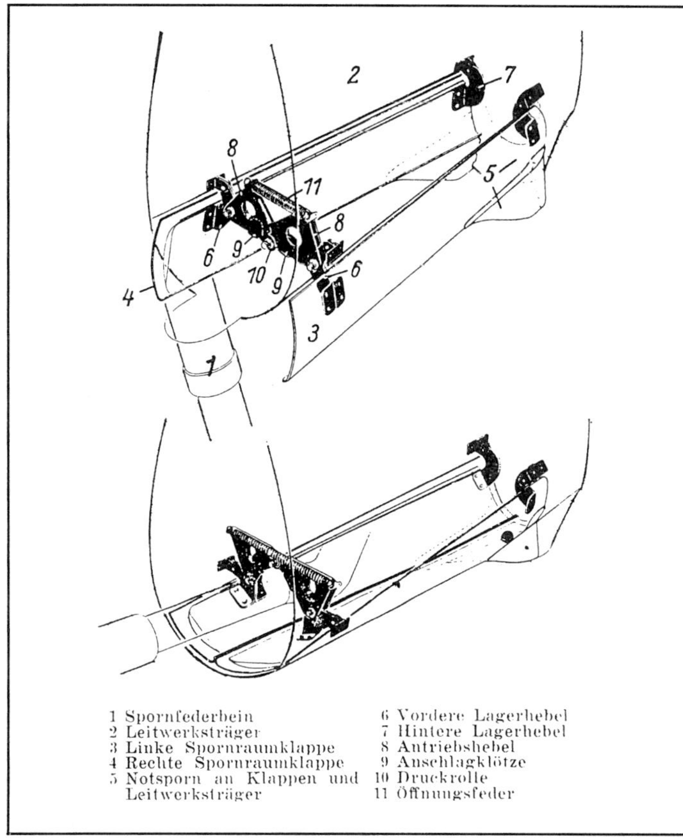

Spornraumabdeckung

Radanbau Bf 109 K

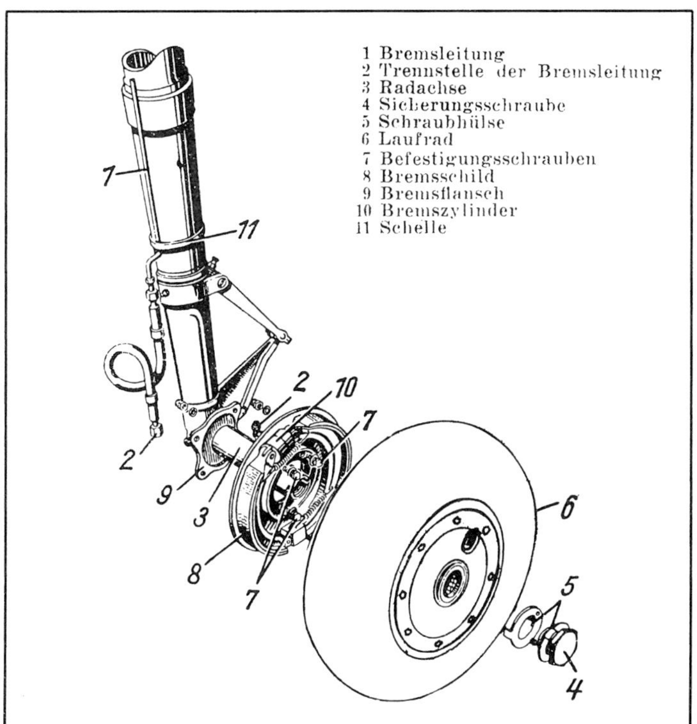

Federbeinkopf Bf 109 K

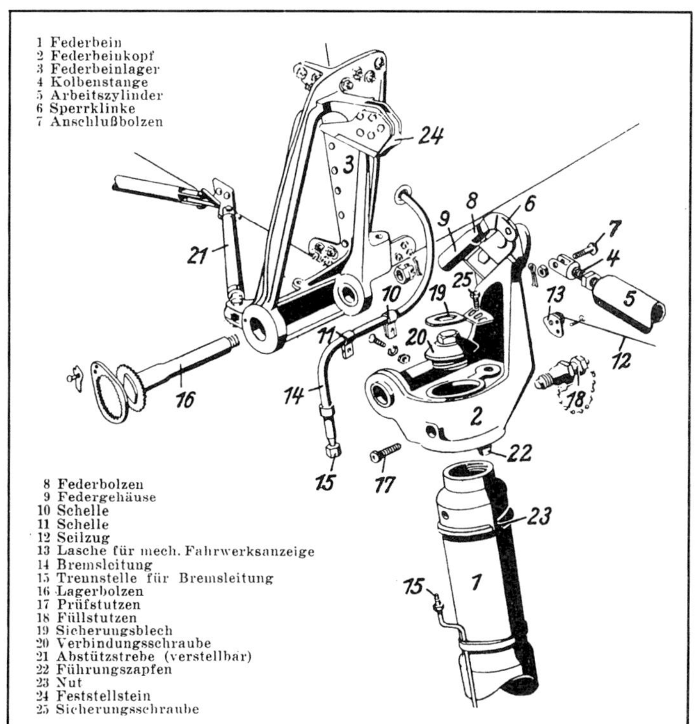

Rechte Seite:
Oben: Versuchsweise wurde eine Bf 109 G mit einem abwerfbaren Zusatzfahrwerk ausgerüstet, um bei größeren Außenlasten genügend Bodenfreiheit zu bekommen.

Unten: Verbesserungsvorschlag für die Radabdeckung der Bf 109 bei der im eingezogenem Zustand das ganze Rad durch nur ein Teil abgedeckt wurde.

Links: Einzelteile der Bf 109 G Felge.

Das Laufrad der Bf 109 G (ab G5). Unter dem Schraubdeckel mit Innensechskant ist das Schlauchventil.

Das Laufrad der Bf 109 K. Das Ventil ist hier in einer Mulde zu erkennen.

Bayerische Flugzeugwerke Regensburg G. m. b. H. jetzt: Mtt. GmbH.	Schema zur neuen Beinverkleidung Bf 1o9	Blatt: 2

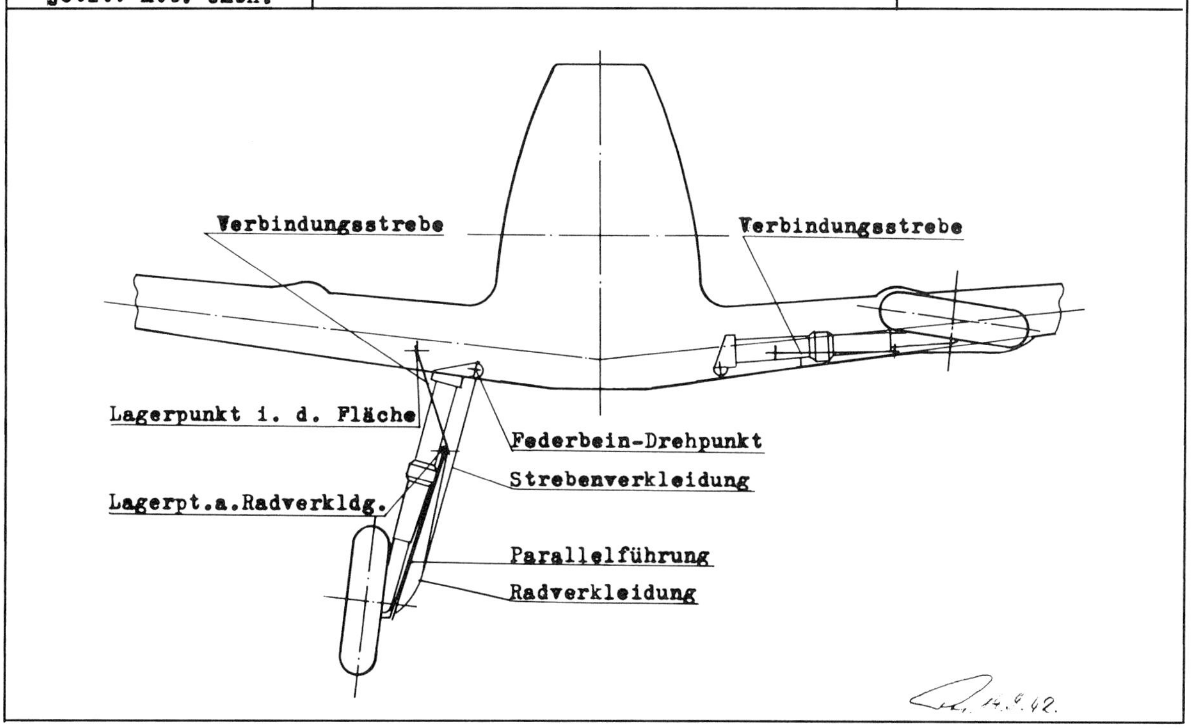

Die Bilder oben zeigen den Einfahrvorgang an dieser umgebauten Bf 109.

Diese kreisrunde Abdeckscheibe wurde beim Einfahren in die Radaussparung der Tragfläche geschoben.

Bugraderprobung an einer Bf 109 F Werknummer 5602 Kennung CE+BP

Links: Das Bugfahrwerk war ein abgeändertes Spornbein der Bf 110 F mit einem Rad der Größe 465 × 165. – Rechts: Für das Hauptfahrwerk der Erprobungsmaschine wurden Serienfederbeine verwendet, der Schwenkkopf wurde gegen eine einfache Aufhängung getauscht und das Federbein mit zwei Streben abgestützt.

Breitspurfahrwerk an einer Bf 109. Vorerprobung für die 309.

Bf 110

Der zweimotorige Zerstörer Bf 110 wurde nie so berühmt wie die 109, tat aber auch bis in die letzten Kriegstage seinen Dienst bei der Luftwaffe.
Das Fahrgestell bestand aus den beiden breitgelagerten Luft/Öl-Federbeinen, die hydraulisch über Knickstreben ein- und ausfuhren. Ab der Baureihe F kam ein mit 80 atü gefüllter Druckluft-Kraftspeicher zur Unterstützung beim Ein- und Ausfahren zum Einbau. Bei den Baumustern Bf 110 B kamen Bremsräder der Größe 815 × 320 zur Anwendung. Für die Baureihen C und D, Räder der Größe 875 × 320, und ab der E für alle folgenden Baumuster die Doppelbremsräder 935 × 345.
Eine Besonderheit bei diesen Rädern war die Reifenbeschußanzeigevorrichtung. Von einem Druckschalter in der Felge führten über Schleifkohlen und Schleifring Kabel zu Kontrollampen in der Kanzel.
An den Baumustern B und C sollte der gedämpfte Schraubenfedersporn hydraulisch eingezogen werden. An den ausgelieferten Maschinen verzichtete man aber darauf und legte den Sporn fest. Ab der 110 F wurde das Spornfederbein mit einer Reib-Flatterdämpfung versehen.

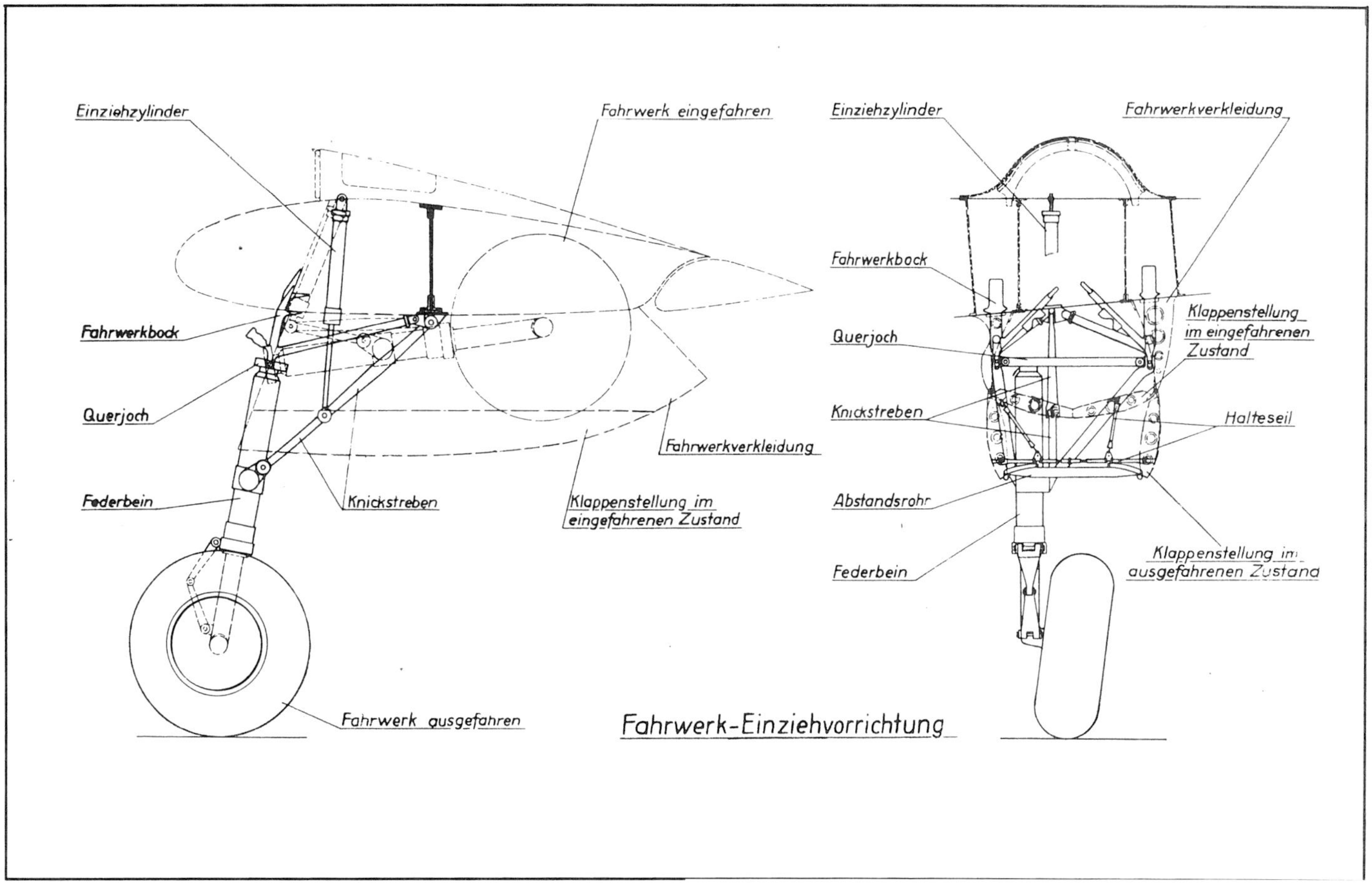

Fahrwerksübersicht Bf 110 B

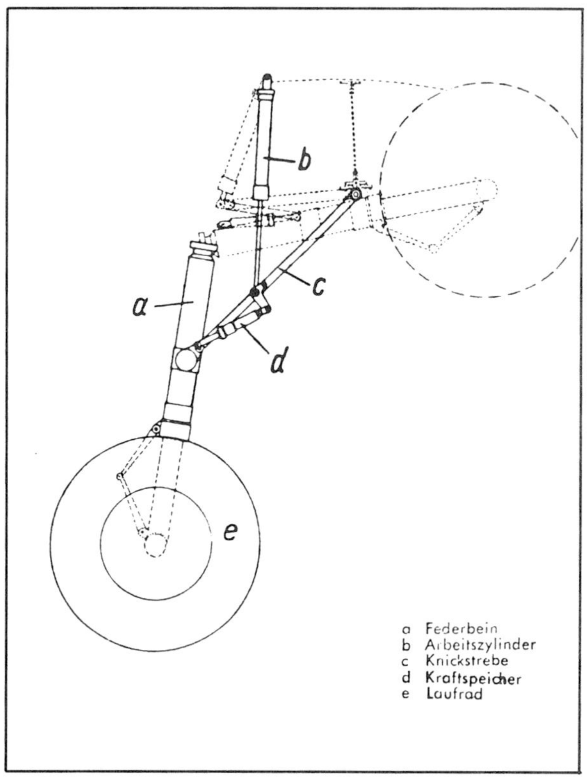

An den späteren Bf 110 Mustern wurde ein Druckluftkraftspeicher an den Knickstreben angebracht. Diese Zeichnung zeigt den Aufbau der F-2

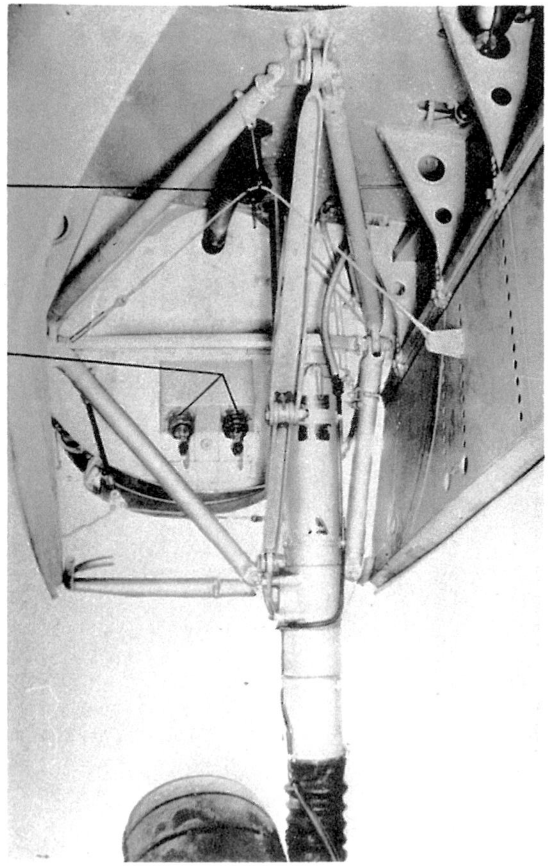

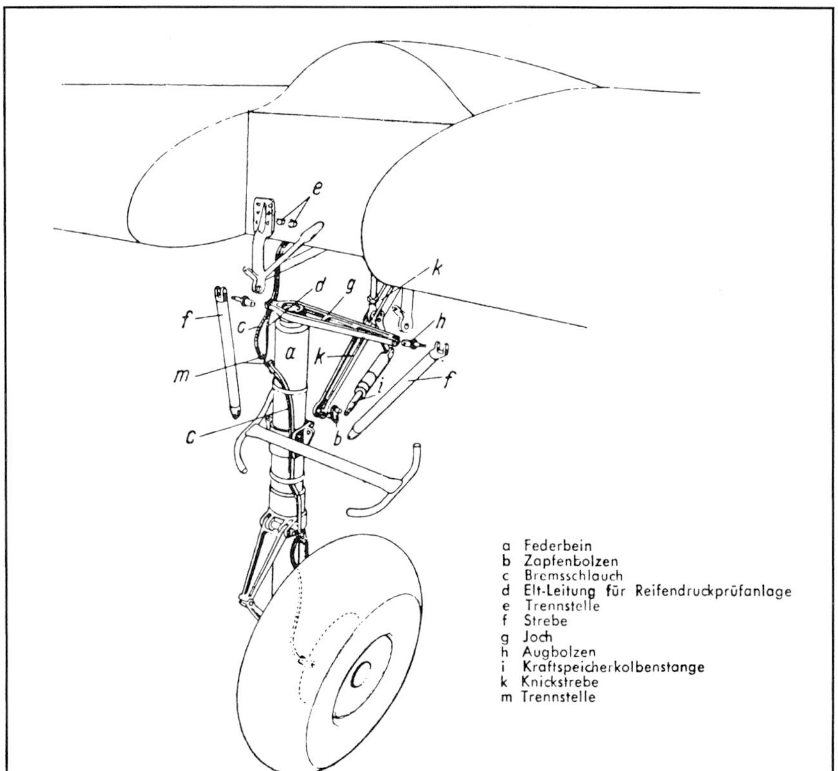
e
k
d
g
f
h
c
a
k
m
i
f
c
b
a Federbein
b Zapfenbolzen
c Bremsschlauch
d Elt-Leitung für Reifendruckprüfanlage
e Trennstelle
f Strebe
g Joch
h Augbolzen
i Kraftspeicherkolbenstange
k Knickstrebe
m Trennstelle

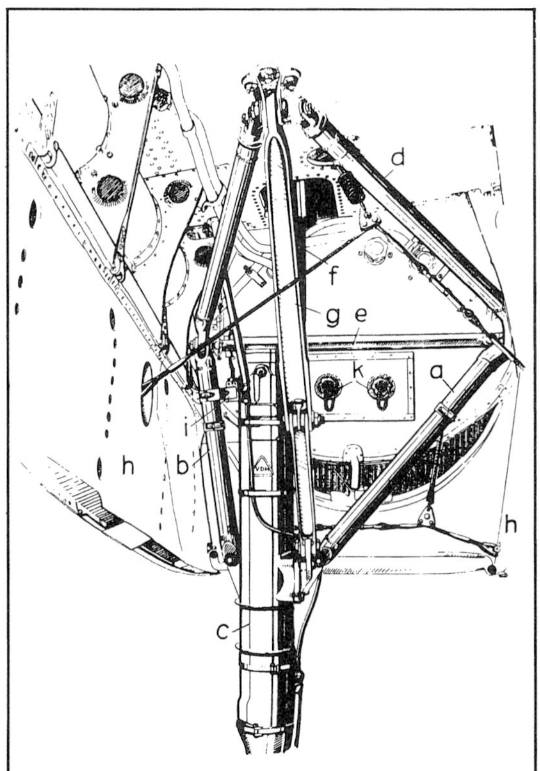
d
f
g
e
a
k
i
h
b
h
c

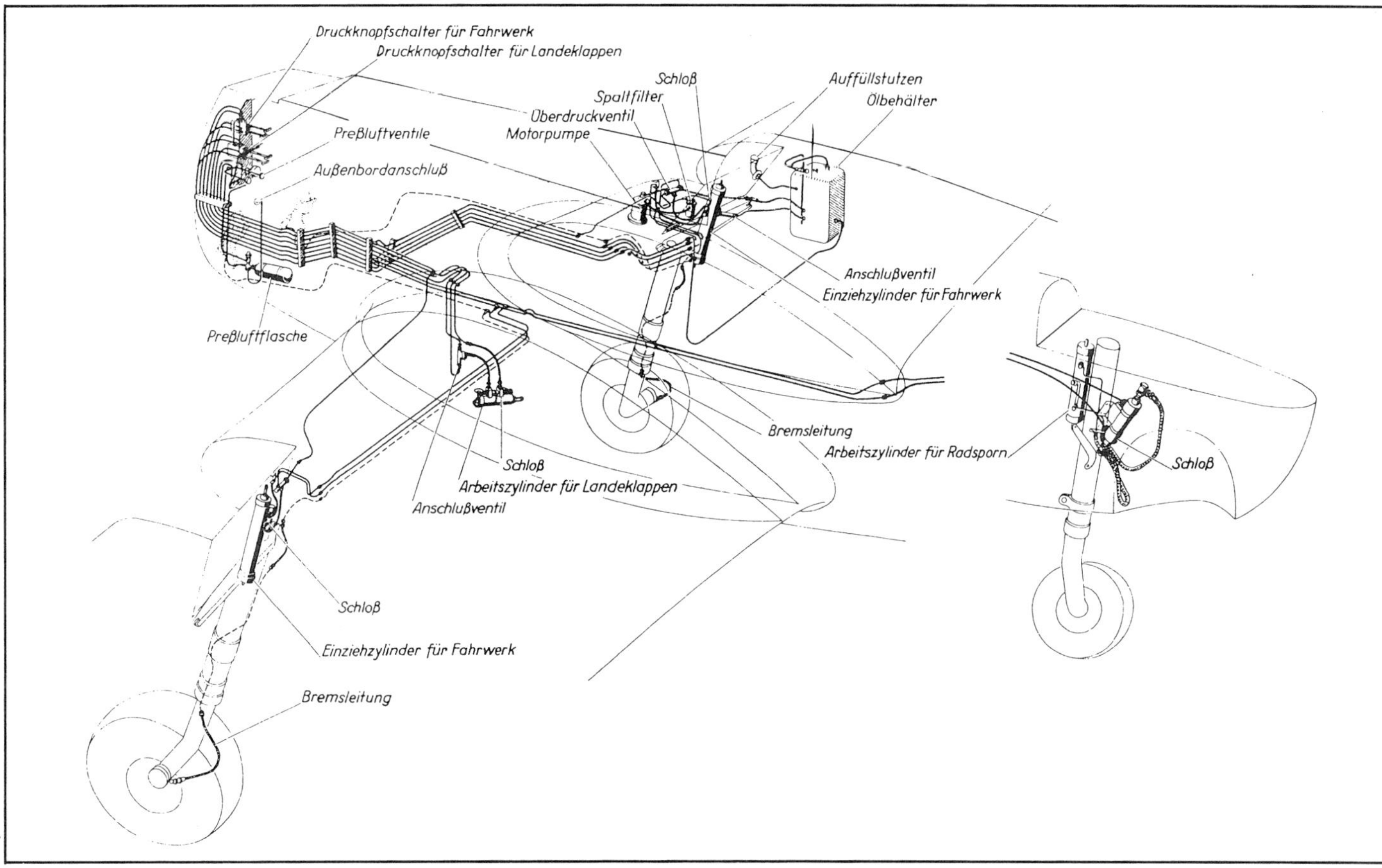

Die Öldruckanlage der Bf 110 B.

Rechts: Einziehsporn der Bf 110 B

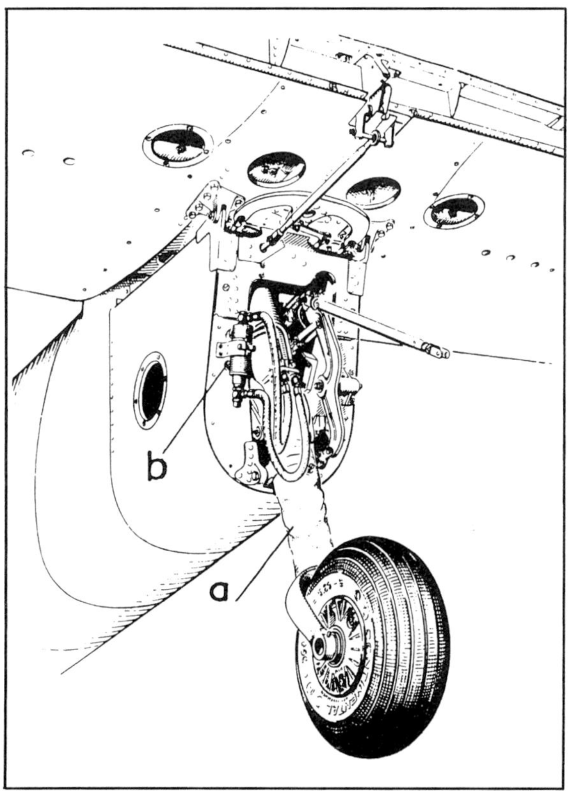

Linke Seite:
Oben, links: Arbeiten an den Radbremsen einer Bf 110. – Rechts: Fahrwerksschacht Bf 110 C-1. Dieses Bild zeigt den Bügel, der die Klappen beim Ausfahren des Federbeins mitnahm.

Unten, links: Trennstellen für den Fahrwerksabbau an der Bf 110 F-2. – Rechts: Blick in den Fahrwerksschacht einer Bf 110 B.

Me 163

Mit 950 km/h der schnellste bei der Luftwaffe eingeführte Jäger. Nur noch wenige Exemplare dieses Raketen-Flugzeuges kamen zur Auslieferung.
Man hat während der Entwicklung der Me 163 verschiedene Startmöglichkeiten untersucht.
Der Eigenstart mit abwerfbarem Rollwerk hatte sich als brauchbarste Lösung durchgesetzt.
An einem aus Stahlblech gefertigtem Rollwerksträger lagerten die beiden Räder der Größe 700 × 175. Der Träger war über zwei Aufhängeösen in hydraulisch betätigten Verriegelungszapfen an der Landekufe befestigt. Nach dem Start wurde der Rollwerksträger abgeworfen und die Kufe hydraulisch hochgezogen. Zum Landen wurden Kufe und Sporn ausgefahren. Die Abfederung erfolgte jeweils über die Arbeitszylinder und nachgeschaltete Druckluft-Federzylinder. Da das R-Triebwerk keine Hydraulikpumpe antreiben konnte, mußte ein pneumatischer Kraftspeicher die Energieversorgung der Druckölanlage übernehmen.

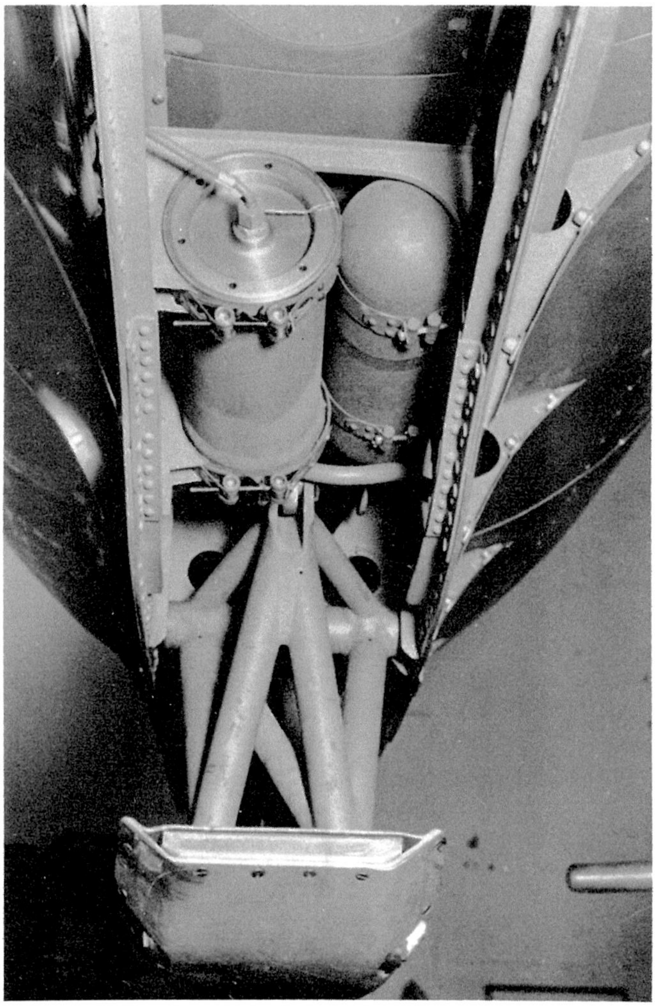

Rechts: Blick von hinten in den Kufenschacht. Dieses Bild zeigt deutlich den hinteren ausgesteiften Rohr-Schwenkbock.

Unten, links: Blick auf den unverkleideten Kufenschacht der Me 163 mit ausgefahrener Kufe. – Rechts: Ansicht der Kufe von vorne.

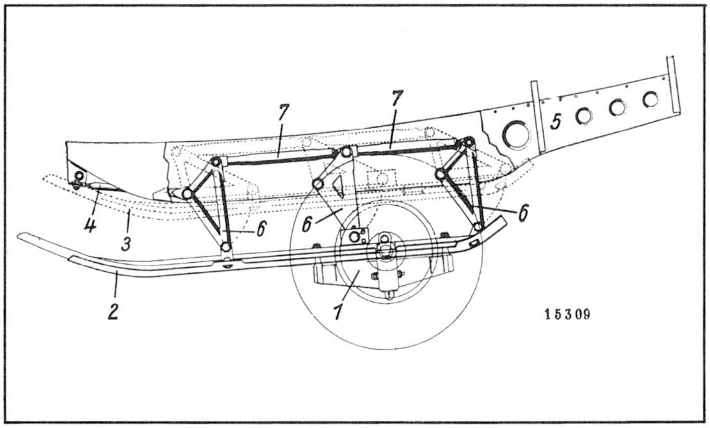

Fahrwerksübersicht Me 163

1 Rollwerk
2 Ausgefahrene Kufe
3 Eingefahrene Kufe
4 Abstützung
5 Kufenschacht
6 Schwenkböcke
7 Spurstangen

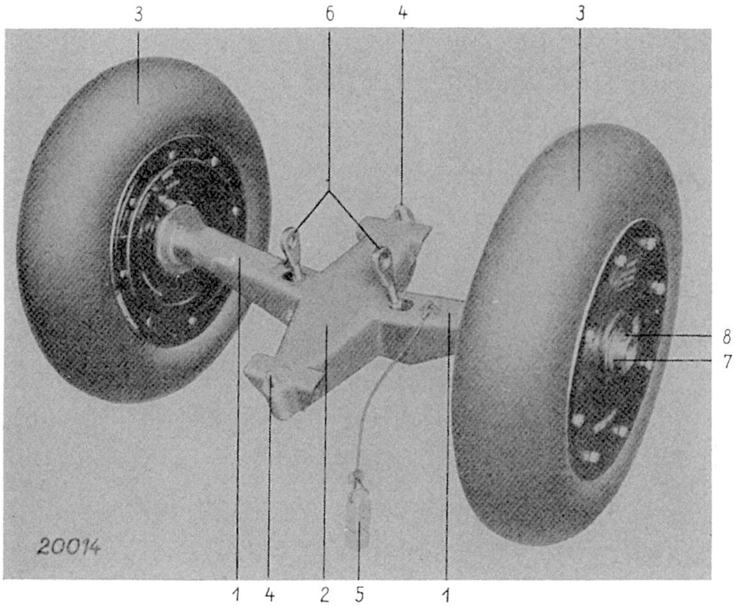

Das Abwurffahrwerk der 163

1 Rollwerkträger
2 Rollwerktraverse
3 Laufräder
4 Aufnahmepilze
5 Schalterbetätigung
6 Einhängeösen
7 Schraubhülse
8 Sicherungsschraube

Angebaute Landekufe

1 Kufenschacht
2 Landekufe
3 Schwenkböcke
4 Verriegelungsgehäuse
5 Abdeckung über Arbeitszylinder für Rollwerkverriegelung
6 Aufnahmebuchsen
7 Rollwerk
8 Einhängeösen
9 Vorspannfeder für Einhängeösen

Blick auf die Aufhängung des Abwurffahrwerks und auf die Verriegelungseinrichtung.

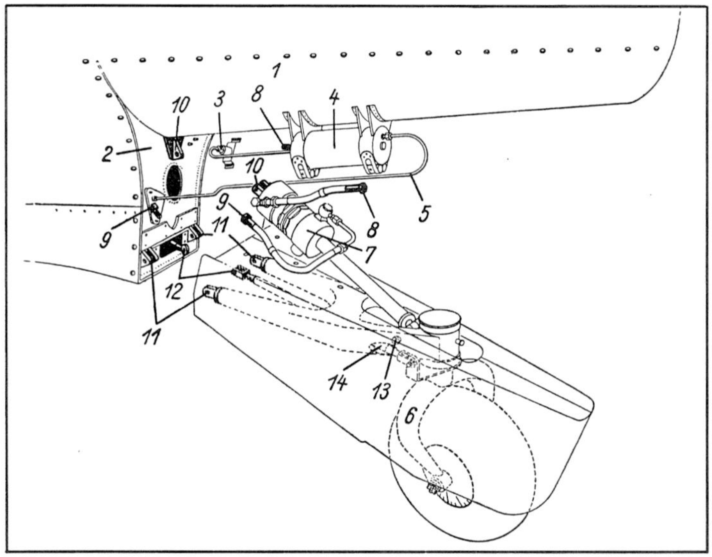

Spornanlage Me 163

1 Rumpfheckstück
2 Spornanschlußspant (Rumpfspant 11)
3 Druckölanschluß
4 Federzylinder
5 Preßluftleitung
6 Sporn
7 Arbeitszylinder
8 Trennstelle der Druckölleitung
9 Trennstelle der Druckölleitung
10 Trennstelle des Arbeitszylinders
11 Trennstelle des Spornes
12 Trennstelle der Spornsteuerleitung
13 Lagerbolzen für Kolbenstange
14 Antriebsstoßstange der Spornsteuerleitung

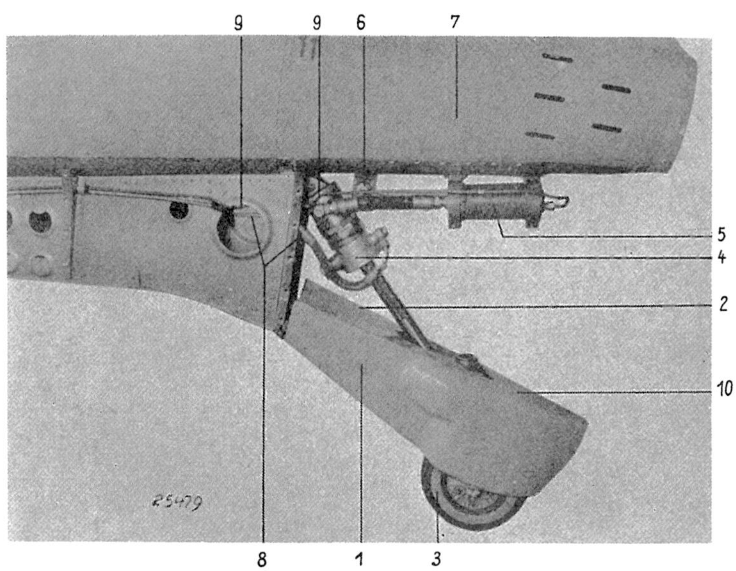

Spornanlage Me 163

1 Linke Verkleidungsschale
2 Rechte Verkleidungsschale
3 Spornrad
4 Arbeitszylinder
5 Federzylinder
6 Auffüllstutzen für Drucköl
7 Rumpfheckstück
8 Druckölleitung
9 Preßluftleitung
10 Scharnierbänder

Me 209

Aus dem Rekordflugzeug Me 209 (für die FAI-Liste etwas irreführend mit »Bf 109 R« angemeldet), das am 26. April 1939 mit 755,138 km/h den absoluten Weltrekkord aufstellte, sollte ein Jäger entwickelt werden. Es stellte sich aber bald heraus, daß keine Teile aus der bereits laufenden 109-Serie übernommen werden konnten. Das Projekt wurde aufgegeben.

Die 209 hatte ein im Tragflügel gelagertes Fahrwerk, das hydraulisch nach innen schwenkte. Die Restabdeckung hatte einen zusätzlichen Arbeitszylinder. Ein gefederter Schleifsporn war in der unteren Hälfte des Seitenleitwerks gelagert.

Vorderansicht der Me 209 (D-IRND) V4. Das breit gelagerte Fahrwerk wurde über Knickstreben ein- und ausgefahren.

Links: Blick auf die Fahrwerksrestabdeckung der Me 209. Ein in Längsrichtung eingebauter separater Arbeitszylinder betätigte über einen Bananenhebel und Stoßstangen die Klappen. An den ersten Me 262 Mustern wurde eine ähnliche Anordnung der Klappenbetätigung verwendet. – Rechts: Blick in den Fahrwerksraum mit eingezogenen Federbeinen.

Me 210/410

Als Nachfolgemuster für die Bf 110 gedacht, konnte die 210 und die daraus entwickelte 410 nie ganz befriedigen.

Das Fahrwerk dieser beiden Muster war bis auf Kleinigkeiten gleich ausgeführt. Die Luft/Öl-Federbeine wurden hydraulisch über Knickstreben nach hinten gezogen. Dabei drehte sich das Federbein samt Rad um 90°. Doppelbremsräder 1015 × 380 mit elektrischer Druckanzeige kamen für 210 und 410 zum Einbau. Das Spornaggregat bestand aus einem hydraulisch einziehbarem Ringfederbein und Öldämpfung. Das Spornbein war mit Spurzwang und vom Führerraum zu betätigender Lenkverriegelung versehen.

Diese Bilder zeigen den Einziehvorgang am Fahrwerk eines Prototyps der Me 210, hier noch mit dem kleinen Doppelbremsrad. (950 × 350).

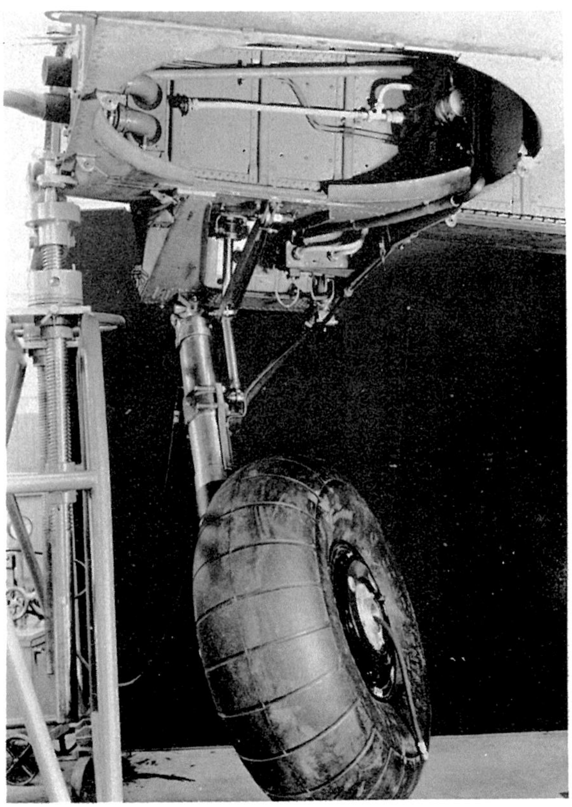

Blick von vorne auf das rechte Hauptfahrwerk der Me 210. Hier nun mit dem Serienrad 1015 × 380.

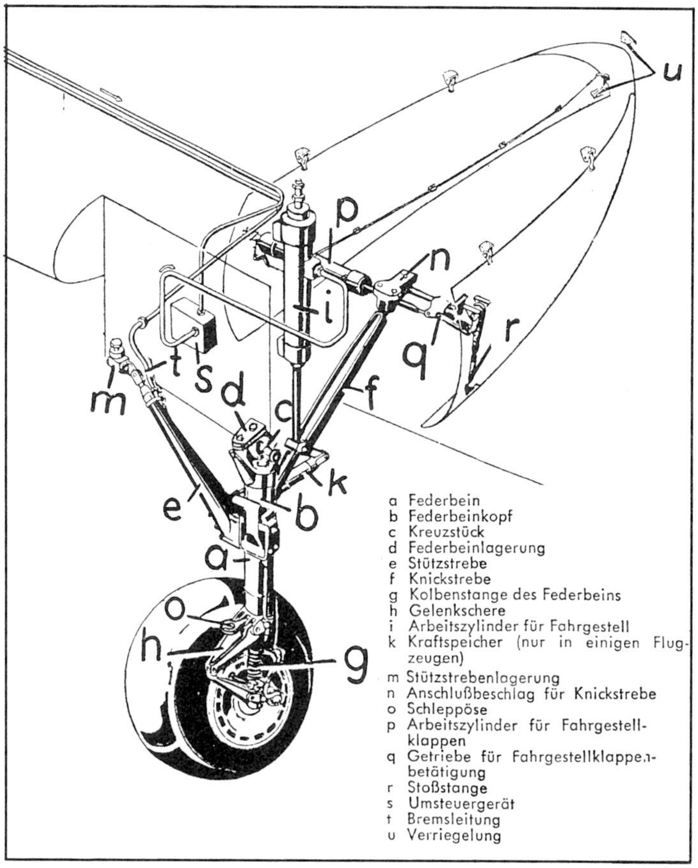

Rechts: Rechtes Federbein mit Stützstrebe und Lagerungen.

Das um 90° geschwenkte Rad lag flach in der verlängerten Motorgondel.

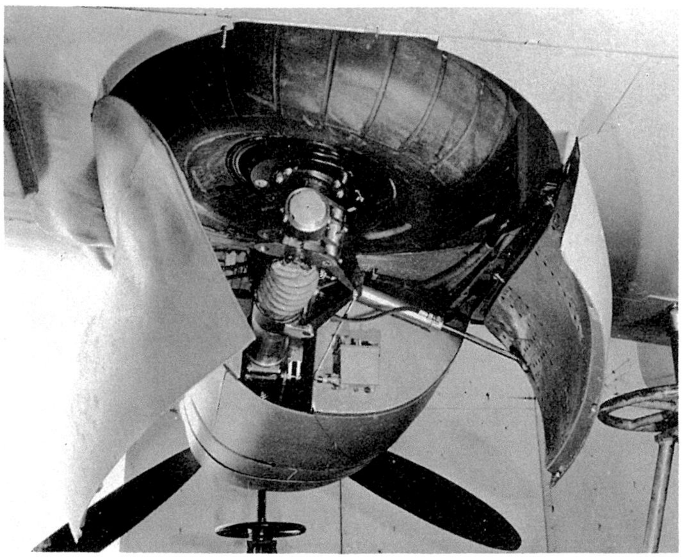

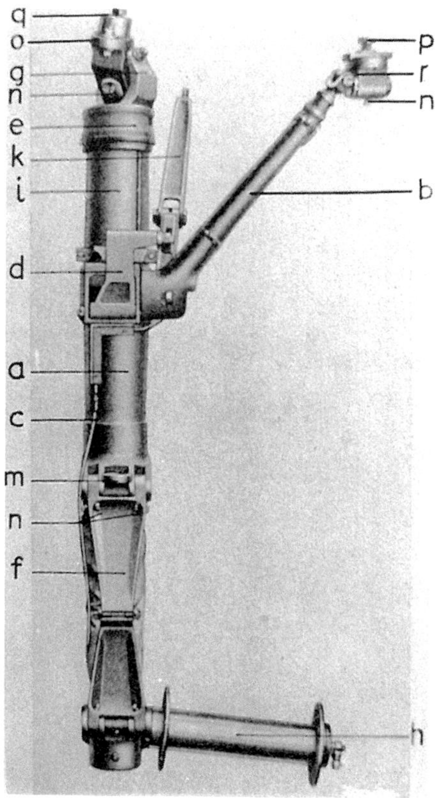

a Federbein
b Stützstrebe
c Bremsleitung
d Verriegelung
e Federbeinkopf
f Gelenkschere
g Federbeinkopfgabel
h Radachse
i Stahlmanschette
k Knickstrebe
m Schleppöse
n Schmierstellen
o Federbeinlagerung
p Lagerbolzen
q Lagerbolzen
r Anschlußbolzen

An einer Me 210 wurden Versuche mit Staudruckangetriebenen Rädern durchgeführt. Im Folgenden ein Auszug aus dem Erprobungsbericht:

»Ergebnis: An dem Versuchsträger Me 210 W.Nr. 101 wurden am linken Laufrad Lufttaschen angebracht. Die Stoffgüte entspricht etwa der unseres normalen Bespannstoffes. Am rechten Laufrad wurde ein etwas stärkerer und widerstandsfähigerer Stoff als Material gewählt. Eine Drehung der Räder trat auch beim diesmaligen Versuch nicht ein. Geflogen wurde bis zu einer Staudruckanzeige von 400 km/h. Dabei wurden die Lufttaschen, die aus dem dünneren Stoff hergestellt waren, zum Teil stark beschädigt.

Auf Grund der Flugversuche kommt man zu dem Schlußergebnis, daß ein Antrieb der Laufräder mittels Staudruck nicht möglich ist.

Vor allen Dingen deswegen, weil das eigentliche Rad im Verhältnis zum Reifen einen kleinen Durchmesser hat und damit die Luftkräfte an einem zu kleinen Hebelarm wirken. Am Reifen lassen sich aber kaum Taschen anbringen.«

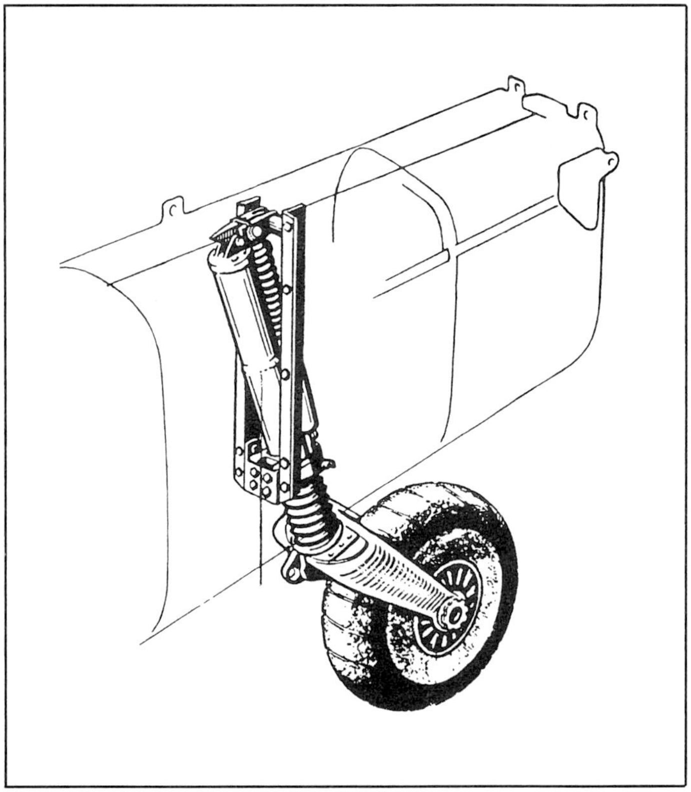

Einziehsporn der Me 210/410

Die Anordnung der Lufttaschen am Laufrad der Me 210 W. Nr. 101.

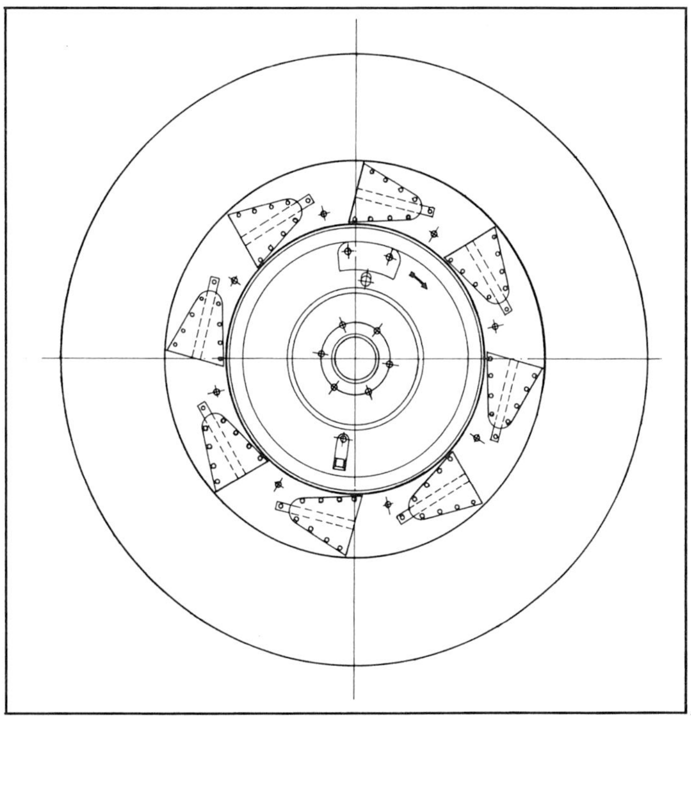

Fahrwerksschaden an einer Me 210

Me 261

Über das Langstreckenflugzeug Me 261 ist bis heute nur wenig bekannt. Das Hauptfahrwerk fuhr nach hinten in die Motorgondel bei gleichzeitiger Drehung der Räder um 90° ein. Der Sporn wurde ebenfalls hydraulisch eingezogen und durch Klappen abgedeckt.

Links: Sporn der Me 261. Vor dem Fahrwerksschacht das Austrittsrohr für den Kraftstoffschnellablaß. – Rechts: Linkes Hauptfahrwerk der Me 261. Die große Abdeckklappe war am unteren Teil des Federbeins gelagert.

Die Hauptfahrwerksräder lagen nach dem Einziehen flach im hinteren Teil der Motorgondel der Me 261.

Unter der Projeknummer P 1065 begann im Oktober 1938 die Konstruktionsarbeit an dem mit zwei TL-Triebwerken ausgerüsteten »Verfolgungsjäger«. Jedoch erst im Juli 1942 startete die Me 262 V3 als reine Strahlmaschine zu ihrem Erstflug.

Bei den V-Mustern bis V4 wurde ein Fahrwerk in Spornradanordnung verwendet. Die nach innen hydraulisch einfahrenden Federbeine des Hauptfahrwerks hatten Doppelbremsräder der Größe 770 × 270. Der Sporn fuhr ebenfalls hydraulisch ein und war durch Abdeckklappen verschlossen. Bald erkannte man, daß die Spornradanordnung für das Startverhalten dieses Strahlflugzeuges ungünstig war.

An der V5 (PC+UE) wurde erstmals ein Bugradfahrwerk erprobt. Ein Rad der Abmessung 650 × 150 aus der 109-Serie kam zum Einbau. Die Haupträder 770 × 270 wurden beibehalten. Für die Serienflugzeuge sollte das Hauptfahrwerk verstärkte Luft/Öl-Federbeine und Doppelbremsräder 840 × 300 sowie das Bugfahrwerk ein 109 G-Rad 660 × 160 bekommen. Die ersten A-Muster kamen noch mit den unverstärkten Federbeinen und kleinen Rädern zur Auslieferung. Ein Umbau war jedoch möglich.

Die ersten vier Versuchsmuster der Me 262 hatten ein Spornfahrwerk.

Erprobungsträger für das Bugfahrwerk war die Me 262 V5. Alle drei Federbeine sind hier noch starr angeordnet und ohne Abdeckungen.

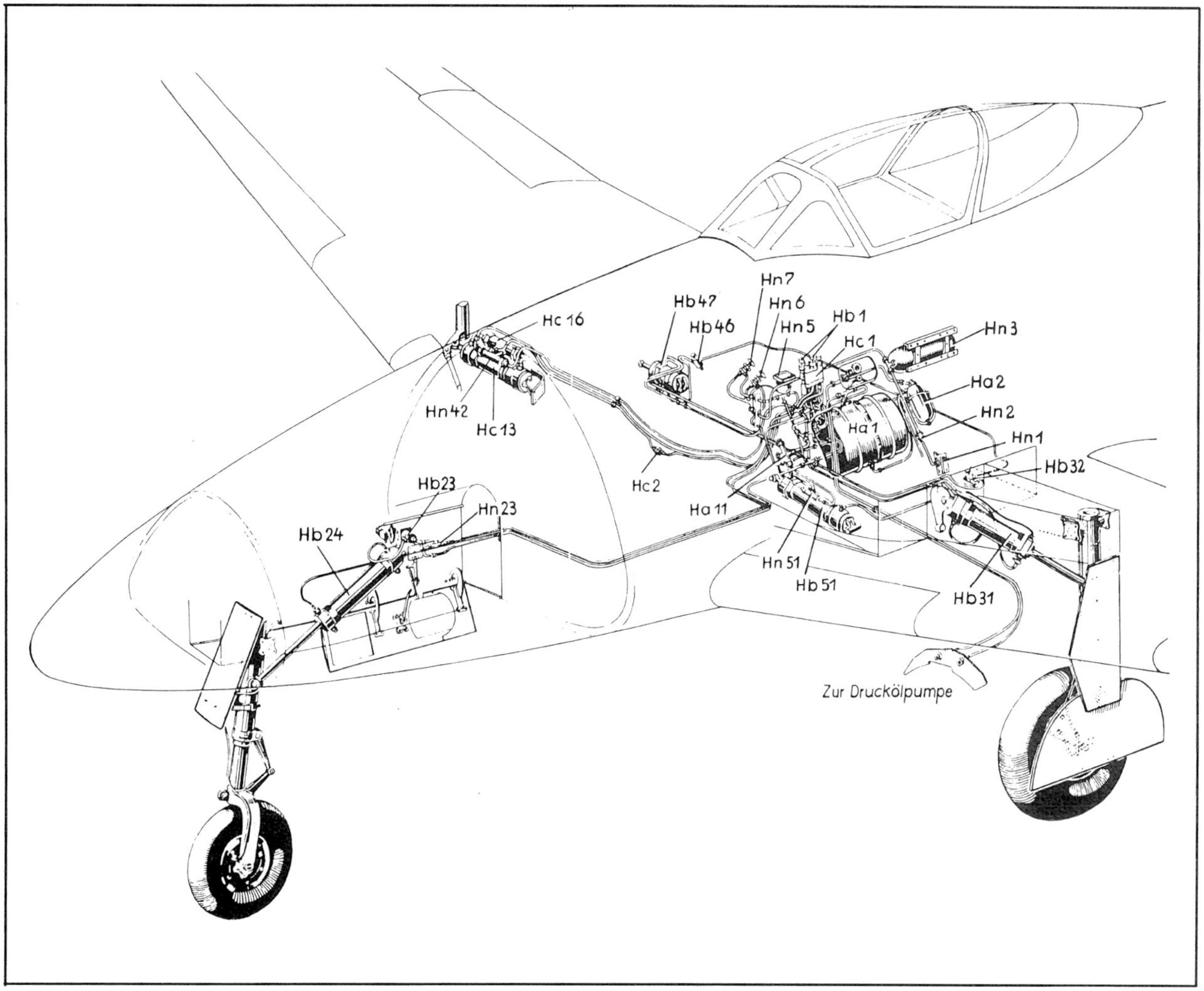

Fahrwerksübersicht Me 262 A

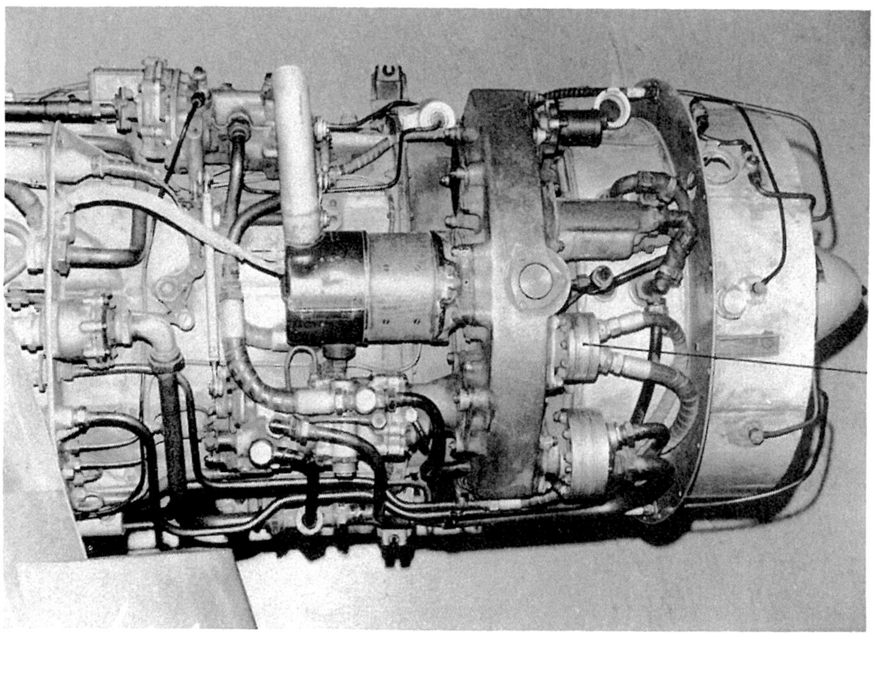

Nur an der linken Jumo 004 Turbine war eine Hydraulikpumpe für die Druckölanlage angeordnet.

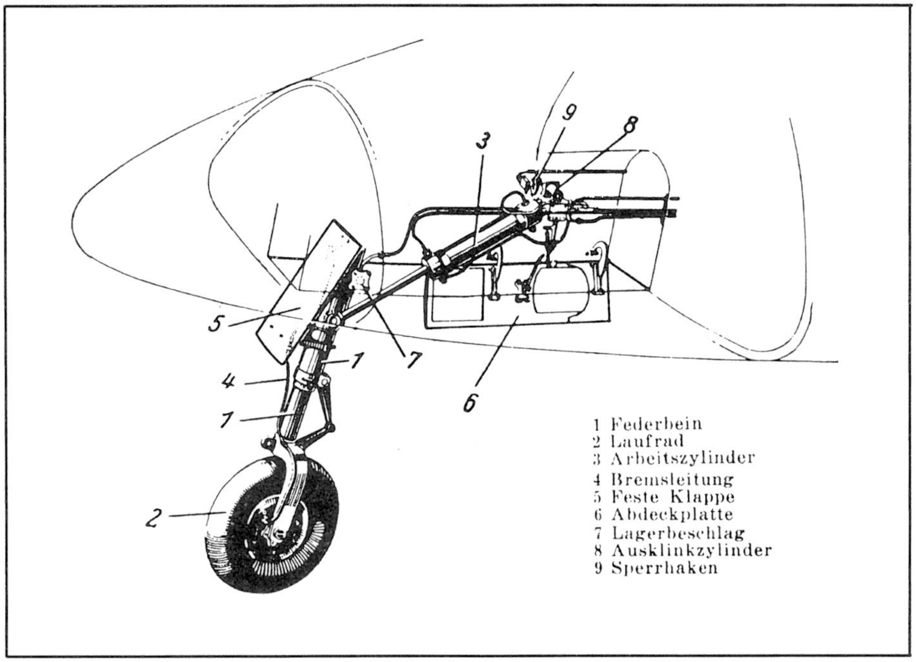

Bugradfahrwerk

Das Fahrwerk der Me 262 wurde im Hinblick auf die zu erwartende Großserienherstellung sehr fertigungsgünstig konzipiert.

Dies geht auch aus dem bereits zitierten Jahresbericht für Fahrwerke hervor. Hier ist zu lesen:

»Neueste Entwicklung: Me 262«

Absolut an der Spitze liegt das neu entwickelte Fahrgestell Me 262.

Die Einheitsarbeit dieses neuen Jägerfahrgestells ist doppelt so hoch und der Einheitsaufwand nur etwa 35 % der bisherigen Jägerfahrgestelle.

Dieser Erfolg wurde durch folgende Maßnahmen erreicht:

aa) Beschränkung des Fahrgestells auf die geringste Zahl von Teilen: Freitragendes Hauptfahrgestell, hydraulischer Arbeitszylinder ist gleichzeitig Stützstrebe.

bb) Engste, fast tägliche Zusammenarbeit zwischen Zellenfirma, Fahrwerksfirma und Sonderausschuß F 14. Weitgehende Rücksicht in der Zelle auf einfache Fahrggestellausbildung, einfache Anschlußglieder am Federbein.

cc) Planung der Fertigungsstraße bereits während der Konstruktion. Sofortige Berücksichtigung der Wünsche der Straßenfertigung bei der konstruktiven Durchbildung aller Einzelteile.

dd) Weitgehende Vermeidung teurer Schmiede- und Gußteile.«

Erste Ausführung des Me 262 Bugfahrwerks ohne Flatterbremse Die Abschleppöse am obersten Teil der Radgabel war an den späteren Serienmustern nicht mehr angebracht.

Im Laufe der Erprobung ergaben sich aber auch bei der 262 einige Probleme mit dem Fahrwerk. Neben dem Reifenplatzen beim Landen, das auch bei der Ar 234 auftrat, war es vorallem das Bugradflattern, das den Entwicklungstechnikern einige Schwierigkeiten machte. Das Bugfederbein war im Winkel von 12° angeordnet und hatte einen Nachlauf von nur 9%. Diese Anordnung neigte sehr stark zum Flattern. Durch den nachträglichen Anbau von Außenflatterbremsen wollte man das Problem in den Griff bekommen.
Versuche ergaben, daß mit dieser Einrichtung befriedigende Ergebnisse erzielt wurden. Das Technische Amt forderte deshalb den Anbau dieser Einrichtung, bis eine vom Federbeinhersteller entwikkelte Innenflatterbremse brauchbare Resultate ergab. Die Innenflatterbremse wurde eingeführt und erfüllte, wenn sie richtig eingestellt war (12 m/kg), auch ihre Aufgabe. Gleichzeitig mit der Innenflatterbremse kam auch eine innere Lenkbegrenzung auf ± 50°. Weitere Versuche, mit hydraulischem Außenflatterdämpfer und mit gekröpfter Bugradgabel (14 % Nachlauf) wurde noch durchgeführt.
Ein Versuch mit dem Laufrad der Bf 109 K (660 × 190) als Bugrad für die 262 erbrachte im Januar 1945 ebenfalls gute Ergebnisse hinsichtlich der Roll- und Flattereigenschaften. Für die Weiterentwicklung der Nachtjägervariante mit verlängertem Rumpf sollte dieses Rad zusammen mit größeren Haupträdern 935 × 345 eingeführt werden.
Aufgrund der in Rechlin durchgeführten Versuche und Erkenntnisse mit der Ar 234 wurde für beide Muster noch im März 1945 vorgesehen, das Hauptfahrwerk mit Doppellenkern auszurüsten.
Ein weiterer Versuch, der vor allem durch die begrenzte Tragfähigkeit der Reifen notwendig wurde, soll hier noch erwähnt werden. Um mit zusätzlichen Lasten Starten zu können, erprobte man auch an der 262 das Deichsel-Schleppverfahren angehängter Lasten: Eine Bombe oder ein Kraftstoffzusatztank mit eigenen Tragflächen wurden dabei auf einem Abwurfgestell an das Heck der Maschine angehängt.

Dasselbe Bugfahrwerk nach dem Anbau einer Flatterbremse mit Lenkbegrenzung.

Der Scherenlenker stellte bei dieser Flatterbremse die Verbindung der drehbaren Radgabel mit dem starren Zylinder her. Der einstellbare Klemmring war mit einem Reibbelag versehen.

Geheime Kommandosache!

Messerschmitt AG. Augsburg

Abt.: Autobedarf Lechf.

Tel.: 154 Lechfeld

Anschrift:

Aktenvermerk

Mitteilung Nr.

Blatt: 1

Betrifft: Bugradflatterbremse Me 262
Besprechung am 18.4.44

g.Kdos.14o/44

Anwesend die Herren: Maier — Fa.Elma
Lindner — Autobedarf Lechf.
Hörstke — " "

Von Seiten des Amtes werden für das Bugrad Me 262 Aussenflatterbremsen mit Lenker gefordert aus folgenden Gründen:

1.) Maschinen mit Aussenbremsen haben bisher noch nicht geflattert (Ausnahme V 6, bei der die Bremse verölt war. Abhilfe durch Dichtungsring.)

2.) Möglichkeit, an der Aussenbremse je nach Forderung Anschlagbegrenzung schnell anzubringen, da Begrenzungswinkel noch nicht endgültig festgelegt. Voraussichtlich 50° nach jeder Seite.

Aufgrund dieser Forderung müssen für sämtliche bisher gelieferte Federbeine die Aussenbremsen n.Zeichn. A 17o51 Z Bl.1 nachgeliefert werden. Ausserdem müssen in Zukunft alle ausgelieferten Beine mit den obengenannten Aussenbremsen versehen sein und zwar solange, bis aufgrund der Erprobung festgestellt werden kann, dass bei Innenbremsen keine Beanstandungen auftreten.

Aufgrund des Bugradflatterns Me 262 S 3 am 13.4.44 - Pilot Tesch- beim Rollen zum Startplatz und beim Ausrollen nach der Landung im letzten Drittel der Ausrollstrecke, wodurch eine Deformation der Rumpfspitze eintrat, kam am 17.4.44 Herr Maier von der Firma Elma hieher, um den Fall zu klären und Bescheid zu erhalten, wie in Zukunft die Frage der Flatterbremsen gelöst werden soll.

Dabei wurde festgestellt:
Nach Untersuchung des in S 3 eingebauten Federbeines durch H.Maier, welches vollkommen in Ordnung befunden wurde und welches bei einer Messung am Tage zuvor ein Flatterbremsmoment von 6 mkg aufwies, kann angenommen werden, dass das aufgetretene Flattern auf eine Weichheit in der Rumpfspitze zurückzuführen ist.

Da die Beseitigung des Flatterns allein von dem durch die Flatterbremse aufgebrachten Bremsmoment abhängig ist, welches nach bisheriger Erfahrung ungefähr 4-11 mkg betragen muss, wird vorgeschlagen, in Zukunft das Bremsmoment nur noch durch die Innenbremse aufzubringen. Diese hat einen Einstellungsbereich bis zu 15 m/kg und hat, wie Versuche der Fa.Elma ergeben haben, bei Dauererprobung keine wesentliche Abminderung des Bremsmomentes ergeben. Als Vorteil der Innenbremse ist anzuführen, dass das Reibmoment durch irgendwelche Einflüsse während des Flugbetriebes immer gleich bleibt, da die Bremse in Öl liegt. Dagegen hat es sich bei der Aussenbremse gezeigt, dass sie bei Verölung vollkommen ausgeschaltet wird.

Bezüglich des Flatterns wäre es also nicht nötig, eine Aussenbremse anzubauen.

Es war festgelegt worden, die Flatterbremsen allgemein nun auf 8 mkg einzustellen. Mit dieser Einstellung flog am 17.4.44 Me 262 S 3 -Pilot Tesch-. Dabei trat keinerlei Beanstandung mehr mit dem Bugrad

1079

b. -2-

Fortsetzung umseitig!

Augsburg, den 20.4.44	Zeichen Hö/T.	Unterschriften	Eingangsverm.	Ablegeverm.

auf. (Neues Bugrad) neue Rumpfspitze.- Das alte Bugrad wird jedoch wieder in eine folgende Maschine eingebaut und beobachtet.)

Zur Begrenzung des Bugradschwenkwinkels ist Folgendes zu sagen:
Es ist zu erwarten, dass in Zukunft der Schwenkwinkel auf 50° nach jeder Seite festgelegt wird. (Wichtig beim Rollen und Rangieren) Allein wegen der Anschlagbegrenzung wäre die Aussenbremse nicht notwendig, da diese Begrenzung auch durch Auswechselung des oberen Lagerringes der Innenbremse ohne konstruktive und fertigungsmässige Schwierigkeiten in Ordnung gebracht werden kann. Da die Nachlieferung und weitere Ausrüstung des Bugradfahrwerks mit Aussenbremsen einen erheblichen Material- und Fertigungsaufwand erfordert, ist es notwendig, dass in Zukunft anzuliefernde Federbeine gleich mit dem Begrenzungsanschlag $\pm 50^{\circ}$ im oberen Lager geliefert werden. Die schon gelieferten Federbeine können innerhalb kürzester Zeit und ohne Material und Fertigungsschwierigkeit schnellstens mit dem erforderlichen Anschlag nachgerüstet werden. In diesem Falle müsste nur der obere Lagerring mit dem nötigen Anschlag versehen werden. Damit könnte die Aussenbremse mit Lenker vollkommen wegfallen.

Eine Rücksprache mit Herrn Caroli am 19.4.44 hat ergeben: Vorläufig wird auf die Aussenflatterbremse aus Gründen der Sicherheit noch nicht verzichtet. Sobald jedoch zusammen 50 Starts mit mindestens 3 Flugzeugen Me 262, welche anschliessend mit Innenbremsen ausgerüstet sind, ohne Flatterbeanstandungen durchgeführt worden sind, wird der Einbau der Aussenbremse wegfallen. Das heisst also bis dahin bleibt die Forderung nach Lieferung und Nachlieferung der Aussenbremsen aufrecht erhalten.

Die Feststellung der durchgeführten Starts in Leipheim und Lechfeld ist eingeleitet und wird in Kürze vorliegen.

Ferner wurde von H.Caroli die dringlichste Beschaffung von 5 Bugradfederbeinen mit der oben angeführten $\pm 50^{\circ}$ Begrenzung am oberen Lagerring der Innenbremse gefordert. (Anforderung bei Opel, Rüsselsheim mit g.Kdos.-Schreiben 114/43 vom 6.4.44) Ausserdem soll bei diesen Beinen die Rückführung bis $\pm 50^{\circ}$ wirksam sein.

<u>Verteiler:</u>
BAL bei Mtt.A.G.
Fa.Elma, Waiblingen z.Hd.d.H.Maier, Kobü-Fahrw.
Fa.Opel, Rüsselsheim, Herrn Gen.Dir.Wagner
FAV-L 2x

1080

Augsburg, den	Zeichen	Unterschriften	Eingangsverm.	Ablegeverm.

Für die späteren Serienmuster der Me 262 wurde eine innenliegende Flatterbremse verwendet. 1. Lenkbegrenzungsschraube, 2. Einstellschraube für die Flatterbremse. (Siehe auch Zeichnung, Bugfederbeine Ta 183)

Ein weiterer Versuch das Bugradflattern der Me 262 in den Griff zu bekommen. Hier wurde das breitere Rad der Bf 109 K verwendet.

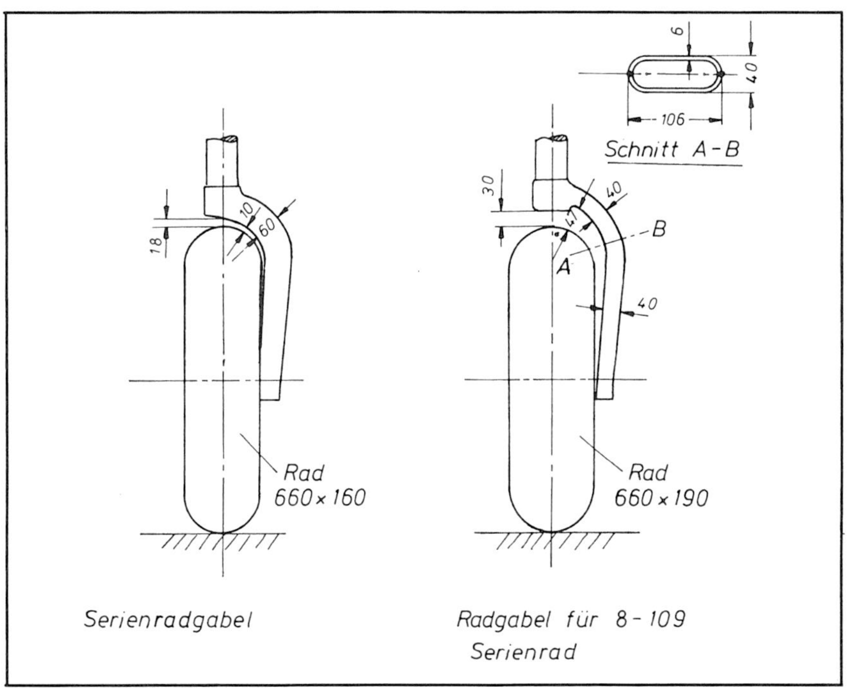

Die Radgabel mußte zur Aufnahme des breiteren Rades der Bf 109 K abgeändert werden.

Das Bild zeigt die Lagerung des Federbeins in der Tragfläche, sowie den Anschluß des Arbeitszylinders, der in seinen Endstellungen endverriegelt war und das ausgefahrene Federbein abstützte.

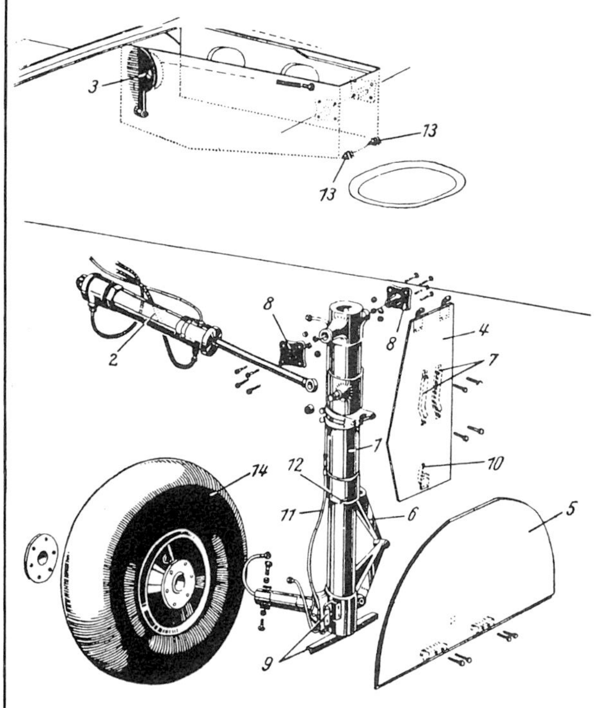

1 Federbein
2 Arbeitszylinder
3 Lagerbeschlag
4 Strebenabdeckklappe
5 Radabdeckung
6 Scherenlenker
7 Gleitschienen
8 Lagerflansche
9 Flanschwinkel
10 Haken
11 Bremsleitung
12 Zapfen
13 Lagerung der Strebenabdeckpl
14 Laufrad

Zerlegungsplan des Hauptfahrwerks

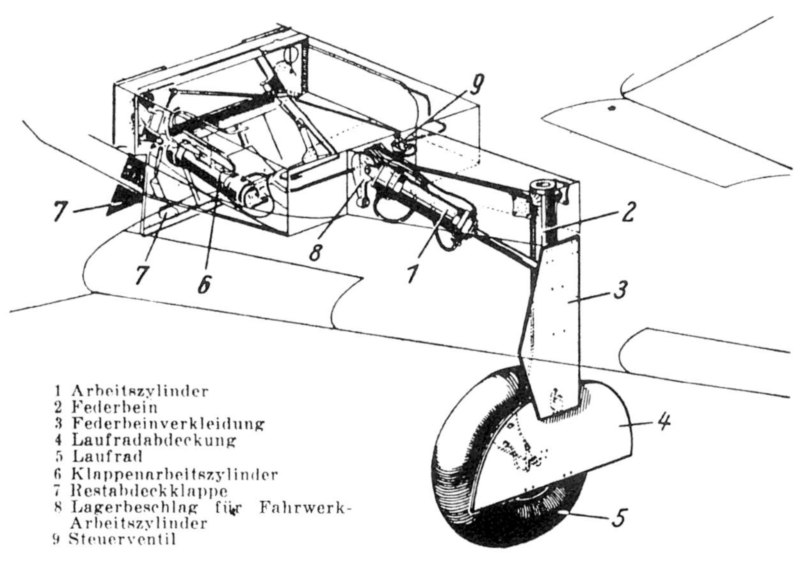

1 Arbeitszylinder
2 Federbein
3 Federbeinverkleidung
4 Laufradabdeckung
5 Laufrad
6 Klappenarbeitszylinder
7 Restabdeckklappe
8 Lagerbeschlag für Fahrwerk-Arbeitszylinder
9 Steuerventil

Lagerung des linken Arbeitszylinders am Anschlußbeschlag

Unten, links: Der Anschlußbeschlag für den Hauptfahrwerks-Arbeitszylinder der Me 262. – Rechts: Das zerlegte Luft-Öl-Federbein der Me 262

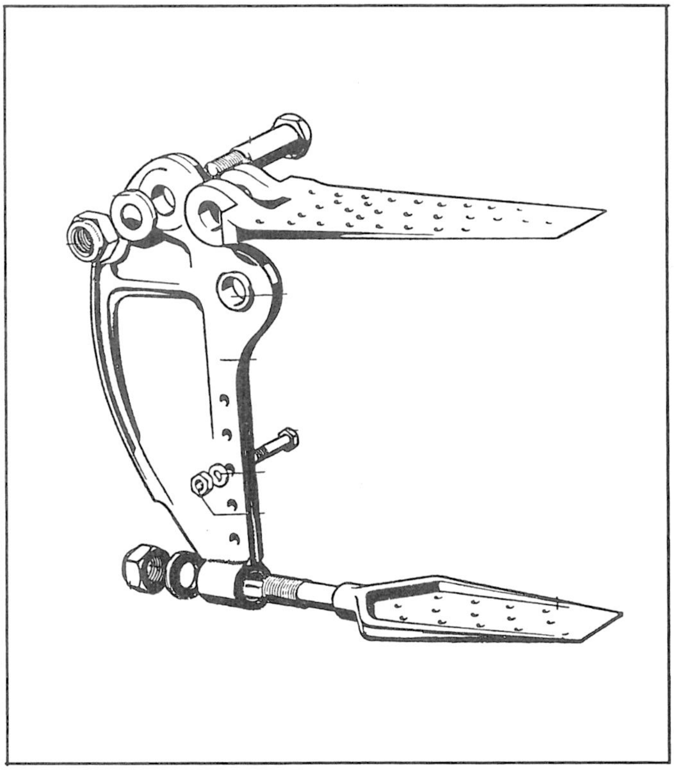

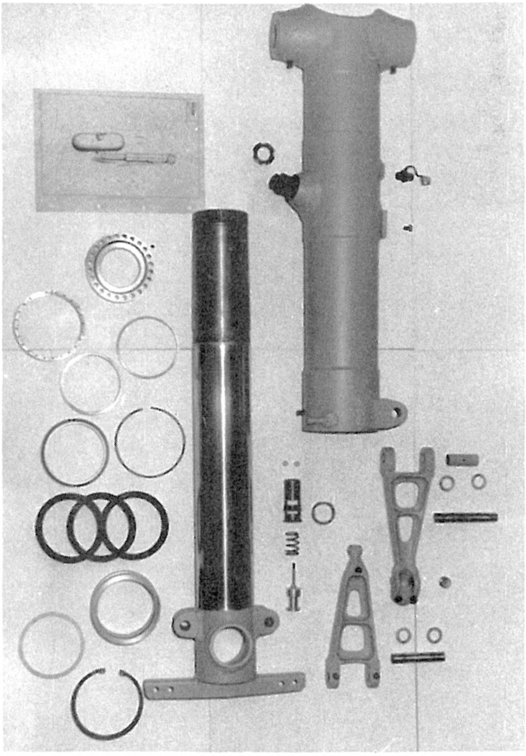

Luft-Öl-Federbein Typ EC für Me 262

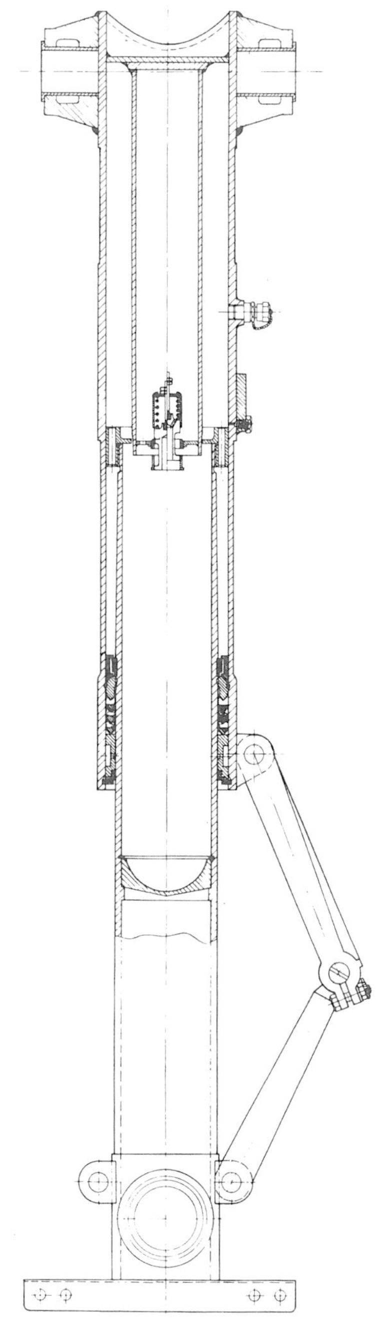

Luft-Ölfederbein Typ EC für Me 262
Luftdruck 25 kp/cm²; Ölmenge 2800 cm³

Blick auf das linke Laufrad der Me 262 ohne untere Abdeckung. Gut zu erkennen das T-Stück der Bremsleitungen für die innere und äußere Bremse. Wobei wie bei fast allen Doppelbremsrädern die Leitung für die äußere Bremse durch die Hohlachse geführt wurde.

Restabdeckung der Me 262. Die Betätigung erfolgte durch einen Arbeitszylinder, der links im Bild hinter einem Abdeckblech gelagert ist. Dieser schwenkt über einen Bananenhebel, Zwischengelenke und Stoßstangen die Klappen ein und aus.

Serienfertigung von Me 262 Federbeinen bei Opel.

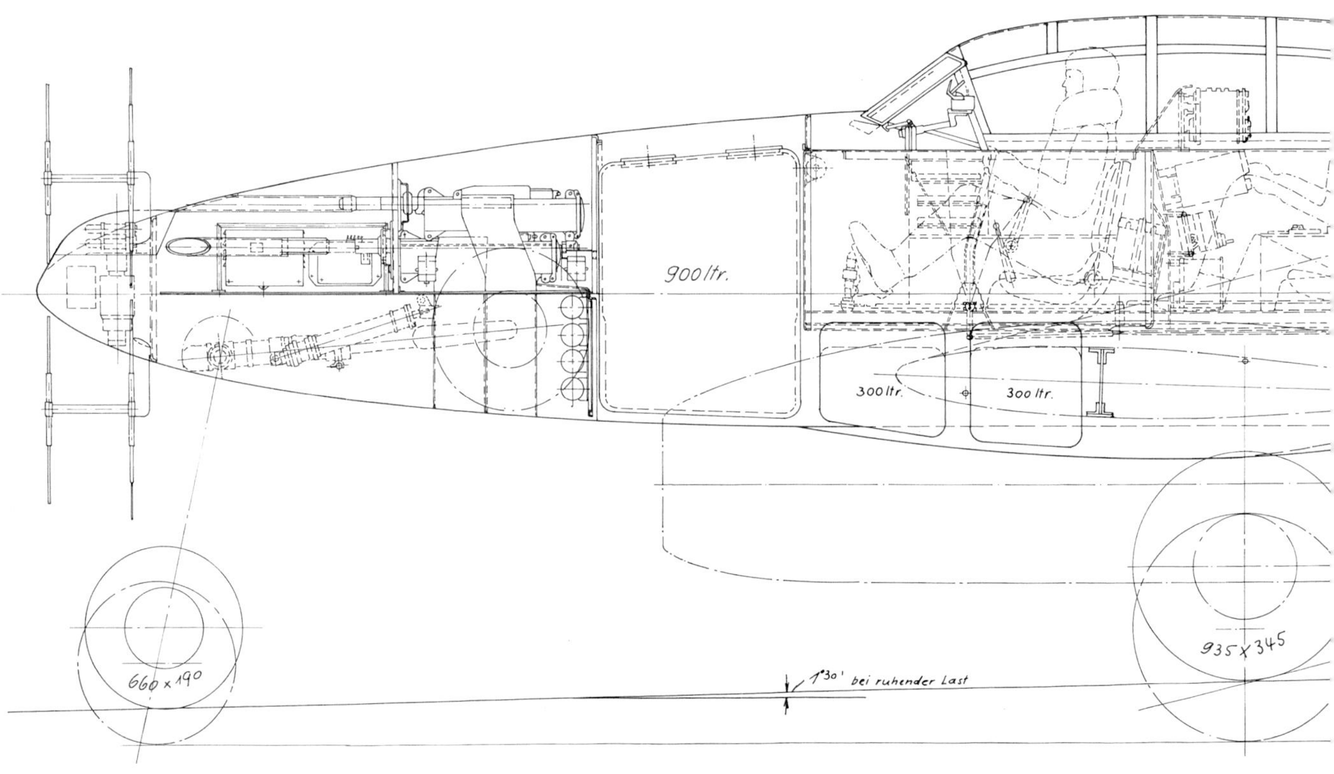

Die Nachtjagdausführung der Me 262 hatte das gleiche Fahrwerk wie die einsitzige Variante.

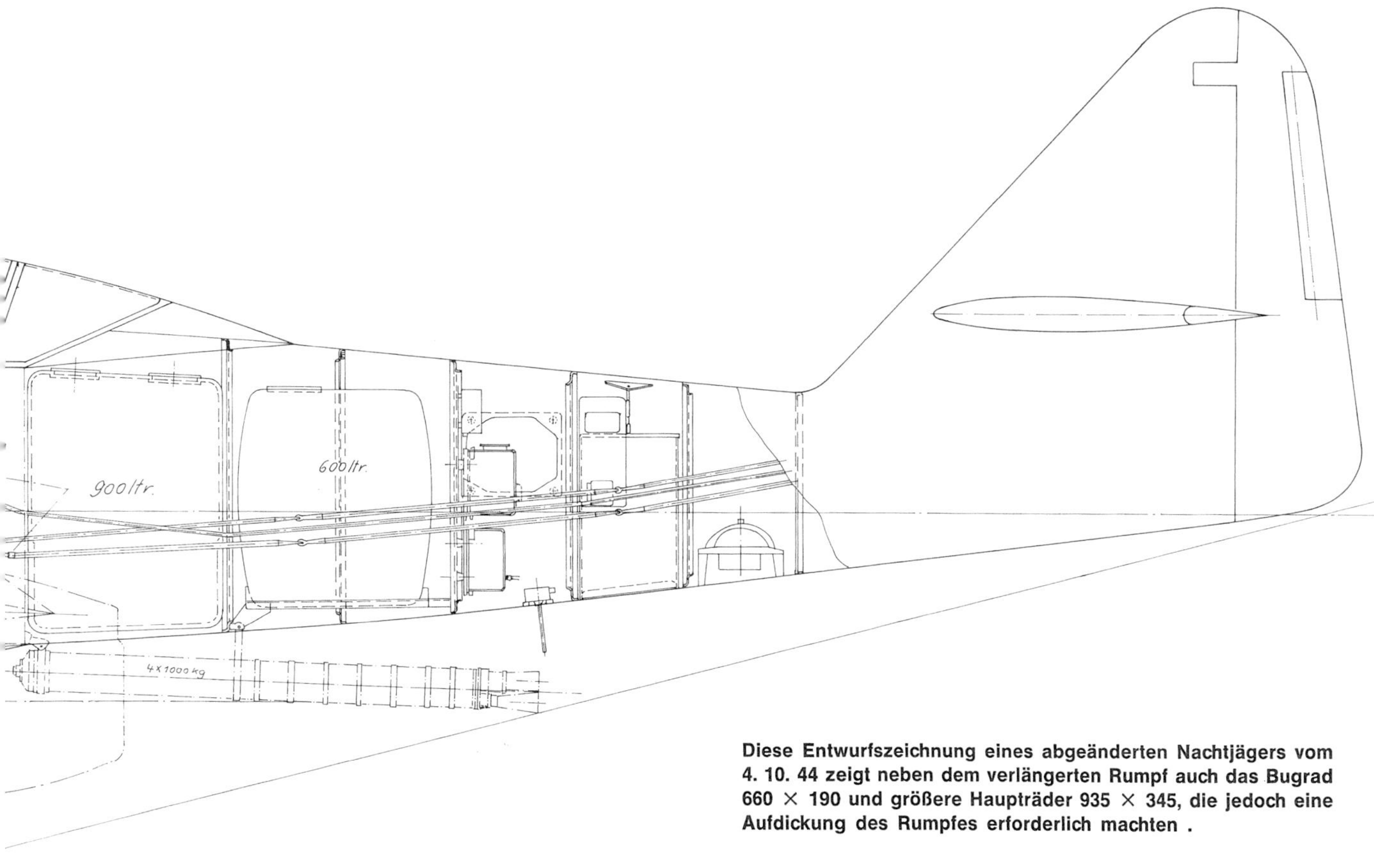

Diese Entwurfszeichnung eines abgeänderten Nachtjägers vom 4. 10. 44 zeigt neben dem verlängerten Rumpf auch das Bugrad 660 × 190 und größere Haupträder 935 × 345, die jedoch eine Aufdickung des Rumpfes erforderlich machten .

Diese Weiterentwicklung der Me 163 mit zwei übereinanderliegenden Raketentriebwerken wurde noch kurz vor Ende des Krieges erprobt. Dieses Flugzeug, das bei Messerschmitt entworfen und dann bei Junkers weitergeführt wurde, war mit einem Einziehfahrwerk ausgerüstet. Einer Entwurfs-Baubeschreibung vom 8. 12. 44 ist über das Fahrwerk folgendes zu entnehmen:

»Um die Mängel einer Kufenlösung zu beseitigen, wurde ein Rollwerk mit Bugrad entworfen, das auch bei ausgefahrenen Rädern Außenlandungen ohne Bruchgefahr und drastische Verletzungen der Zelle ermöglicht. Die Überlegungen führten zu einem Fahrwerkssystem mittels Schwinghebeln (für jede Seite getrennt), die ihre Kräfte direkt in die Hauptkraftglieder der Rumpfzelle einleiten. Die notwendigen Federungseigenschaften wurden durch Auswahl geeigneter Federstreben erreicht.

Zum Einbau gelangen:

für das Hauptrollwerk zwei BF Räder 770 × 270 mit 4 atü,

für das Bugrollwerk ein Spornrad 465 × 165 mit 3 atü

Die Spurweite beträgt 1300 mm.

Jeder Schwenkbock der Haupträder ist pneumatisch durch eine Einziehstrebe in den Rumpf einziehbar. Die Öffnungen im Rumpf werden durch primär betätigte, zweifach gelagerte Klappen geschlossen, die die Betätigung der Einziehstreben auslösen. Das Bugrad wird ebenfalls pneumatisch nach hinten eingezogen und liegt in diesem Zustand unter dem druckdichten Fußboden. Die Bugradklappen werden mechanisch durch die ein- bzw. ausfahrende Bugradfederstrebe geschlossen bzw. geöffnet. Für die Bodenberührung des Rumpfhecks ist ein Notsporn vorgesehen.«

Das Bugfahrwerk der Me 263/Ju 248. An diesem Versuchsmuster waren die Fahrwerksklappen noch nicht angebracht.

Blick von unten auf das Fahrwerk der Me 263/Ju 248

Der Notsporn der Me 263/Ju 248 war eine eingerollte Blattfeder. Unter der geöffneten Klappe der gepackte Bremsschirm.

Attrappe der Me 263/Ju 248. Das Bugfahrwerk ist teilweise eingefahren.

Blick auf die Bugfahrwerksattrappe

Dieses Bild zeigt das eingezogene linke Rad der Attrappe der Me 263/Ju 248

Rechte Seite:
Schnitt gegen die Flugrichtung gesehen durch das Fahrwerk der Me 263/Ju 248.

Diese Bugfahrwerksanordnung wurde nach dem Krieg sehr oft für Jagdflugzeuge verwendet.

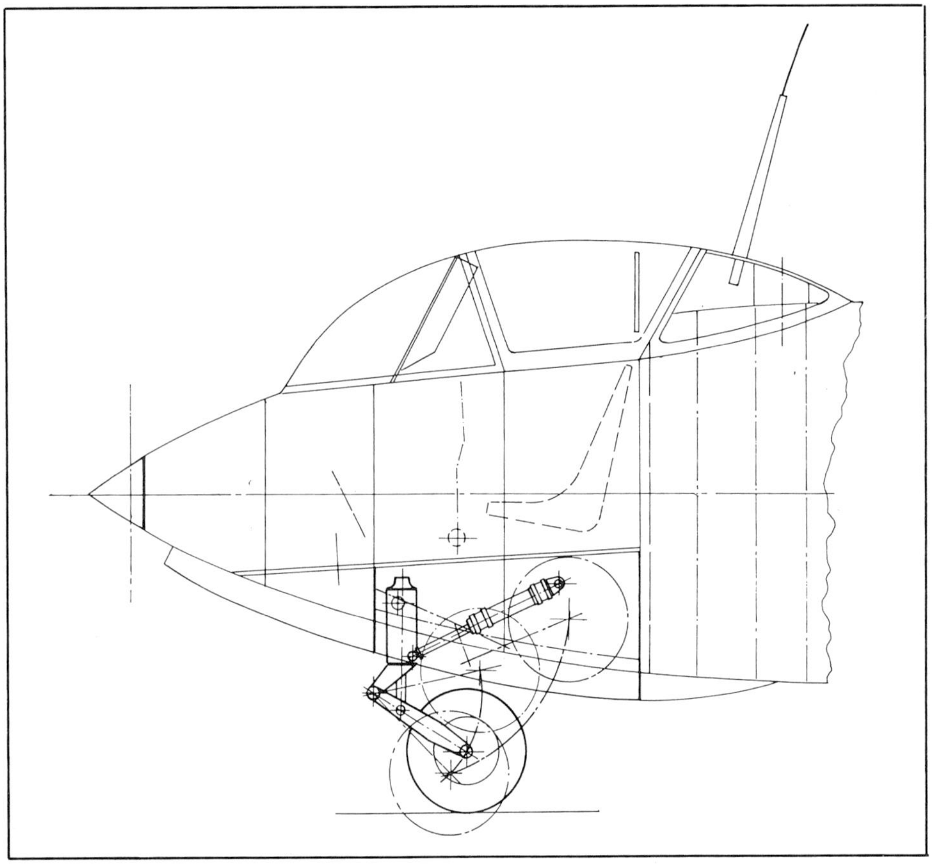

Rumpfmittelstück mit Fahrwerk

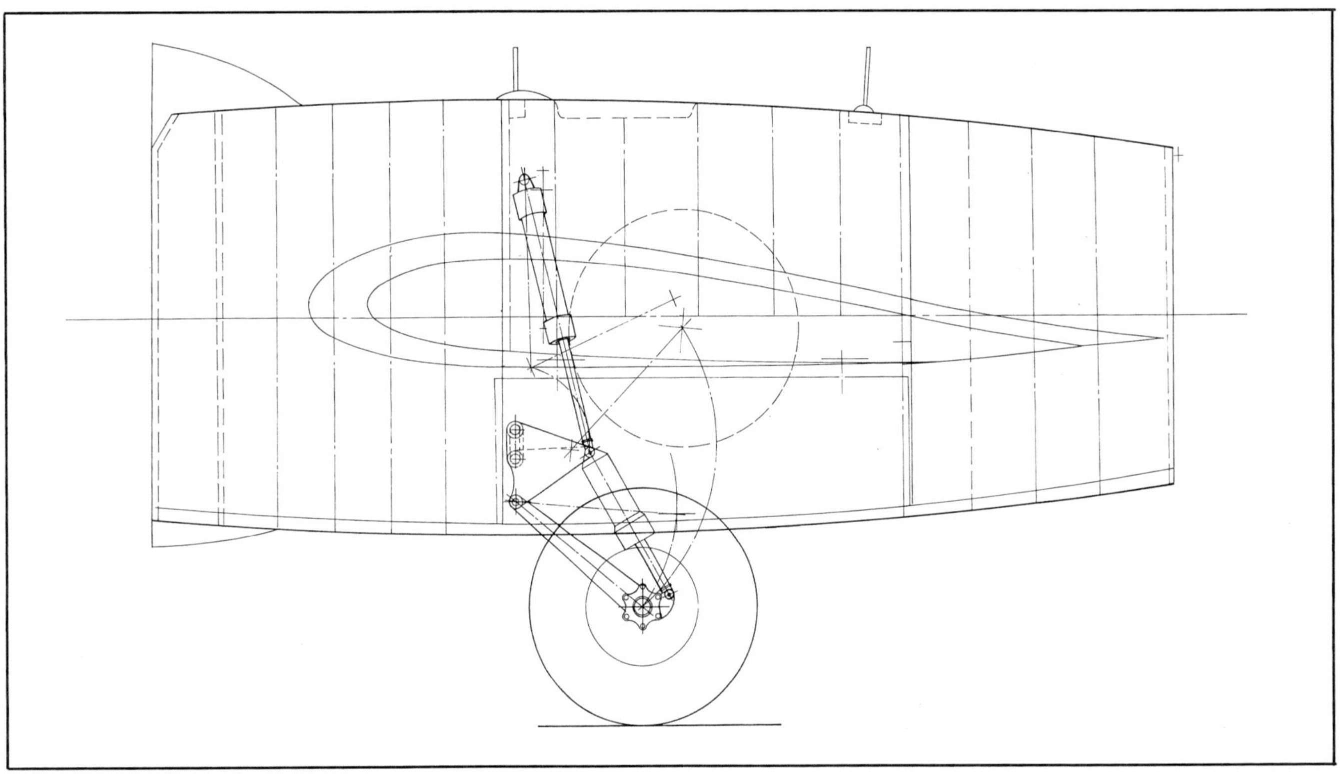

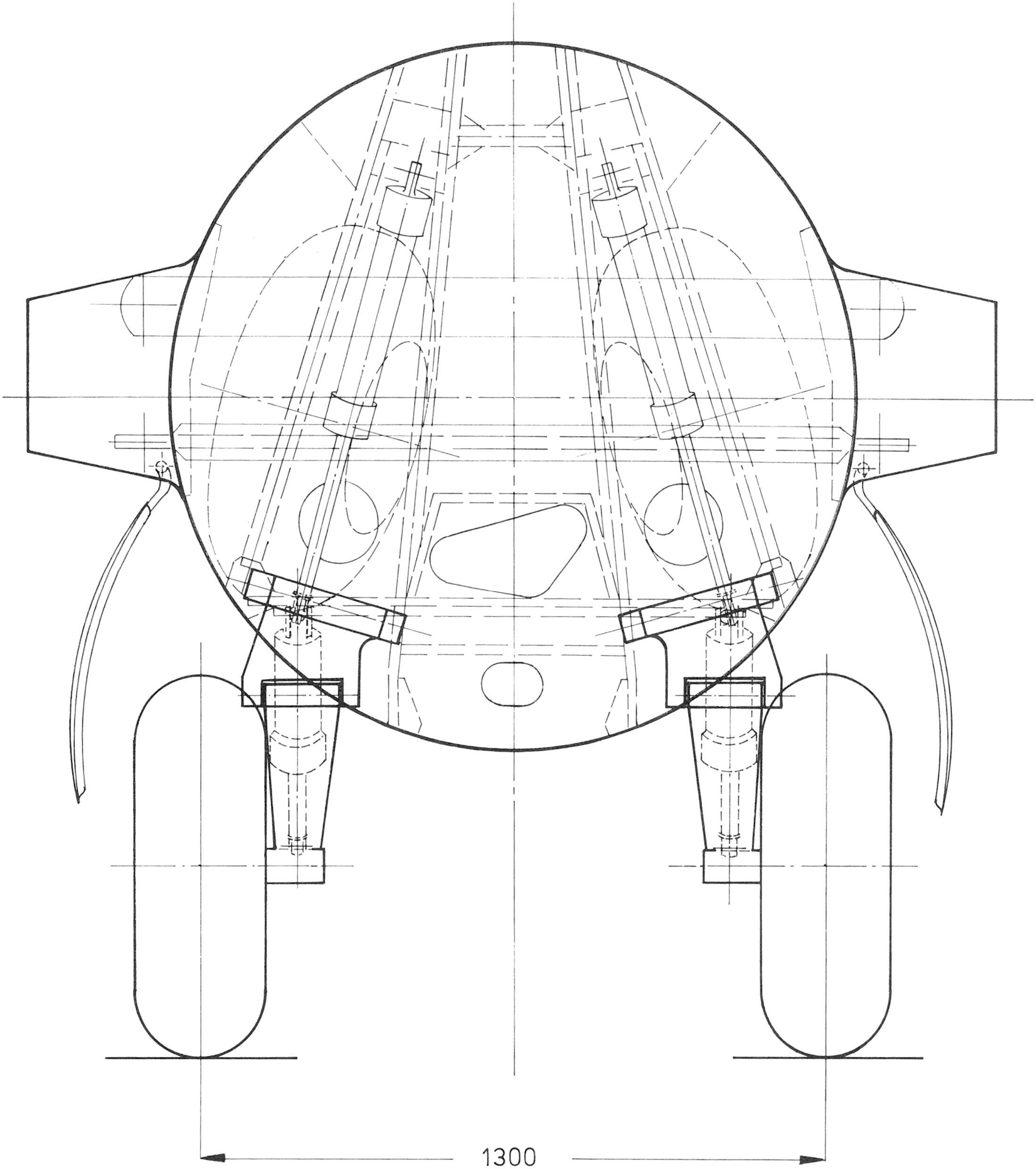
1300

Me 264

Die RLM-Ausschreibung für die Schaffung eines »Amerika-Bombers« führte bei Messerschmitt zur Entwicklung der viermotorigen Me 264. Im Dezember 1942 erfolgte der Erstflug der V1. Aus der Baubeschreibung dieses Musters geht zum Punkt Fahrwerk folgendes hervor:

»Das Hauptfahrwerk fährt seitwärts nach innen in den im Flügel befindlichen Radkasten ein, der durch im Strak liegende Klappen verschlossen wird. Das Bugrollwerk ist unter Drehung in einem durch Klappen verschließbaren Radkasten unter dem Führerraum einziehbar.

Für Starts mit 46 bis 49 t ist je ein parallel zum festen Rad angeordnetes Zusatzrad erforderlich, das mit Fallschirm abgeworfen wird.

Es besteht Weiterentwicklungsmöglichkeit des Zusatzrollwerkes bis zu einem Maximalgewicht von 56 t, für welches die Federbeine mit Anschluß bereits ausgelegt sind.

Federbein:	Hauptfahrwerk	VDM-Öl/Luft	8-1120.00
	Bugrad	EC-Öl/Luft	8-3842 A 1
Räder:	Hauptfahrwerk	Zusatzrad:	1550 × 575
	Bugrad		935 × 345

Frontansicht der Me 264. Die Spurweite des Fahrwerks betrug 8,30 m.

Bereits die Entwurfszeichnung der Me 264 V 1 war mit Zusatzrädern für Überlaststarts projektiert.

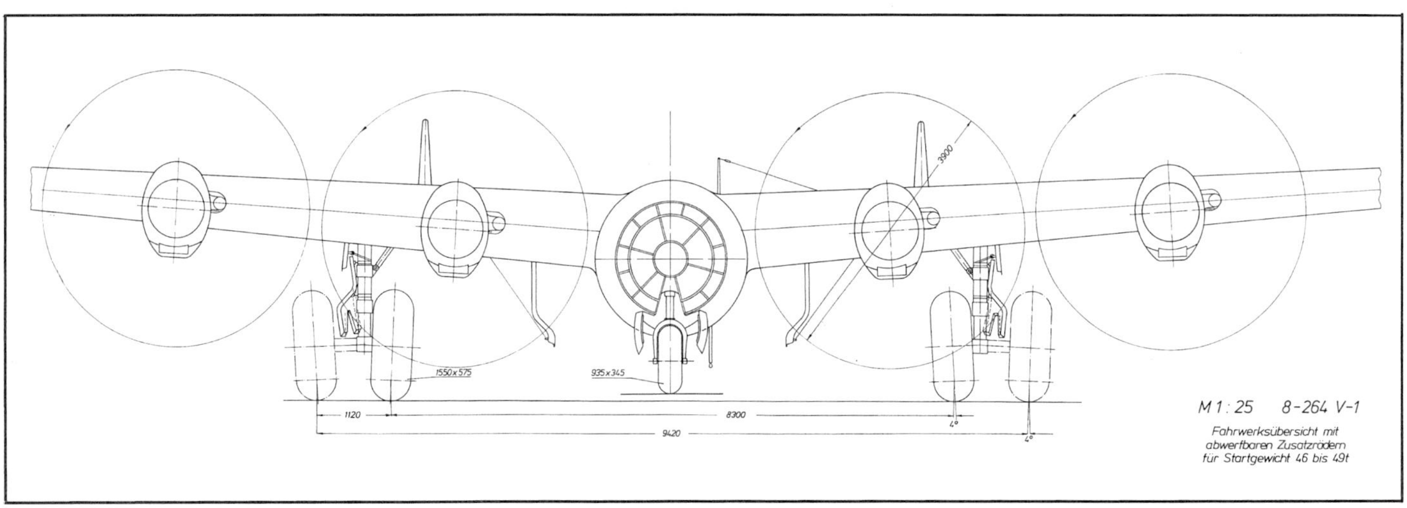

Oben, links: Das Bugfahrwerk ohne Abdeckung. – Rechts: Der Bugradschacht der Me 264 war in den Führerraum einbezogen. Beim Einfahren schwenkte das Rad um 90°.

Das Bugfahrwerk der Me 264 hatte ein ungebremstes Rad der Größe 935 × 345.

Das linke Hauptfahrwerk der Me 264. Das Federbein ist mit Doppellenkern ausgerüstet. Eine Stützstrebe fängt das Federbein nach vorne ab.

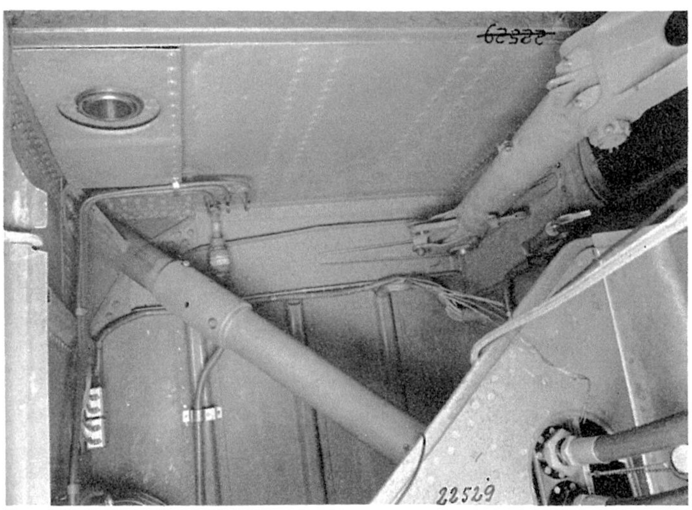

Blick in den Fahrwerksschacht von unten. Das Federbein ist noch nicht eingebaut. Links oben im Bild die hintere Lagerstelle für das Federbein. Rechts im Bild die Knickstrebe ohne Arbeitszylinder.

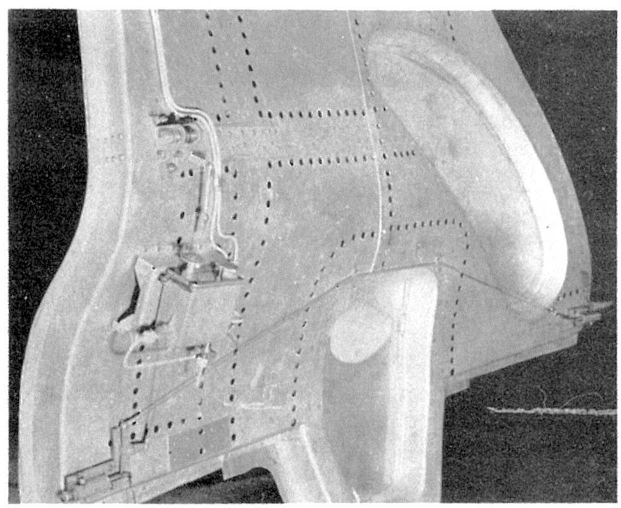

Dieses Bild zeigt die Innenseite der Fahrwerksabdeckung der Me 264. Am linken und rechten unteren Ende, die seilzubetätigten Verriegelungszapfen.

Me 309

Das als Nachfolger für die Bf 109 gedachte Muster Me 309 wurde 1943 zugunsten der Me 262 aufgegeben. Das Fahrwerk in Bugradanordnung war hydraulisch einziehbar ausgelegt. Das Bugrad drehte dabei um 90°. Bugradflattern und einknickende Federstreben waren die Probleme auf der Fahrwerksseite während der Erprobung.

Rechts: Das Bugfahrwerk der Me 309 von schräg vorne.

Bugfahrwerk der Me 309. Das Rad wurde beim Einfahren um 90° gedreht.

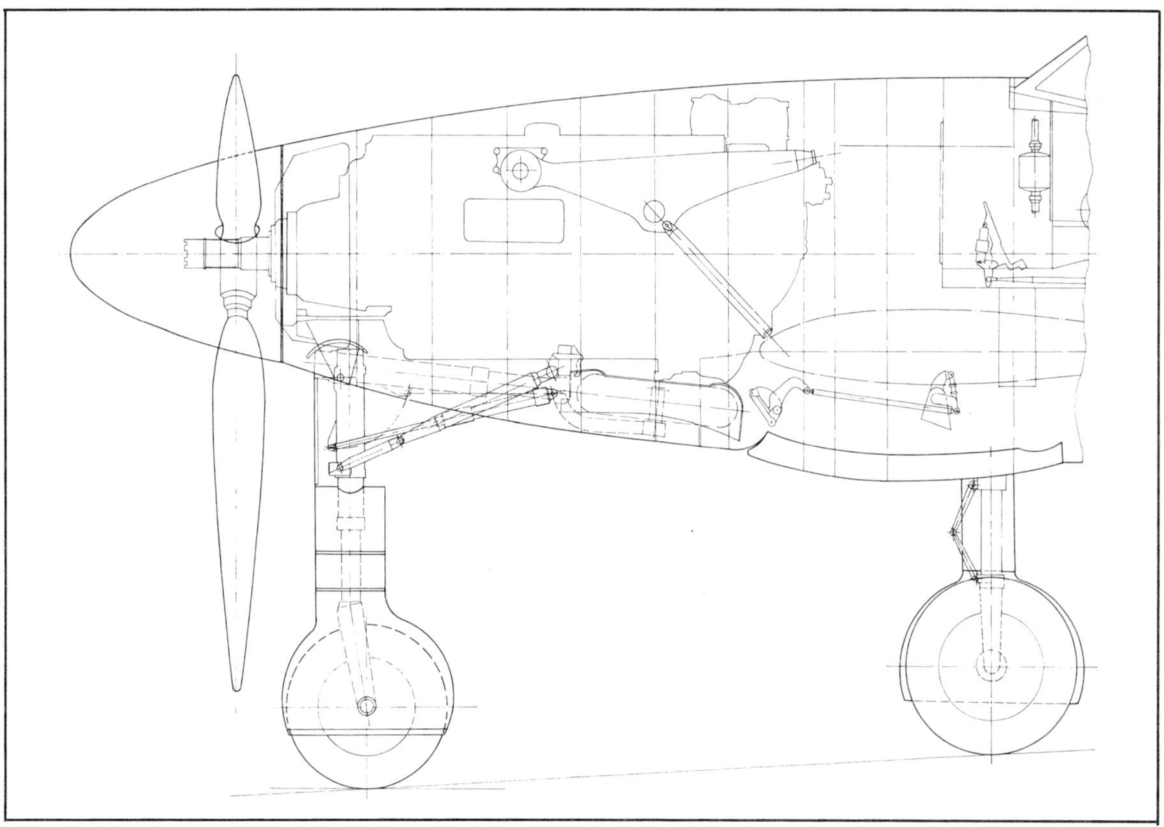

Das größte Flugzeug, das die Luftwaffe im Einsatz hatte, war der Messerschmitt »Gigant«. In der Variante Me 321 als Groß-Lastensegler und als sechsmotoriger Transporter mit der RLM-Nr. 323.

Die Lastenseglerausführung hatte ein abwerfbares Fahrwerk mit zwei Haupträdern der Größe 1650 × 500, die auf einer durchgehenden Achse gelagert waren. Die beiden Bugräder 650 × 180 waren in schwenkbaren Gabeln gelagert. Die Landung erfolgte auf vier abgefederten Kufen. Das mehrrädrige Fahrwerk der Me 323 bestand aus je drei hinteren Doppelbremsrädern 1200 × 420 und je zwei vorderen Rädern 875 × 320. Mit diesem ähnlich einem Raupenrollwerk ausgelegten Fahrwerk konnten auch Bodenhindernisse überwunden werden. Um den Landestoß auf mehrere Räder gleichmäßig zu verteilen, arbeiteten je zwei Haupträder auf eine gemeinsame Ringfederstrebe. Die sechs Hinterräder wurden durch Druckluft gebremst. Am Heck war ein gummigefederter Hilfssporn angebracht.

Der fertige Rumpf eines Giganten wird aus der Halle geschoben. Gut zu erkennen das Mehrradfahrwerk.

Der Fahrwerksaufbau der Me 323

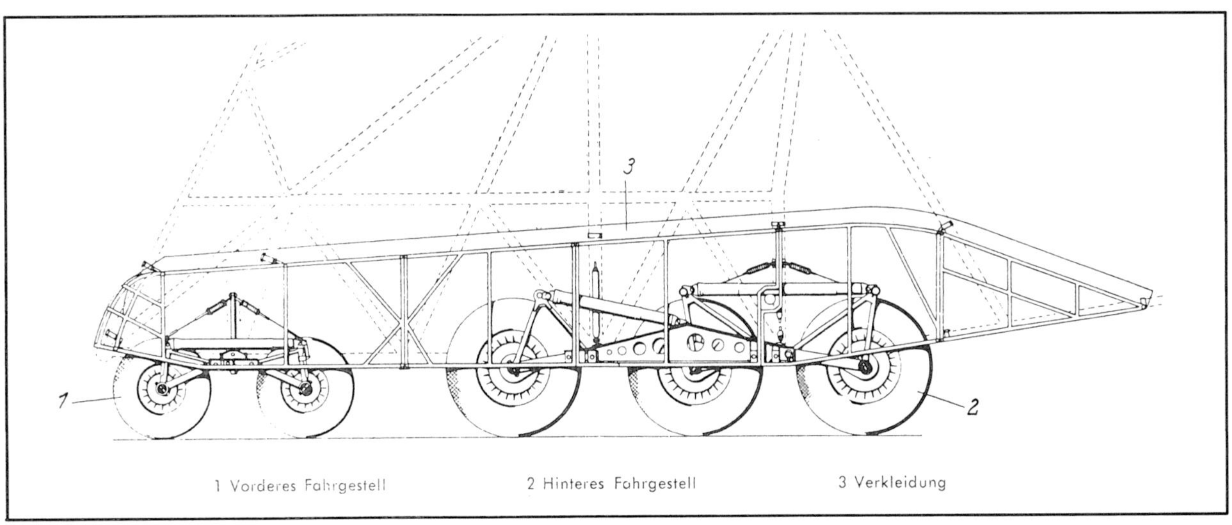

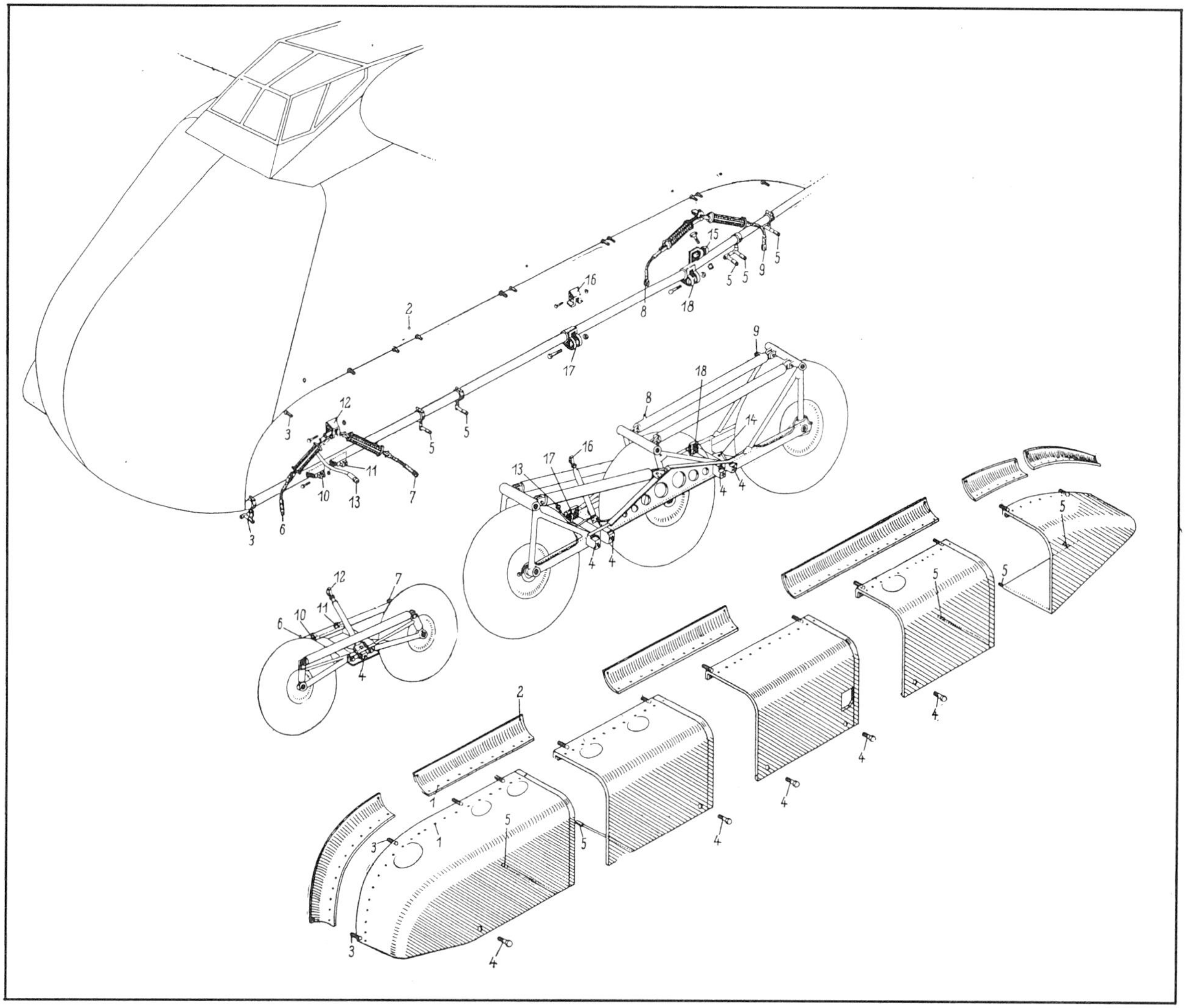

Übersicht der Trennstellen des Fahrwerks der Me 323

Messerschmitt-Techniker beim Betrachten eines Bremsschildes zwischen Fahrwerken und einem Rumpf der Me 323

Der Notsporn mit Gummipuffern zur Abfederung

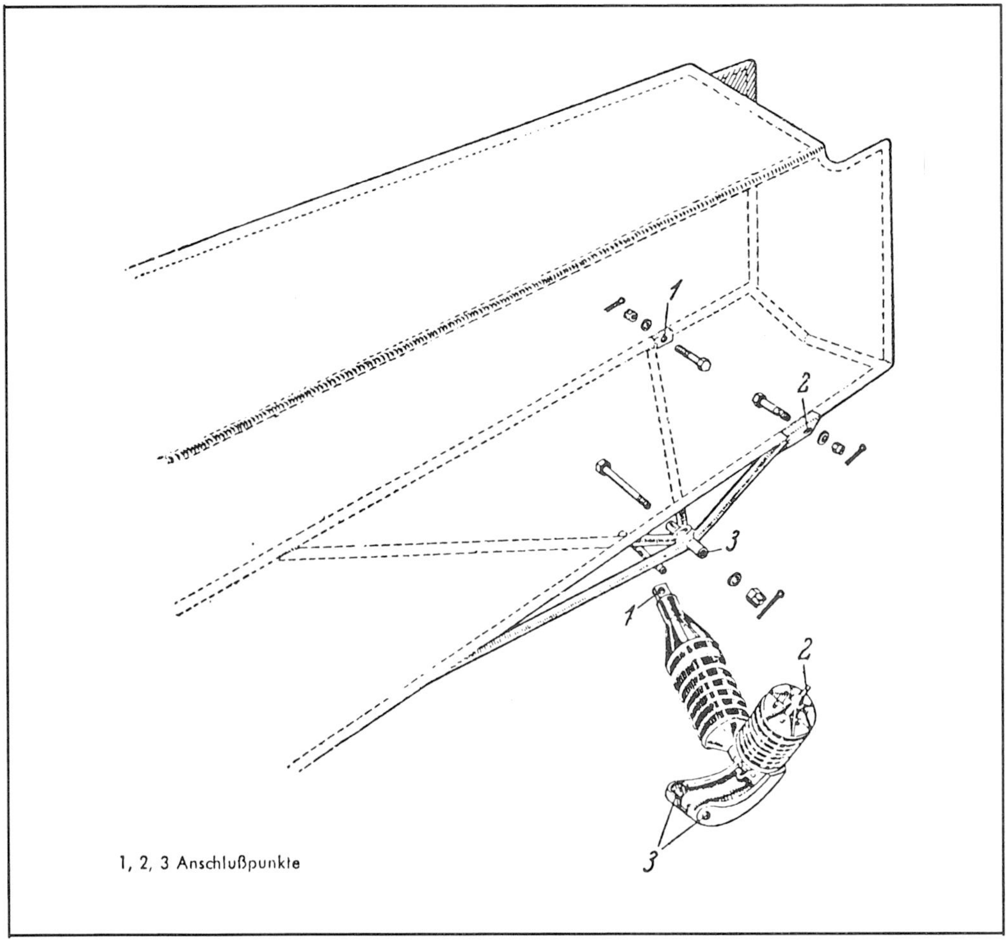

Das Gigantfahrwerk im harten Einsatz. Die Bremsabdeckung am mittleren und vorderen Rad ist durch äußere Einwirkung zerstört.

Me P 1101

Das letzte Messerschmitt-Projekt, das beim Einmarsch der Amerikaner im Ausweichbetrieb Oberammergau kurz vor der Fertigstellung stand, war die Me P 1101. Dieser Strahljäger mit Heinkel-Hirth-Triebwerk hatte ein einziehbares Fahrwerk. Das Bugfederbein hatte hydraulischen, innenliegenden Flatterdämpfer und ein Rad der Größe 465 × 165 (für die geplante Serie war das Rad 500 × 180 vorgesehen). Der Hydraulikzylinder arbeitete über eine Knickstrebe. Teile des Spornfederbeines der Me 410 sollten übernommen werden. Für das Hauptfahrgestell wurden die Federbeine der Bf 109 mit neuen, oberen Lagerteilen und für die V1 auch die Bremsräder der 109 K-Serie verwendet. Für spätere Muster waren Doppelbremsräder der Größe 740 × 210 geplant. Die Federbeine des Hauptfahrwerkes wurden über Knickstreben ein- und ausgefahren.

Das Bugfahrwerk der Me P 1101

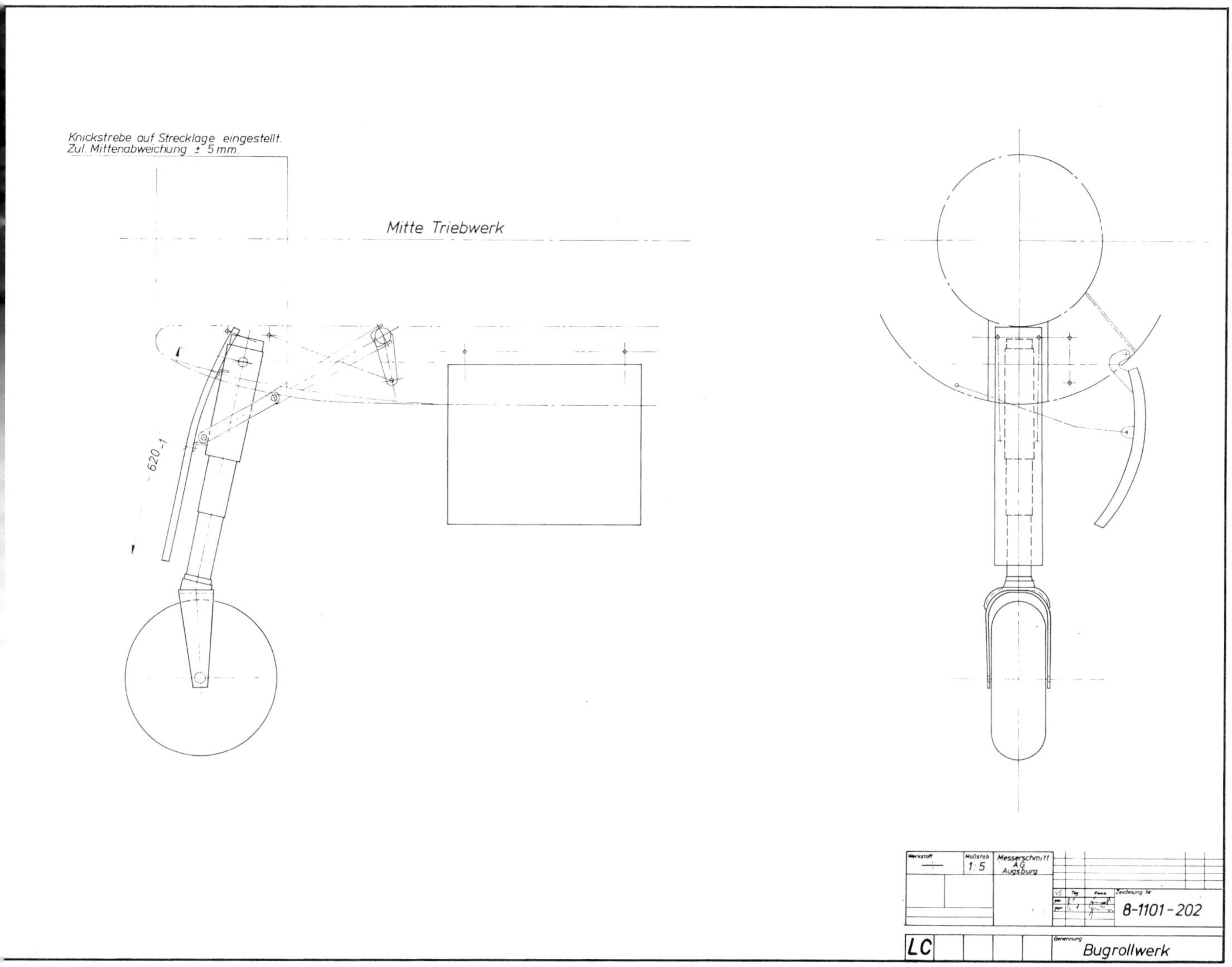

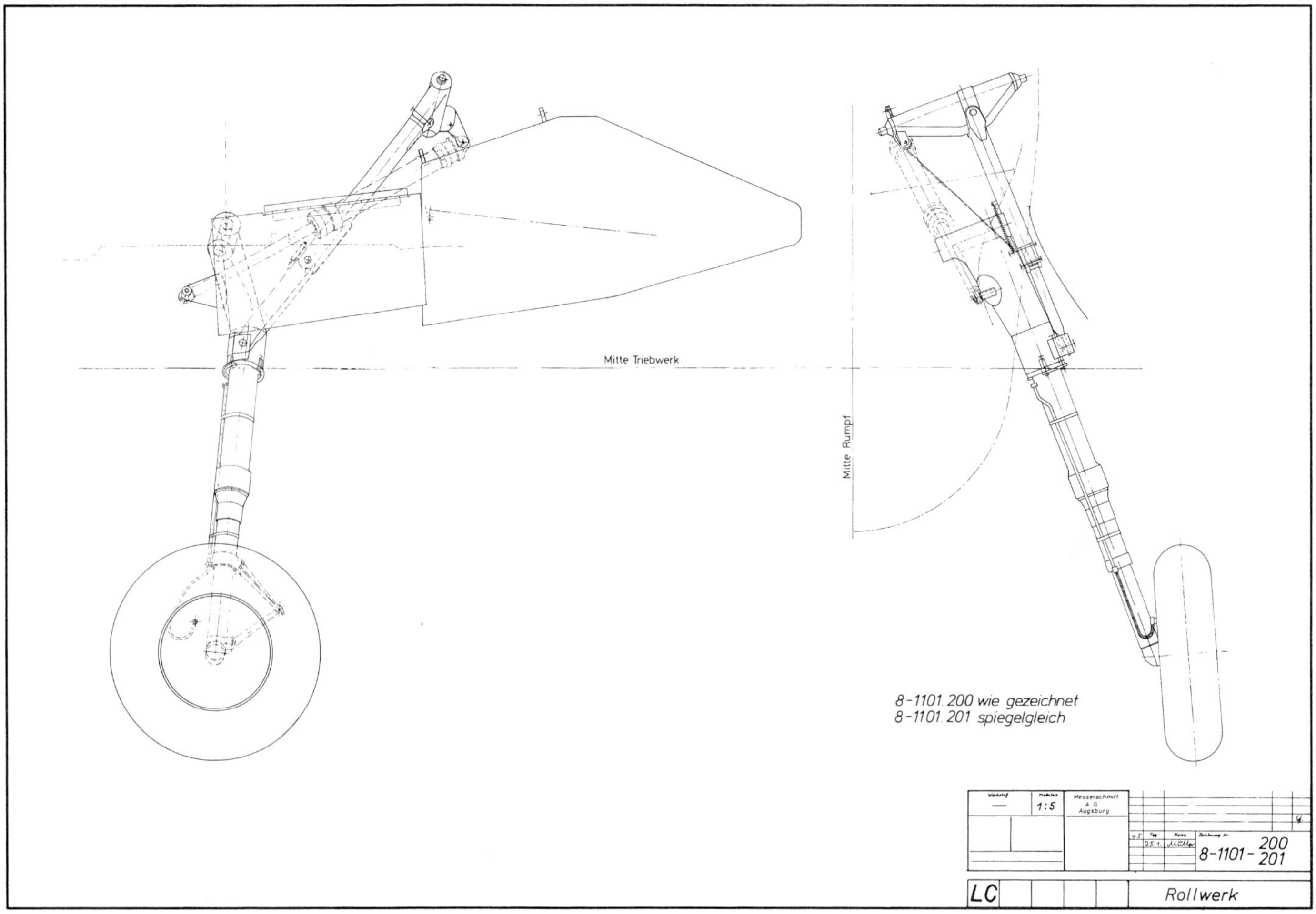

Das Hauptfahrwerk der Me P 1101 war genau wie das der He 162 mit Federstreben der Bf 109 K ausgerüstet. Die oberen Lagerböcke, sowie die Einziehvorrichtung wurden neu konzipiert.

Links: Modellattrappe für das Fahrwerk der Me P 1101

Unten: Das eingefahrene Fahrwerk der Modellattrappe

Siebel

Si 204

Dieses bei der Luftwaffe als Kurier- und Ausbildungsflugzeug eingesetzte Baumuster hatte ein hydraulisch betätigtes Einziehfahrwerk. Die Ringfederbeine mit Fettdämpfung waren in Querträgern gelagert und wurden über Knickstreben nach hinten in die Motorgondel eingezogen. Bei der A-Variante kamen Bremsräder der Größe 770 × 270 zum Einbau, die D-Muster hatten Bremsräder 840 × 300. Der nicht einziehbare Sporn bestand aus einer ölgedämpften Schraubenfederstrebe mit lastabhängiger Verriegelung. Das entlastete Federbein war durch eine Feder verriegelt. Das Spornrad hatte die Größe 380 × 150.

Das aufwendig gebaute Fahrwerk der Fh 104. Die Knickstrebenbetätigung erfolgte hydraulisch.

Druckölanlage der Si 204

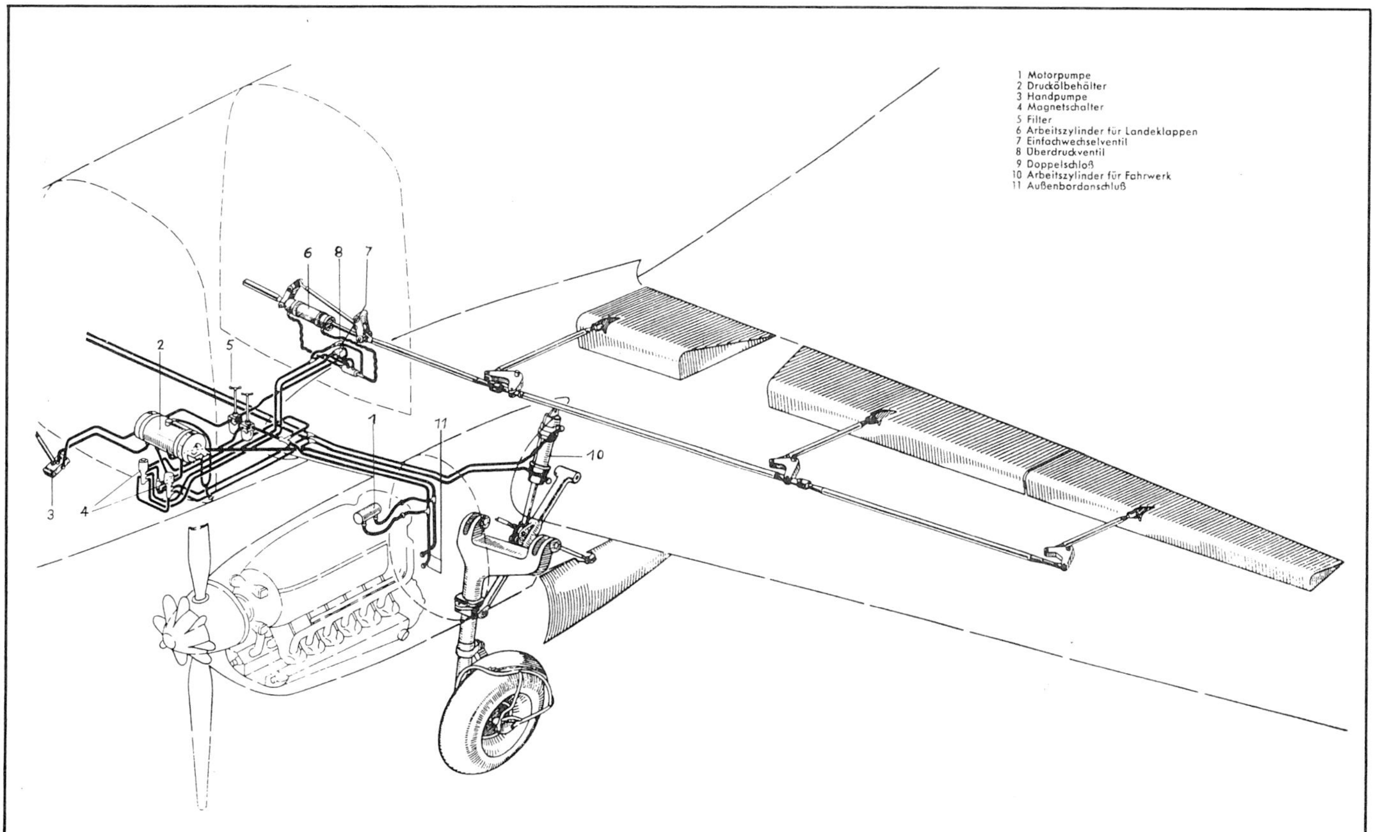

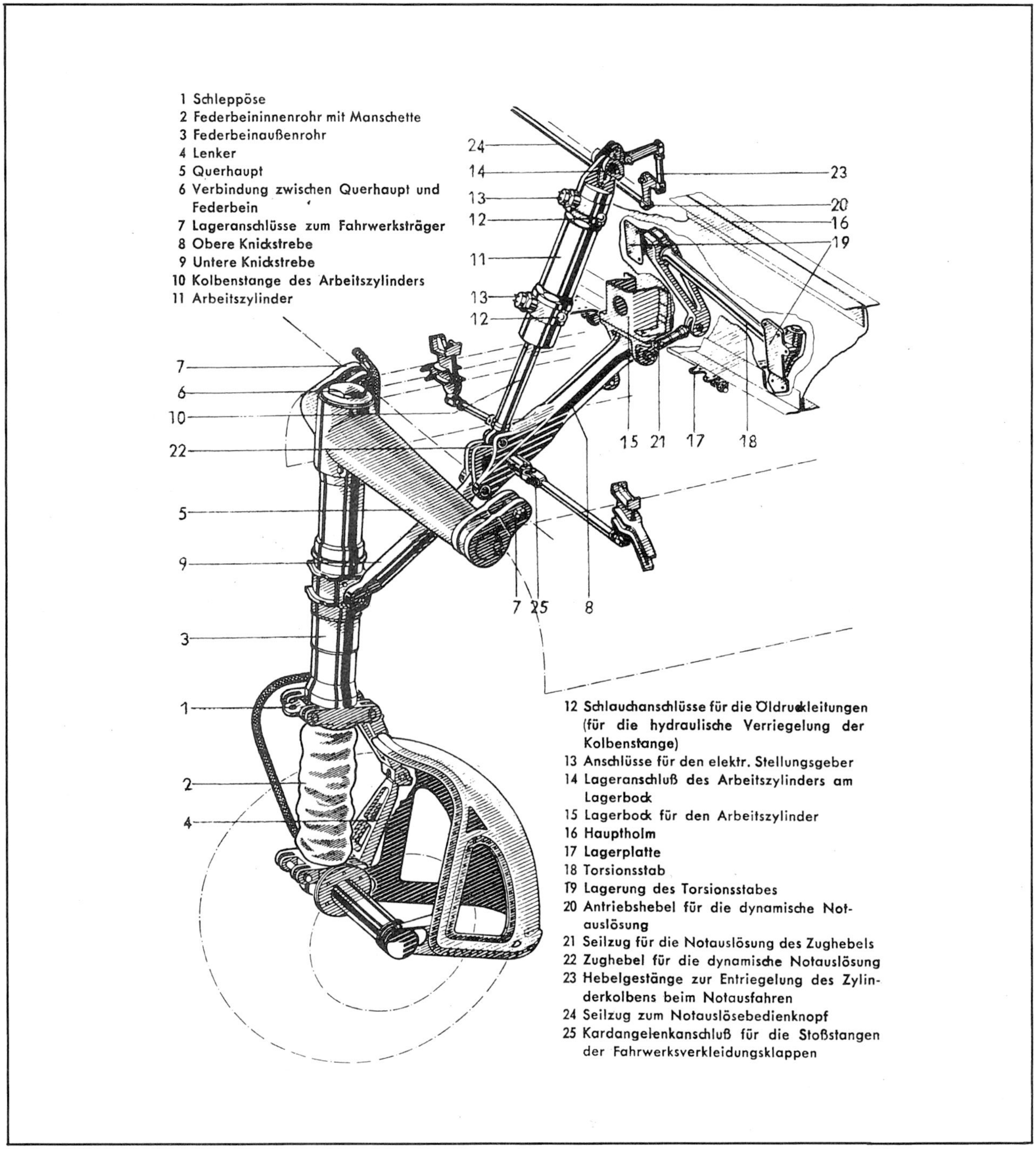

Linke Fahrgestellhälfte Si 204

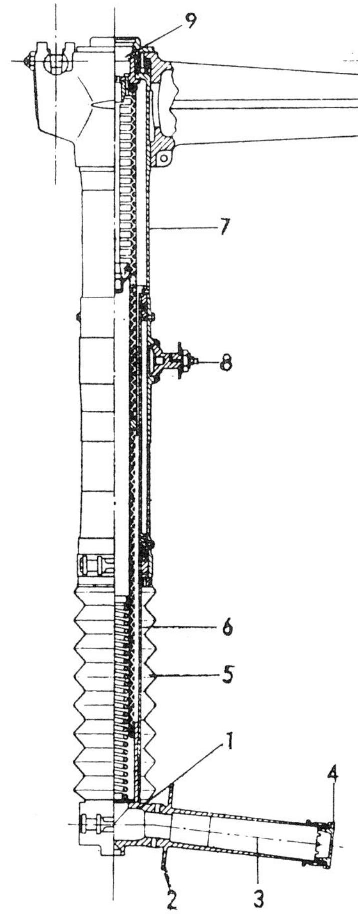

1 Achsknotenstück *)
2 Führungslasche für das Laufrad
3 Laufradachse
4 Aufsteckmuffe
5 Manschette
6 Federbeininnenrohr
7 Federbeinaußenrohr
8 Schmiernippel am Anschluß der unteren Knickstrebe
9 Federbeinanschluß am Querhaupt
10 Querhaupt

*) Achse und Achsknotenstück sind mit dem Federbein fest verbunden.

KPZ-Federbein mit Querhaupt Si 204

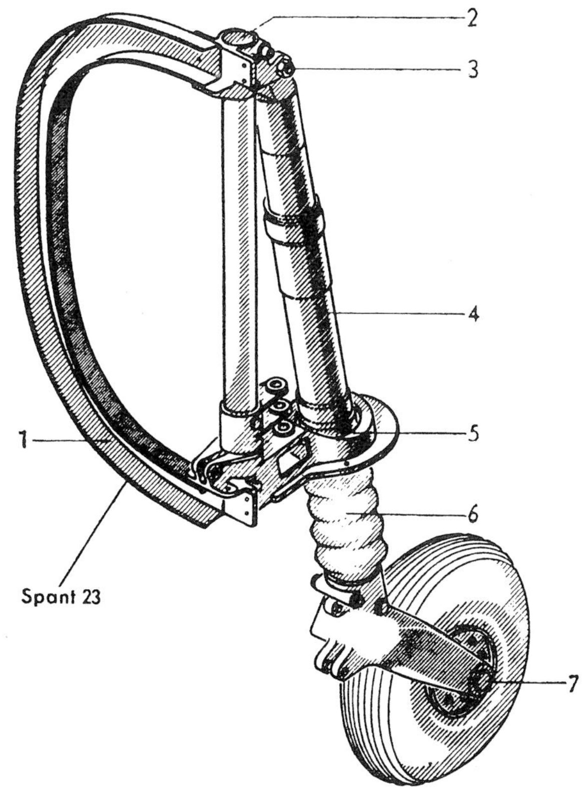

1 **Spant 23**
2 **Spornlager, oben**
3 **Gelenklager zum Anschluß des Spornfederbeines**
4 **Federbein**
5. **Spornlager, unten, und Führung des Spornfederbeines**
6 **Schutzhose des Spornfederbeines**
7 **Anschluß für die Deichselführung**

Spornanlage Si 204

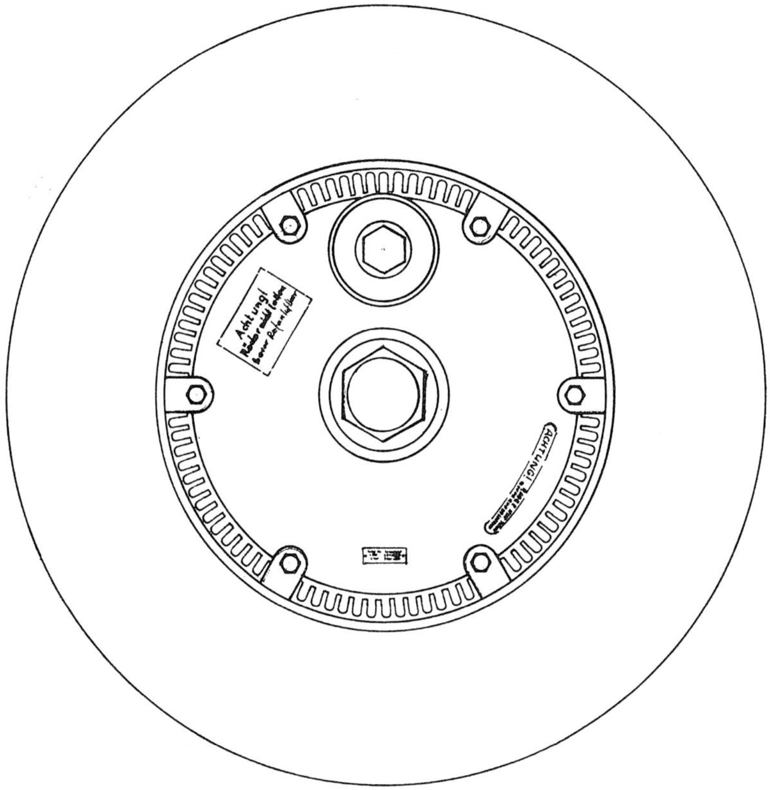

Achtung!
Räder nicht teilen
bevor Reifen luftleer

ACHTUNG!
RÄDER NICHT TEILEN
BEVOR REIFEN LUFTLEER

Oberflächen-Schutz und Beschriftung von Fahrwerksteilen, Rädern und Reifen

Der Anstrich der Fahrgestellteile und Räder der ehemaligen Luftwaffen-Flugzeuge war in erster Linie ein Oberflächenschutz. Die Metallteile waren Wasser und Schmutz der Start- und Landeplätze am stärksten ausgesetzt. Nach den offiziellen Anstrichlisten wurden Fahrwerksteile grundsätzlich in RLM 02 (helles Grau-Grün) lackiert. Die Hydraulikzylinder, teilweise aus Aluminium gefertigt, hatten eine eloxierte Oberfläche, meist in gold-gelb. Aus Stahl gefertigte Arbeitszylinder wurden RLM 02 lackiert, Verschraubungen aus Stahl zum Teil brüniert. Die Felgen der Räder wurden grundsätzlich schwarz lackiert, hatten aber über dem Mattschwarz 22 noch einen farblosen Schutzanstrich in Wasserhell 00. Als in den letzten Kriegsmonaten die Versorgungslage immer schwieriger wurde, hat man auch andere Farben für die Fahrwerkslackierung verwendet. Die Räder blieben aber schwarz, bis auf kleinere Spornfelgen aus Aluminium, die nur einen farblosen Überzug bekamen.

Alle Teile hatten ein Typenschild, auf dem außer der Werk Nr. und Geräte Nr. auch der Hersteller stand (in den letzten Kriegsjahren verschlüsselt mit drei kleinen Buchstaben). Auf den Federbeinen war meist eine Aufschrift mit Hinweisen bei Luft/Öl-Beinen, z.B. betr. Fülldruck. Bei den Rädern gab es verschiedene Beschriftungen. Alle teilbaren Räder hatten mehrfach die Aufschrift »Rad nicht teilen, bevor Reifen luftleer«. Auf den Bremsdeckeln fand sich vor allem bei größeren Rädern, ebenfalls dieser Hinweis, dazu aber auch die Aufschrift »FL-Drucköl« oder »Bremse gefüllt mit FL-Drucköl«. Die gleiche Aufschrift fand sich aber auch bei Einfachbremsrädern auf der glatten Felgenseite.

Alle Reifen und Felgen mußten je nach Radgröße mit einem, zwei oder drei roten Markierungsstrichen versehen werden, an denen man den Reifenschlupf kontrollieren konnte.

Die Reifen selbst hatten die Größe eingeprägt, darunter die Gerät Nr. 8-0000. Der Hersteller-Name war in den ersten Jahren ausgeschrieben, später verschlüsselt, hier aber mit Zahlen, (1 = Conti, 2 = Dunlop, 3 = Phoenix) Fabrikations-Nr. und Jahresziffer (104 = Oktober 44), sowie bei Breitfelgen-Reifen die Buchstaben BF.

Ein Teil der Spornreifen waren »Weißwandreifen«, aber nicht als Modeerscheinung wie bei den Autos der 50er Jahre, sondern als Hinweis, daß es sich um einen elektrischleitenden Reifen handelte und das Flugzeug deshalb nicht geerdet werden mußte.

Links: Beschriftungsvorschrift für das Bremsrad 8-2089 660 × 160, das an der Bf 109 G und an der Ar 396 als Haupt- sowie an der Me 262 als Bugrad verwendet wurde.

Räder und Reifen

Alle Reifenmaße sind mit Durchmesser × Breite angegeben. Die Zahl vor dem Schrägstrich bei verschiedenen Reifengrößen ist die Anzahl der Räder, wenn nicht, wie normal, ein Rad für das Bugfahrgestell, zwei Räder für das Hauptfahrgestell und ein Rad für das Spornfahrgestell verwendet wurden. Das S in der Spalte »Spornrad« ist der Hinweis, daß bei diesem Muster ein Schleifsporn angebaut war.

Hersteller	Typ	Bugrad	Laufrad	Spornrad
Arado	Ar 65		650 x 180	S
	Ar 68		650 x 180	290 x 110
	Ar 76		500 x 180	260 x 85
	Ar 96		580 x 165	290 x 110
	Ar 232	1260 x 425	1450 x 500	22/560 x 200
	Ar 234 V	770 x 270	1015 x 380	
	Ar 234 B	630 x 220	935 x 345	
	Ar 234 C	770 x 270	935 x 345	
	Ar 240		4/840 x 300	560 x 200
	Ar 396		660 x 160	290 x 110
Blohm und Voss	BV 40		350 x 135	S
	Ha 137		650 x 180	260 x 85
	BV 141		875 x 320	380 x 150
	BV 155		840 x 300	380 x 150
Deutsches Forschungsinstitut für Segelflug	DFS 230		650 x 180	S
Dornier	Do 11		1300 x 300	420 x 150
	Do 23		1300 x 300	420 x 150
	Do 17 E		950 x 350	380 x 150
	Do 17 Z		1100 x 375	500 x 180
	Do 215		1100 x 375	500 x 180

Hersteller	Typ	Bugrad	Laufrad	Spornrad
	Do 217		1200 x 420	685 x 250
	Do 335 V 1	685 x 250	935 x 345	
	Do 335	685 x 250	1015 x 380	
	Do 335	840 x 300	1015 x 380	
Fieseler	Fi 156		500 x 180	260 x 85
	Fi 256		630 x 220	290 x 110
Focke-Wulf	Fw 44		600 x 100	S
	Fw 56		600 x 100	S
	Fw 58		690 x 200	260 x 85
	Fw 187		690 x 200	465 x 165
	Fw 187		815 x 290	465 x 165
	Fw 189 V		710 x 220	350 x 135
	Fw 189		770 x 270	380 x 150
	Fw 190 V 1/2		650 x 180	220 x 105
	Fw 190		700 x 175	380 x 150
	Fw 191		1260 x 425	630 x 220
			1320 x 480	685 x 250
				780 x 260
	Fw 200 A		1260 x 425	500 x 180
	Fw 200 C		4/1100 x 375	560 x 200
			4/1100 x 375	630 x 220
	Ta 152 C		740 x 210	380 x 150
	Ta 152 H		700 x 175	380 x 150
	Ta 154	700 x 175	935 x 345	
		700 x 175	1015 x 380	
	Ta 183	465 x 165	700 x 175	
	Ta 283	(479 x 173)	740 x 210	
	Flitzer	560 x 200	740 x 210	
	Triebflügel		1/780 x 260	4/380 x 150
Focke-Achgelis	Fa 223	500 x 180	770 x 270	
Gotha	Go 150		465 x 165	260 x 85
	Go 229	1015 x 380	740 x 210	
	Go 242		875 x 320	
	Go 242/244	685 x 250	950 x 350	
	Go 242/244	685 x 250	935 x 345	

Hersteller	Typ	Bugrad	Laufrad	Spornrad
Heinkel	He 50		810 x 150	S
	He 51		650 x 180	S
	He 70		900 x 200	380 x 150
	He 100		650 x 150	260 x 85
	He 111		1100 x 375	465 x 165
	He 111		1140 x 410	500 x 180
	He 112		650 x 150	260 x 85
	He 118		815 x 290	350 x 135
	He 162	380 x 150	660 x 190	
	He 177		4/1200 x 420	780 x 260
	He 177		4/1220 x 445	875 x 320
	He 219	770 x 270	4/840 x 300	
	He 343	840 x 300	1220 x 445	
	He 343	935 x 345	1320 x 480	
Henschel	Hs 123		690 x 200	290 x 110
	Hs 126		710 x 220	350 x 135
	Hs 126		710 x 220	380 x 150
	Hs 129		770 x 270	380 x 150
	Hs 129		840 x 300	380 x 150
	Hs 130		1320 x 480	685 x 250
Hütter	Hü 211	770 x 270	935 x 345	
Junkers	W 34		820 x 280	
	Ju G 38		1600 x 400	
	Ju 52		1300 x 300	500 x 180
	Ju 86		950 x 350	380 x 150
	Ju 87 A		815 x 290	290 x 110
	Ju 87 B		815 x 290	350 x 135
	Ju 87 D		840 x 300	380 x 150
	Ju 88 A1 - A2		1100 x 375	560 x 200
	Ju 88		1140 x 410	560 x 200
	Ju 89		1450 x 500	950 x 350
	Ju 90		1320 x 480	875 x 320
	Ju 160		815 x 290	350 x 135
	Ju 188		1140 x 410	560 x 200
	Ju 252		4/1015 x 380	630 x 220
	Ju 287 V 1 Bug und Haupträder der US B 24			560 x 200

Hersteller	Typ	Bugrad	Laufrad	Spornrad
	Ju 287 A	935 x 345	1440 x 520	
	Ju 287 B	1015 x 380	1550 x 575	
	Ju 288		4/935 x 345	630 x 220
	Ju 288		4/1015 x 380	630 x 220
	Ju 290		4/1320 x 480	875 x 320
	Ju 290		4/1440 x 520	950 x 350
	Ju 352		1320 x 480	630 x 220
	Ju 390		4/1550 x 575	950 x 350
Messerschmitt	Bf 108		545 x 150	260 x 85
	Bf 109 B/C/D		650 x 150	260 x 85
	Bf 109 E/F		650 x 150	290 x 110
	Bf 109 G1 / G2		650 x 150	350 x 135
	Bf 109 ab G-5		660 x 160	350 x 135
	Bf 109 K		660 x 190	350 x 135
	Bf 110 B		815 x 290	350 x 135
	Bf 110 C		875 x 320	380 x 150
	Bf 110 D		875 x 320	465 x 165
	Bf 110 E/F/G		935 x 345	465 x 165
	Me 163 B		700 x 175	260 x 85
	Me 209		650 x 150	S
	Me 210		1015 x 380	500 x 180
	Me 261		1440 x 520	
	Me 262 V1-4		770 x 270	380 x 150
	Me 262	650 x 150	770 x 270	
	Me 262	660 x 160	840 x 300	
	Me 264	935 x 345	4/1550 x 575	
	Me 263	465 x 165	770 x 270	
	Me 309	650 x 150	700 x 175	
	Me 321	650 x 180	1650 x 600	
	Me 323	4/875 x 320	6/1200/420	
	Me P 1101 V1	465 x 165	660 x 190	
	Me P 1101 (geplante Serie)	500 x 180	700 x 175	
Siebel	Si 104		650 x 180	260 x 85
	Si 204 A		770 x 270	380 x 150
	Si 204 D		840 x 300	380 x 150

Reifen-Tabelle

Reifengröße	B	H	S	zul. ruh. Radlast kg	Bemer-kung	Reifengröße	B	H	S	zul. ruh. Radlast kg	Bemer-kung
200 x 60			X	200	1	815 x 290		X		2500	
220 x 105			X		4	820 x 280		X			
260 x 85			X	300	1	840 x 300	X	X		3100	1/2
290 x 110			X	450	1	875 x 320	X	X	X	4500	1
350 x 135		X	X	650	1	900 x 200		X		1700	
380 x 150	X		X	900	1	935 x 345	X	X		4100	1/2
420 x 150	X		X	300	1	950 x 350		X	X	5100	1
465 x 165	X	X	X	1200	1	965 x 150		X		1100	
500 x 180	X	X	X	1200	1	1015 x 380	X	X		5100	1/2
545 x 150		X		600		1100 x 375		X		5500	
560 x 200	X		X	1600	1	1140 x 410		X		6400	1
580 x 165		X	X	800		1200 x 420		X		7000	
600 x 100		X		400		1220 x 445		X		7500	1
630 x 220	X	X	X	2000	1	1260 x 425	X	X		7300	
650 x 150	X	X		1400		1300 x 300		X		5500	
650 x 180	X	X		1000		1320 x 480		X		9000	1
660 x 160	X	X		1600	1/2	1440 x 520		X		10800	1
660 x 190	X	X		1700	2	1450 x 500		X		9000	
685 x 250	X		X	2500	1	1550 x 575		X		12900	1
690 x 200		X		1300		1600 x 400		X			
700 x 175	X	X		1960	1/2	1650 x 640		X		14500	1
710 x 220		X		1700		1770 x 640		X		16700	1/3
740 x 210		X		2400	1/2	1880 x 680		X			1/3
770 x 270	X	X		2400	1/2	2450 x 900		X			3
780 x 260	X	X	X	3100	1						
810 x 150		X		1000							

Erklärungen: B = Bugrad; H = Hauptrad; S = Spornrad

Zulässige ruhende Radlast in kg ist abhängig vom Aufbau des Reifens und vom Luftdruck.

1 = Reifen, die in einer offiziellen Liste vom 1. 6. 1943 für Neukonstruktion, Nachschub und Serie vorgesehen waren.
2 = Reifen, die laut FL-Blatt 1801/45 mit Laufflächenprofil versehen waren, teilweise wurden diese Reifen noch ausgeliefert.
3 = Reifen, die 1944 in Entwicklung waren.
4 = Vollgummi-Rolle

Die »Entwicklungsgruppe Fahrwerke« während des Krieges

Das Fahrwerk ist eine Baugruppe der Zelle, in Konstruktion und Fertigung hat es jedoch mehr Maschinenbau-Charakter. Dies war letzten Endes der Grund für die Entstehung einer selbständigen Fahrwerksindustrie. 1943 waren 25 Betriebe mit der Serienfertigung von Fahrwerksteilen beschäftigt. All diese Betriebe waren in der Entwicklungsgruppe Fahrwerke zusammengefaßt, die sich wieder in sechs Untergruppen aufteilte.

1) Hauptfahrgestelle
2) Bugfahrgestelle
3) Heckfahrgestelle
4) Räder und Bremsen
5) Reifen
6) Schneekufen

Vor dem Krieg war es üblich, bei einem Flugzeugmuster nicht ein Federbeinprinzip allein vorzusehen, sondern parallel dazu ein zweites zu erproben. Hinzu kam, daß auch mehrere Konstruktionsfirmen parallel angesetzt wurden. Die Kriegsereignisse zwangen aber bereits in den ersten Jahren dazu, dieses Prinzip zu verlassen und jeweils nur ein Fahrwerk bei einer Entwicklungsfirma konstruieren zu lassen.
Eine wichtige Aufgabenstellung war vorallem die Verwendung vorhandener Geräte und Bauteile, eine planvolle Entwicklung unter besonderer Berücksichtigung der Fertigungsgesichtspunkte und der Lage der Rohteile und Halbteileindustrie, sowie die Normung ganzer Geräte und normungsfähiger Bauelemente.
Dazu gehörte die Erstellung von Leistungsblättern für bereits in Serie laufende Fahrwerke. Diese Leistungsblätter enthielten neben einer maßstäblichen Übersichtsskizze Angaben über Leistung und Gewicht des Fahrwerks und im Beiblatt Angaben über Fertigungs- und Materialaufwand.
Eine Vergleichsaufstellung ergab sehr interessante Wertungsunterlagen zur Beurteilung von Fahrwerksentwicklungen, mit dem Ziel, für Neukonstruktionen geringsten Fertigungsaufwand und höchste technische Leistung zu fordern.
Gerade aber für Neuentwicklungen gab es einen Engpaß in der Entwicklungskapazität, die nur 2 % der Serienkapazität betrug. Eine Sonderaktion zur Rückberufung von Fachkräften, die zum Wehrdienst eingezogen waren, brachte eine nur teilweise Besserung der Entwicklungslage.
Wenn es aber auch nur zu 20 % gelungen ist, ganze Fahrwerksgruppen für neue Projekte zu übernehmen, so wurden doch verschiedene Bauteile übernommen, z.B. die Lenkerpaare der Si 204 für das Hauptfahrwerk der Me 262 und Ar 234 und die der Me 110 für das Bugfahrwerk der Do 335. Durch die Umstellung von Schmiedestücken auf elektrisch geschweißte Konstruktionen gab es Einsparungen bis zu 80 %. Bei den Spornfahrwerken konnte bei der Umstellung von Blechgabel auf Rohrgabel auch erheblich eingespart werden.
Die Räder wurden auf Druckguß umgestellt, was bei den Fertigungszeiten eine Einsparung von ca. 60 % ergab und bei größeren Rädern, die von Sandguß auf Kokillenguß umgestellt wurden, immerhin noch 20 %. Das Fertigungsgewicht verringerte sich bei Anwendung von Druckguß um durchschnittlich 45 %.
Die Einführung freiliegender Bremstrommeln brachte eine wesentliche Verbesserung der Bremleistung durch 80 % höhere Wärmeaufnahmefähigkeit der Räder. Eine erhebliche Naturkautschuk-Einsparung ergab die Verwendung von 100 % Buna für die Reifenherstellung.

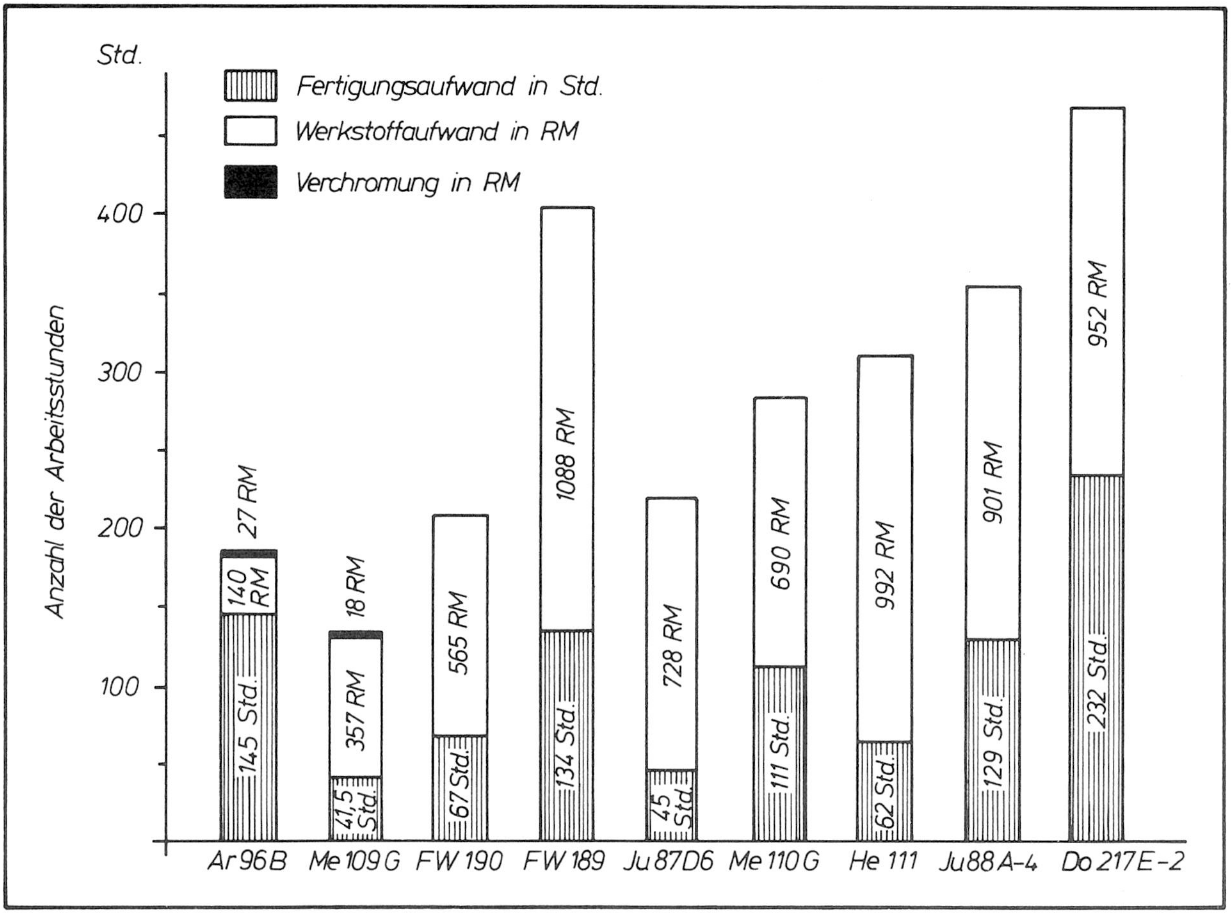

Kostentabelle für den Fertigungsaufwand verschiedener Hauptfahrwerke.

Zur Verbesserung der Jägerreifen wurden starke Kunstseide, Perloncord oder starke Zellwolle verwendet.
Spornreifen wurden 1943 teilweise auf Flachausführung umgestellt, zur Vermeidung der Flattererscheinung. Die Einführung von Flapsen bei Jägerreifen als Notmaßnahme hat die durchschnittliche Leistung der Laufrad-Reifen von drei bis vier Einsätzen auf 18 bis 20 erhöht.
Die Anwendung von Schneekufen bewährte sich bei leichten Flugzeugmustern. Der Einsatz bei Kampfflugzeugen führte aber nicht zu befriedigenden Ergebnissen, und zwar aus folgenden Gründen:
a) durch das sofortige Anfrieren der Schneekufen beim Stillstand war ein Rollen ohne fremde Hilfe nicht möglich;
b) durch die vorher nicht bestimmbaren Schneeverhältnisse konnten die Einsatzorte nicht frühzeitig genug angegeben werden, sodaß der Nachschub der schweren Schneekufengeräte große Schwierigkeiten machte;
c) bei allen Flugzeugen mit einziehbaren Kufen war die Umrüstzeit durch die notwendige Anbringung von zusätzlichen Verkleidungen sehr hoch;
d) durch den mit der Anbringung der Schneekufen bedingten Geschwindigkeitsverlust und durch Änderung der Stabilitätsverhältnisse wurde der Einsatz der Flugzeuge behindert.

Um diese Mängel zu beseitigen, wurden folgende Entwicklungsarbeiten in Angriff genommen:

a) eine allgemeine Lastannahme-Erprobung, durch die die Beanspruchung und Belastbarkeit sowie die günstigste Form der Kufen festgestellt werden sollten, sodaß die Kufen möglichst klein und leicht ausgeführt werden konnten;

b) Erprobung einer anziehbaren Schneekufe am Flugmuster Me 110, um den Einfluß einer solchen Kufe auf die Flugeigenschaften durch Flugversuche feststellen zu können;

c) Erprobung einer geteilten Kufe für das Flugmuster Ju 52, um auch für größere Kufen den Transport auf dem Luftweg möglich zu machen;

d) Erprobung zweier Geräte zum Abreißen der angefrorenen Kufen. Hierzu wurde einmal ein Gerät entwickelt, das durch Absprengen der Kufen mittels einer Schwarzpulverladung wirkte. Das zweite Gerät wirkte so, daß das Flugzeug auf der Kufe nach hinten verschoben wurde; in dieser Stellung wurden die Motoren auf Vollgas gebracht, das Flugzeug plötzlich freigegeben, sodaß es auf der Kufe nach vorn glit und durch den Stoß auf einen vorderen Anschlag die Kufe losriß;

Die Druckversorgung der Hydraulikanlage, wurde bei fast allen Flugzeugen durch eine Pumpe bewirkt, die am motoreigenen Geräteträger angeflanscht war. Angeregt durch die Auswertung von Beutemotoren, sollte ein Geräteträger geschaffen werden, der nicht direkt mit dem Motor verbunden war, sondern über Fernwelle angetrieben und bei Motorwechsel nicht mit ausgetauscht werden mußte. Ein Entwicklungsauftrag für diesen Geräteträger, der fünf-sechs Zapfstellen bekommen sollte, wurde an den Motorradhersteller Zündapp vergeben. Bei Kriegsende waren verschiedene Einbauattrappen fertiggestellt.

Eine Vielzahl von Entwicklungen auf dem Fahrwerkssektor konnten durch den Zusammenbruch nicht mehr abgeschlossen werden, unter anderem wassergekühlte Bremsen, Einrichtungen zum Ablassen und Wieder-Aufpumpen der Luft in den Reifen während des Flugs, dazu axial in sich verschiebbare Räder-Trommelreifen, verschiedene Arten von Radantrieben, ein Startverfahren, bei dem die Räder in leicht verlegbaren, vorgefertigten Spurrillen geführt wurden – und vieles mehr.

Auch eine Entwicklung, die nicht mehr ausgeführt wurde, die Raupenkufe. Ähnliche Konstruktionen, mit 2 Laufrollen und umlaufendem Band, wurden an einem Fieseler-Storch noch erprobt.

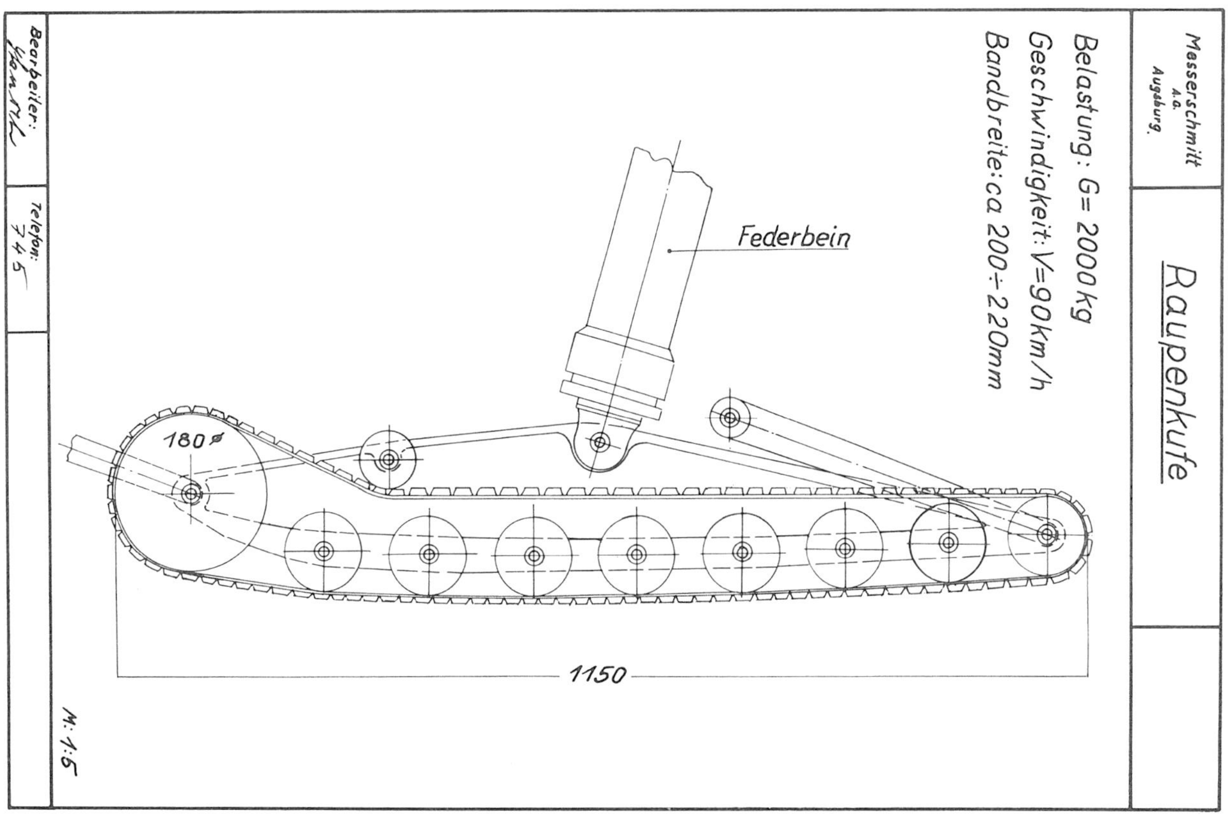